中国文物建筑研究与保护

（第三辑）

张克贵 主编

中国建设科技出版社有限责任公司
China Construction Science and Technology Press Co., Ltd.
北　京

图书在版编目（CIP）数据

中国文物建筑研究与保护. 第三辑 / 张克贵主编. —
北京：中国建设科技出版社有限责任公司，2025.6.
ISBN 978-7-5160-4512-1

Ⅰ. TU-87

中国国家版本馆 CIP 数据核字第 2025JL7356 号

中国文物建筑研究与保护（第三辑）
ZHONGGUO WENWU JIANZHU YANJIU YU BAOHU（DI-SAN JI）
张克贵　主编

出版发行：	中国建设科技出版社有限责任公司
地　　址：	北京市西城区白纸坊东街 2 号院 6 号楼
邮政编码：	100054
经　　销：	全国各地新华书店
印　　刷：	北京联兴盛业印刷股份有限公司
开　　本：	710mm×1000mm　1/16
印　　张：	27
字　　数：	350 千字
版　　次：	2025 年 6 月第 1 版
印　　次：	2025 年 6 月第 1 次
定　　价：	**158.00 元**

本社网址：www.jskjcbs.com，微信公众号：zgjskjcbs
请选用正版图书，采购、销售盗版图书属违法行为
版权专有，盗版必究。本社法律顾问：北京天驰君泰律师事务所，张杰律师
举报信箱：**zhangjie@tiantailaw.com**　举报电话：（010）63567684
本书如有印装质量问题，由我社事业发展中心负责调换，联系电话：（010）63567692

本书编委会

主 编：张克贵

编 委：姜 玲 李 迪 崔 晨 张子燕 喻 婷

序

当晨曦掠过太和殿金黄色的琉璃瓦，当暮色浸染应县木塔的千年木纹，时光便在榫卯交叠的缝隙中悄然凝固。这些矗立于山川大地之上的文明密码，以飞檐勾勒日月轨迹，以梁枋丈量春秋更迭，将中华民族对天地的哲思、对生命的礼赞镌刻成永恒的空间史诗。《中国文物建筑研究与保护》的出版，恰似一把开启时光秘匣的钥匙，让我们得以触摸建筑的温度，聆听历史的回响。

中国建筑文明的血脉，深藏于"中道而行"与"道法自然"的营造法则中。从河姆渡遗址的干栏式构架，到紫禁城严整的礼制秩序；从福建土楼"天人合一"的聚落智慧，到徽州民居"四水归堂"的哲学隐喻，每一处斗拱的承托、每一笔彩画的晕染、每一脉活着的传统，都曾经是颠覆性的创新，皆是对中华文明基因的立体解码。故宫三大殿的巍峨不仅是权力的象征，更是《考工记》"天时、地气、材美、工巧"营造观的终极实践；恒山悬空寺的凌空飞峙，不止于技艺的奇绝，更诠释着"有无相生"的道家境界。这些凝固的史诗，实为一部用砖木写就的华夏文明精神史。

自朱启钤先生创立中国营造学社始，梁思成、林徽因等先贤以测绘仪为笔，以营造法式为墨，在战火纷飞中抢救性记录古建遗珍。今日的守护者，既承袭着前辈"一瓦一木"的匠作精魂，更执科技之刃破解时代命题。本书所载故宫、长城等文物建筑的修缮记录，均为通过当代科技保护手段，让消失的传统技艺在现实世界中涅槃——这不仅是技术的胜利，更是对《工程做法》跨越数百年的学术回应。

本辑研究突破学科藩篱，构建起文化遗产保护的"交响矩阵"：三维数字化技术在建筑测绘与残损分析中的应用，智能监测系统对文物安全的实时保障，材料科学对传统工艺的科学解析等，为文物保护注入科技活力。尤为可贵的是，学者们始终保持着对"原真性"的敬畏，让科技理性与人文情怀在文物保护的经纬线上达成了微妙平衡。

站在人类世纪的门槛回望，文物（文化遗产）保护已演变为关乎文明存续的宏大叙事。文物保护不仅是守护过去的辉煌，更是为未来留存文明的火种。面对气候变化、城市化冲击、技术迭代等挑战，我们需要以更开放的心态、更科学的手段、更系统的规划，探索古建筑保护与当代社会发展的共生之路。例如，如何通过文旅融合激活遗产价值？如何以数字孪生技术实现文物"永续保存"？如何让年轻一代成为文化遗产的"新守护人"？这些命题急需学界与业界共同破解。

《中国文物建筑研究与保护（第三辑）》汇集了近年来以张克贵先生为首的专家学者在文物建筑研究与保护领域的最新研究成果，涵盖了文物建筑保护理论、保护技术、修复案例、数字化保护等多个方面。它的付梓，既是对过往成果的总结，也是对未来的承诺。张克贵先生带领团队在故宫文物修复现场探索的五十个春秋，恰是中国文物建筑保护史的生动缩影：那些混合着桐油气息的深夜研讨，那些在三维建模中反复校准的历史真相，那些为血脉觉醒争辩的学术坚守，终将凝结成穿越时空的文化能量。本书不仅承载着学者们"与古建筑共呼吸"的学术温度，更寄托着整个文明对"何以中国"的永恒追问。愿这册墨香未散的文集，能成为照向未来的火种，当千年后的探寻者轻抚我们今日修复的砖瓦时，或许会从材料裂隙中读懂这个时代守护文明的虔诚与创新。

最后，愿本书成为一座桥梁，连接历史与当下，凝聚智慧与行动，助力中国古建筑保护事业迈向更高境界。在此，谨向张克贵先生及其团队致以崇高的敬意，向所有致力于文化遗产保护的同仁致以崇高敬意！

李粮企

2025 年 4 月于北京

目 录

北京故宫养心殿、养性殿大木结构比较研究　　崔　瑾 /001

故宫毓庆宫大木结构修缮的研究与分析　　李　玥 /023

紫禁城建筑屋顶艺术综述（上）　　高　甜 /042

延庆夯土长城土遗址病害类型及成因分析

　　　　姜　玲　赵铭岩　姚文胜　董　昊 /063

论水下长城墙体破坏分析

　　——以潘家口段水下长城为例　　张　勇 /072

北京故宫宁寿宫花园游廊的调查与探究

　　　　　　　　　　安　菲　杨　煦 /082

谈油饰彩画在古建筑中的应用　　张朋伟 /113

故宫南薰殿内檐明代贴金彩画成分分析及工艺研究

　　　　　　　　　　　　　　李　静 /127

故宫古建筑大门及下槛的预防性保护措施初探

　　——以铜饰保护为例　　冯欣然 /137

关帝庙壁画保护揭取、回贴做法研究　　艾　超 /149

智库在文物保护领域发挥的作用和发展展望　　张子燕 /162

文物保护工程的现场管理概述　　崔　晨 /170

解读"平安故宫、学术故宫、国保永存、传承永续"
　　——以故宫古建筑整体维修保护工程为例　　唐静姝 /180

古建筑保护修缮工程面临之挑战　　刘红超 /203

以南薰殿斗拱为例浅谈三维激光扫描在古建筑数据
　　提取及残损分析中的实践价值　　李　静 /214

文物建筑迁移保护工程中拆卸前三维扫描技术
　　应用的重点、难点与亮点分析——以托巴水电站
　　岩瓦牛氏老宅为例　　周　怡　王位宁 /226

故宫博物院电气火灾监控系统工程实践（一）
　　　　　　　　　　　　　　　　　张卫东 /242

砖石类文物建筑防灾减灾策论与措施研究
　　——以故宫西城墙为例　　陈百发 /254

在琉璃瓦胎体烧制中添加瓷土替代传统坩子土的
　　可行性分析　　余佳波 /274

龙兴讲寺，享誉千年的湘西大寺院——论龙兴讲寺的
　　历史地位、建筑特色及文化价值
　　　　　　　　　　　　　　陈　勇　张筱林 /293

湖南塘田战时讲学院保护与利用的调研报告　　安　菲 /314

中国古代建筑防雷简论　　张克贵 /356

中国古建筑防雷的重要性及防雷工程管理经验探讨
　　　　　　　　　　　　　　　　　王丹毅 /363

旧城改造中历史文化遗产保护机制　　汤华楠 /377

泰陵棱恩门形制研究及修缮保护方案初探

张秋艳　林满泉 /385

金门县政府旧址之盐兵楼修缮工程浅述

喻　婷　王　政 /397

后　记　　　　　　　　　　　　418

北京故宫养心殿、养性殿大木结构比较研究*

崔 瑾**

摘 要: 养心殿建于明嘉靖十六年,养性殿则是清乾隆三十七年仿养心殿而建。两殿形制相同、体量相似,位居东西、左右呼应。养性殿虽是仿养心殿而建,但两者建造时代不同,结构特征、细部做法、建筑工艺、材料等各方面无不带有建造时期的时代特征,是我们研究明清两代官式建筑做法、特征的重要实物例证。本文着重从建筑形制、法式特征、梁架结构、细部做法、材料利用等诸方面做比对,揭示二者不同的时代特征,为明清官式建筑研究补充实物例证。

关键词: 养心殿;养性殿;大木结构

---

* 本文所用养心殿建筑测绘数据及图纸为香港中国文物保护基金会资助的故宫养心殿研究性保护项目成果,本文作者为故宫养心殿研究性保护项目大木分项设计负责人。

** 故宫博物院古建部高级工程师。

一、养心殿、养性殿概况

（一）养心殿概况

故宫养心殿位于内廷乾清宫西侧。养心殿一区现存建筑，始建于明嘉靖十六年（1537年）。据《明世宗实录》记载，嘉靖十六年六月二十九日，"丙子，新作养心殿成。"[1]

养心殿区，总体上包含养心门内区域、养心门外值房区域、南侧御膳房区域、南库区域，总占地面积7707m^2。其主要建筑坐落于养心门以北红墙围合院落，南北长约46m，东西宽约81.3m。自养心门起，沿纵轴线依次布置养心门、木影壁，其后即为养心殿区的主体建筑：养心殿正殿、后殿。正殿与后殿间以工字廊相连，正殿两侧东西配殿左右对峙，后殿两山东西耳房对称布置。在横轴方向，向东西两侧扩展，在东西配殿后布置东西围房（图1）。

图1　养心门

1　赵其昌.明实录北京史料：第三册[M].北京：古籍出版社，1995：290，转引自梁鸿志影印江苏国学图书馆藏本，世宗嘉靖实录卷20：7.

主体建筑养心殿正殿为开间进深各三间，六样黄琉璃瓦七檩单檐歇山建筑，建筑面积543.22m²（台明尺寸）。正殿对应在明间及西次间前檐位置，出开间六间，进深一间，四檩悬山过垄脊抱厦，建筑面积96.78m²（台明尺寸）。内外檐绘金龙和玺彩画。前檐明间设三交六椀菱花隔扇，正中两附柱间设四扇，中间两扇设帘架，檐柱与附柱间各两扇，均设帘架。次间设槛墙、支摘窗各四组。室内正中设宝座，上方井口天花正中设藻井（图2~图5）。

图2　养心殿正立面

图3　养心殿装修

图4 养心殿彩画

图5 养心殿盘龙藻井

养心殿在明代曾作为皇帝的便殿使用。清初沿用明代养心殿，清顺治期间曾作为皇帝的寝宫之一。康熙期间，养心殿的功能发生了变化，康熙初年于此设养心殿造办处。自雍正元年，养心殿成为皇帝的寝宫和日常理政的中心。乾隆登基后，又对养心殿一区建筑进行了完善。嘉庆四年正月初三，乾隆皇帝崩于养心殿。同治与光绪时期，慈禧太后于正殿东暖阁"垂帘听政"。1912年宣统皇帝退位后曾居于养心殿。

（二）养性殿概况

养性殿位于宁寿宫以北，养心门内，是乾隆三十七年（1772年）仿照养心殿建造的。

整体上看，建筑外观与养心殿极为相近，均为前出抱厦形制。主殿为黄琉璃瓦屋面，七檩单檐歇山顶建筑形制，面阔三间、进深显一间，前出四檩歇山卷棚抱厦，后檐出廊。面阔方向，各间均在前后檐部增设附柱，明间、东次间增设附柱两根，西次间前檐增设附柱三根。内外檐原为金龙和玺彩画。外檐装修与养心殿相同，只是因展陈需要，将原有木质心屉均换为玻璃屉。室内空间布局也仿照养心殿，室内明间正中设宝座，井口天花正中设蟠龙藻井。东暖阁曰明窗，阁后为随安室。西暖阁有佛堂和长春书屋，在相当于养心殿三希堂的位置设墨云室，收藏传世古墨。西山墙外仿养心殿梅坞建耳房一间，名香雪堂（图6、图7）。

图6　养性殿正立面

图7 养性殿背立面

二、养心殿、养性殿平面布局比较

养心殿正殿开间进深各三间，正殿后檐通过工字廊与后殿连接。柱网平面整体为单排柱四根，共四列，属于《营造法式》中的殿阁式地盘，另在明间东西缝进深向接近中柱分位增设一根附柱，柱径均为525mm。面阔方向各间在檐部额枋下增设两根方形梅花附柱。正殿明间面阔11.69m，西次间10.15m，东次间10.188m，通面阔32.028m。山面明间进深7.025m，北次间2.335m，南次间2.335m，通进深11.695m。后檐明间正中与工字廊相连。养心殿平面图如图8所示。

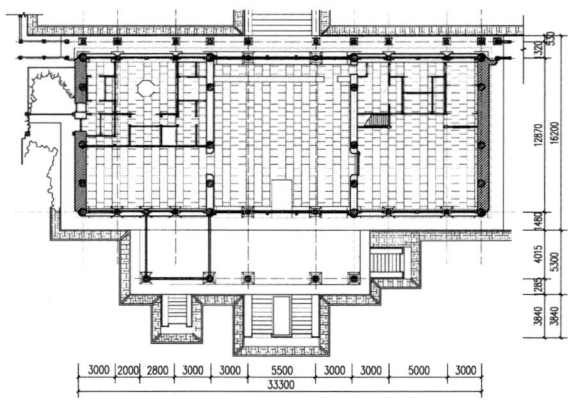

图8 养心殿平面图（单位：mm）
资料来源：故宫古建部。

养性殿平面面阔三间、进深显一间，与养心殿不同的是，因使用功能不同，养性殿未设工字廊和后殿，而是在后檐增加一排擎檐柱，形成后出廊并与乐寿堂两侧游廊、乐寿堂前廊闭合围合成一个院落空间。养性殿明间面阔 11.5m，两次间面阔也近 11m，通面阔 33.3m，略大于养心殿。进深 12.87m，略大于养心殿。后出廊进深 1.32m。养性殿同样采用面阔通额枋之下增加附柱的方法，略有不同的是前檐西次间在开间中心分位多增加一根附柱，用以对应殿前所出一间半抱厦。两山近中柱分位比养心殿多设一个附柱。从建筑平面上看，如不计后檐出廊，与养心殿大体相同，略有出入。养性殿平面图如图 9 所示。

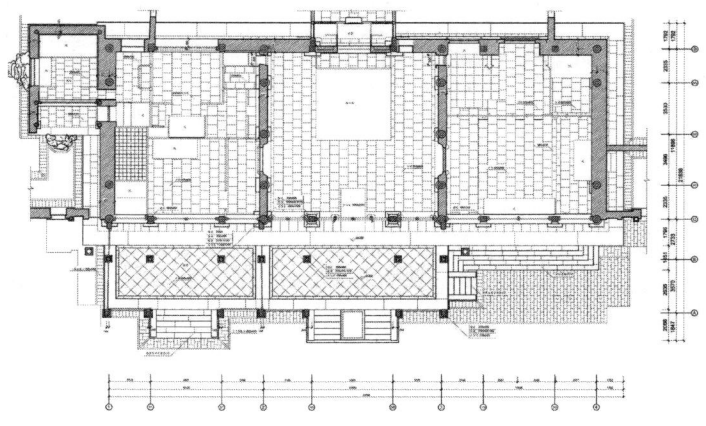

图 9 养性殿平面图（单位：mm）
资料来源：故宫古建部。

三、养心殿、养性殿梁架结构比较

（一）横剖面

养心殿正殿为七檩单檐歇山顶建筑，正殿脊桁下皮到地面高 8.92m。明间前后檐柱柱头上承七架梁，其上为三、五、七架梁叠梁形式，七架梁上设驼峰，驼峰上承五架梁，五架梁上再设驼峰，上承三架梁，三架梁中部设脊瓜柱，脊瓜柱两侧设角背支撑。

明间东西两缝梁架在进深方向设通额枋，跨度11.7m，两排金柱支顶于通额枋之下，未达斗拱层，金柱间接近中柱分位增设一根附柱，同样支顶于通额枋之下。山面并未采用通额枋的做法，而是采用四根山柱仍达斗拱层，每两根柱头间施以额枋拉接的做法。明间为井口天花，正中设盘龙藻井，两次间为白樘篦子吊顶。除檐檩径为415mm外，下金檩径、上金檩径和脊檩径均在500mm左右（图10、图11）。

图10　养心殿天花以上梁架1

图11　养心殿天花以上梁架2

养性殿与养心殿横剖面结构形式同为七檩构架，特别之处是养性殿七架梁之上并未同养心殿一样放置驼峰承托五架梁，而是将明、次间经拼攒加大的下金枋对接并直接放置于七架梁背的五架梁头轴线上，而且代替驼墩承托五架梁。次间下金枋放置于山面抹角梁中点梁背之上并与踩步随梁十字相交。养性殿檐檩径、金檩径、脊檩径均在360~380mm，大大小于养心殿500mm的檩径。养性殿则将养心殿仅明间东西缝两处使用通额枋的做法扩大到两山，即养性殿进深方向四根额枋全部采用连通做法，两排金柱及中柱全部支顶于通额枋之下，且均采用暗柱做法，隐于山墙、隔断墙内，通额枋上不再设置柱头科斗拱（图12、图13）。

图12　养性殿梁架1

图13　养性殿梁架2

（二）纵剖面

养心殿在平面和天花以上梁架均为三开间，平面明间面阔 11.69m，东次间 10.18m，西次间 10.16m。天花以上明间各檩、枋的跨度达到 11.69m，次间也达到了 7.8m（图 14）。

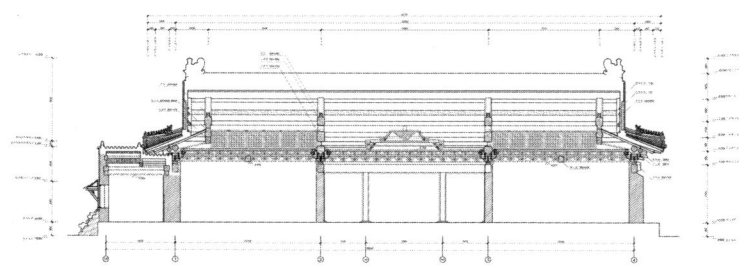

图 14　养心殿纵剖面图

养性殿欲仿养心殿大跨度的空间但苦于无大料可用。养性殿天花以上增设了四缝梁架，分成了七间，明间三间，两次间各两间。以明间为例，面阔与养心殿相同，天花以上增设了两缝梁架，将下金枋经过拼攒加高加宽，两端直接落于七架梁上。增设的梁架与正身梁架在五架梁以上形制完全相同，五架梁两端则趴在加大的下金枋上承托其上的梁架。这样一来天花以上的檩枋都分成了三段，最长的中段也不足 6m，仅有加大的下金枋为跨度 11.7m 的通长构件，次间则在下金枋的位置设趴梁，承托增设的梁架。因清代大料短缺，在天花以上不露明的部位采用增设梁架的方法减小跨度，再也无力重现明代养心殿楠木大殿的辉煌了。养心殿纵剖面图如图 15 所示。

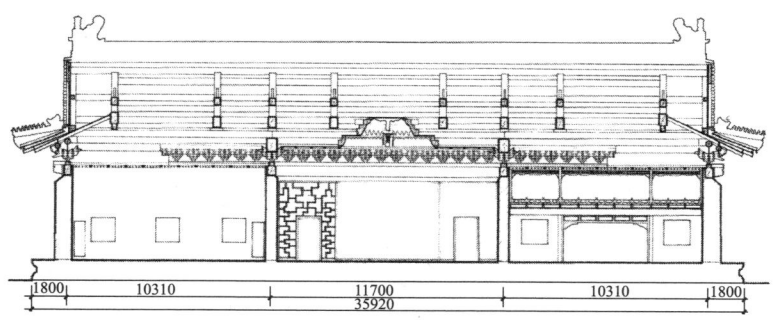

图 15　养心殿纵剖面图（单位：mm）

（三）歇山收山部位的比较

1. 踩步金及其支点

清代歇山建筑山面檐椽后尾搭在踩步金上，踩步金为中部似梁、两端似檩的特殊构件，两端与下金檩截面相同并与之十字搭交，正身截面似梁，为长方形，并且将截面加宽加高，尺寸与对应正身梁相同。踩步金外侧则剔凿椽窝用来搭置山面檐椽。踩步金是歇山建筑特有的构件，是山面檐椽椽尾及上部梁架的支点。按踩步金（梁）支点的不同，做法大致可分为顺梁式、趴梁式、抹角梁式和金柱式。其中，直接落于金柱上的称为踩步梁，其余均称为踩步金。

明式建筑踩步金与清式不同，明初仍有部分建筑继承了宋代系头栿[1]形式，如北京故宫东西六宫之钟粹宫正殿、长春宫正殿、储秀宫正殿、翊坤宫正殿，大木结构均为明初遗构，为长方形截面的系头栿上加挡板的形式。另外，在诸多明代歇山建筑实例中，明代建筑踩步金截面常制作成檩形，如明代北京故宫咸若馆，并与前后檐金檩交圈，其形状虽然似檩，但功能上除承托山面檐椽外，还兼具承托其上山面梁架的重要结构作用，比檩重要得多，其形式通常为圆檩形截面踩步金上承托山面檐椽，其上设加宽的挡板，遮挡檐椽后尾，有时挡板与踩步金连做。

养心殿正殿是典型的金枋带趴梁式歇山做法，两山用趴梁承托踩步金及其上梁架。养心殿正殿踩步金下部为圆檩形，上部为长方形截面，其上直接承托三架梁，并作为山面檐椽椽尾挡板。踩步金之下设随梁（图16）。圆檩形截面的踩步金是明式建筑常见的做法，不仅在故宫明代建筑中常有应用，在明代北京智化寺内所有的歇山顶建筑，如智化门、智化殿、大智殿、

---

[1] 宋《营造法式》殿堂出际之制规定，"若殿阁转角造，即出际长随架（于丁栿上随架立夹际柱子，以柱榑梢；或更于丁栿背上，添系头栿）"。关于"系头栿"的使用，学术界尚有争论，梁思成先生认为"系头栿"是清代踩步金梁的原形。

藏殿，先农坛太岁殿、拜殿等明代歇山建筑中均广泛应用。

虽是仿养心殿建造，但养性殿歇山部位采用的是抹角梁式做法。下金枋在两山的端头与踩步随梁十字相交，坐落于抹角梁背中点线上。其上，檐面下金檩与踩步金檩状端头十字相交并与老仔角梁尾相扣，踩步金梁身截面呈长方形，是清代中后期大量使用的"中部似梁，两端似檩"的造型（图17）。

图16　养心殿踩步金1

图17　养性殿踩步金2

2. 收山尺寸

养心殿山面檐步架为2457mm。收山尺寸，即山花板外皮到山面檐部正心桁中心线的水平距离为875mm，正心桁直径为415mm，收山尺寸大于两倍桁径。这与现存宫内外明代中前期歇山建筑的收山尺寸相符。

养性殿山面收山尺寸则不足一桁径，更接近于清《工程做法》所规定的"一桁径"的收山法则。

四、细部做法特征比较

（一）构件连做与拼攒

养心殿结构构件大部分为楠木，保存非常完好。从脊桁、脊枋到金桁、金枋、正心桁、挑檐桁、额枋均为通长的整料，这样硕大的用料是罕见的（图18）。尤为特殊的是明间金枋和垫板连做，明间跨度为11.69m，下金枋高度达866mm，合11.2斗口，宽542mm，合7斗口，垫板位置略收窄为424mm，合5.5斗口。上金枋前檐尺寸与下金枋基本一致，前檐上金枋高860mm、宽457mm，后檐尺寸略小，高801mm、宽439mm。金枋和垫板是一根整料，仅在局部垫板高度不够的位置有拼接，相比《工程做法》的规定显得非常硕大。养心殿大木结构大量使用优等木材，加工精细，很多构件采用连做方法，如次间下金垫板与趴梁连做，再有踩步金上段方形截面与下段圆檩形截面连做并刻出驼峰，可见这一时期大料充足，且木料材质非常好。

而养性殿多为松木构件，主要受力构件普遍采用拼攒做法，且开裂、变形现象非常普遍。采用铁活拉结加固等方法弥补材料缺陷，虽是不得已而为之，但也体现了古代匠人因材施用的智慧（图19）。

图 18　养心殿明间金枋垫板连做

图 19　养性殿金枋上的铁箍

（二）梁熊背做法

养心殿正殿主要梁构件熊背为近似圆弧形做法，梁熊背做法是梁中部为平面，两侧为圆滑的曲面，与梁侧面交接部位过渡自然。所谓"熊背"指梁上表面，因早期建筑草架部位常随自然材的形状加工成弧形面，似熊的后背一样圆滑浑厚而得名。而彻上明造则因绘制彩画的需要仍将各面加工平整。明初北京故宫神武门四架梁熊背为圆弧形且曲线圆滑，曲线部分宽同梁宽，与梁侧面交接部位过渡自然。其后出现近似圆弧形做法，即中段为平面，与侧面交角部位为圆弧形做法。至清代，这种曲线的弧面效果逐渐减弱，最终被四棱见线的裹棱做法所取代（图20）。

养性殿梁架同为草栿，梁熊背也为圆弧形，但与梁侧肋交接部位棱角分明，具有明显的交接线，弧面已不似养心殿梁架那样圆滑了，加工粗糙。这体现了从明代典型的弧形熊背做法向清晚期四棱见线的裹棱做法的过渡（图21）。

图20　养心殿梁熊背

图21　养性殿梁熊背

（三）螳螂头榫与燕尾榫

养心殿两相邻檩间榫卯为螳螂头口（图22）。养性殿为燕尾榫形式（图23）。

养心殿两相邻檩间榫卯为螳螂头口。螳螂头口为宋《营造法式》中的榫卯形式之一，名称较为形象，像螳螂的头部，端部为六边形似螳螂的头，根部收细像胳膊。明代建筑还有所沿用，如明代北京故宫保和殿、咸若馆。到了清代螳螂头口基本不再使用了，而是简化为燕尾榫形式，分带袖肩和不带袖肩两种。螳螂头口这种做法虽然工艺复杂，但是受力更为合理，不容易出现拔榫现象。

图22 养心殿正殿螳螂头口

图23 养性殿正殿燕尾榫

（四）椽子搭接

养心殿椽子交接为压掌做法并带有"卷鹅头"做法（图24）。屋面上下两根椽子交接通常有压掌和墩掌两种方式。压掌也叫等掌，是将交接部位砍制成斜面，上方的椽子压在下方椽子之上，交接处的平面几乎平行于地面。与清代建筑直茬相交的做法不同，明代建筑常将椽子的后尾加工成"卷鹅头"的形式，像鹅的头顶，称为"卷鹅头"，早期加工更为精致，如北京故宫神武门，这样既美观，又加强了受力，结构受力更加合理，不容易开裂。

养心殿椽子交接采用墩掌做法。墩掌做法是清代建筑常用的做法，其特点是交接面几乎垂直于地面，缺点是容易错位（图25）。

图24　养心殿椽子交接"卷鹅头"做法

图25　养性殿椽子交接"墩掌"做法

五、斗拱做法比较

（一）斗拱类型与数量

养心殿檐部为单翘单昂五踩斗拱。面阔方向明间平身科斗拱 14 攒，加上柱头科斗拱共 16 攒，次间平身科斗拱 12 攒，加上柱头科、角科斗拱共 14 攒。进深方向，山面为三间四柱，檐柱与金柱间设 2 攒平身科斗拱，两金柱间设 8 攒平身科斗拱，加上柱头科、角科斗拱，山面共 16 攒斗拱。明间东西两缝梁架设品字科斗拱（图 26）。

因仿照养心殿而建，面阔方向，养性殿明间也达 11.5m，稍小于养心殿明间面阔 11.7m，两次间面阔近 11m，尺度还略大于养心殿次间的 10.2m。明间单额枋上同样也使用 14 攒平身科，加上两柱头科斗拱共 16 攒。次间使用 12 攒平身科加 1 攒柱头科、1 攒角科，也使用达 14 攒斗拱，这些均同养心殿。仅有的差别是：养心殿前即使有抱厦相接，前檐斗拱也全部使用昂、翘斗拱；而养性殿前檐则在与抱厦衔接的一间半内均使用品子科斗拱（图 27）。

图 26　养心殿斗拱

图 27　养性殿斗拱

进深方向，养性殿通进深 12.87m，较养心殿通进深 11.7m 大了 1m 有余。在斗拱使用上，除增加 1 攒平身科，即进深方向四列均使用 17 攒斗拱外，与养心殿最大的差别是，因两山面及明间东西缝都使用通额枋做法，所以没有延续养心殿两山面使用 4 攒柱头科斗拱、明间东西缝使用 4 攒柱头科斗拱的做法，而是全部使用平身科斗拱。

（二）细部做法比较

养心殿斗拱坐斗斗底做出弧线斗䫜。宋代斗拱坐斗斗底两侧不是直线，而是略向内凹的弧线，称为"䫜"（同"凹"）。明代多沿袭宋制，如明初北京故宫神武门坐斗斗䫜，而清《工程做法》则取消了䫜的做法，简化为直线，如北京故宫太和门。养性殿坐斗斗底两侧已是直线形（图 28）。

养心殿斗拱昂后尾隐刻一条斜线，为"上昂"符号的残留。"上昂"是宋《营造法式》中规定的用于内檐及平坐铺作的杆件，为向上斜置的结构构件，有增加斗拱出跳后的结构稳定性的作用。明代官式建筑已不存在"上昂"构件，但部分建筑在斗拱昂后尾隐刻一条斜线，仍存有"上昂"的遗意。养性殿斗拱昂后尾没有隐刻"上昂"（图 29）。

图 28　养心殿斗拱（内拽）

图 29　养性殿斗拱（内拽）

六、构件材种比较

中国林业科学研究院木材工业研究所的检测结果显示，养心殿结构构件大部分为楠木。优等用材，特别是大径级楠木，在明代建筑中较为常用，到清代已经十分匮乏了。康熙三十四年重建太和殿时，结构构件所需楠木几乎集全国之力，仍需

"楠木并杉木（别）剁兼用"[1]才能满足需要。可以看出，太和殿主要结构构件尚且缺乏楠木，到乾隆时期建造养性殿，楠木大料就更难寻觅了。

而养性殿结构用材基本为松、杉树种，主要受力构件大多拼、攒接而成，开裂、变形现象非常普遍。养心殿在平面和天花以上梁架均为三开间，而养性殿欲仿养心殿大跨度的空间，但苦于无大料可用。养性殿天花以上增设了四缝梁架，分成了七间，明间三间，两次间各两间。因清代大料短缺，在天花以上不露明的部位采用增设梁架的方法减小跨度，再也无力重现明代养心殿楠木大殿的辉煌了。

七、结论

养心殿建于明嘉靖十六年，养性殿则是清乾隆三十七年仿养心殿而建。两殿形制相同、体量相似，位居东西、左右呼应。养性殿虽为仿养心殿所建，但是两者建造时代不同，结构特征、建筑工艺、材料等各方面无不带有建造时期的时代特征。

（1）养心殿明间东西缝两处使用通额枋做法，养性殿则将养心殿通额枋的做法扩大到两山，即养性殿进深方向四根额枋全部采用连通做法，两排金柱及中柱全部支顶于通额枋之下，且均采用暗柱做法，通额枋上不再设置柱头科斗拱。这体现了对通额枋做法的继承和发展。

（2）养心殿正殿大木构件设计有其相对于其他明清官式建筑的独特之处，特别是明间开间达到 11.69m，是现存已知明清官式建筑中开间最大的建筑之一。其动因是使用功能上扩大空间的需要，而明代楠木大料的相对充盈是形成养心殿开敞的使用空间的必要条件。养性殿欲仿养心殿跨度而苦于无大料可寻，通过上部屋架采取与柱网不对位增加梁架方式、大大减小檩枋截面和长度、采用铁活拉结加固等方法弥补材料缺陷，虽是不

---

1 江藻. 太和殿纪事 [M]. 卷之一，庀材.

得已而为之，但对具体做法既有发展、变通，也有优化或简化，体现了古代匠人因材施用的智慧。

（3）在歇山收山结构类型上，不同于养心殿趴梁做法，养性殿使用抹角梁做法，既丰富了宫内歇山建筑结构类型，又保证了次间面阔与养心殿相近。抹角梁式的应用，丰富了清代歇山收山结构类型。

（4）养心殿山面采用圆檩形截面的踩步金，这是明代建筑常见的做法，养性殿则简化为清代长方形截面的踩步金。

（5）养心殿三架梁与五架梁梁背为圆弧形熊背做法，曲线过渡自然，与明初北京神武门梁熊背做法相似。养性殿梁熊背也为圆弧形，但与梁侧肋交接部位棱角分明，具有明显的交接线，加工粗糙。这体现了从明代典型的弧形熊背做法向清晚期四棱见线的裹棱做法的过渡。

（6）养心殿相邻檩间榫卯为螳螂头口形式。工艺复杂但不易脱榫，明代建筑有所沿用。养性殿则简化为清代通用的燕尾榫形式。

（7）养心殿斗拱细部做法保留有明代建筑特征，坐斗有斗䫉。昂尾隐刻"上昂"做法，存有《营造法式》中"上昂"的遗意。养性殿坐斗无斗䫉，昂尾无隐刻"上昂"做法，同清工部《工程做法》规定的形制。

（8）用材方面，养心殿大量使用楠木构件，加工精细，楠木构件占比85.5%，其余构件从使用位置及分散性来看，也很可能为后期维修所添配。优等用材，特别是大径级楠木，在明代建筑中较为常用，到清代已经十分匮乏了。养性殿结构用材基本为松、杉树种，主要受力构件大多拼、攒接而成，开裂、变形现象非常普遍。

故宫毓庆宫大木结构修缮的研究与分析

李 玥*

摘 要：近百年来毓庆宫建筑群各殿座的大木结构均出现了不同程度的损坏，为了消除隐患，保护毓庆宫建筑群，故宫博物院决定再次对其进行修缮保护。修缮保护前期引入了第三方检测机构，对毓庆宫前殿大木结构进行了材质状况普查、主要承重构件深层检测、树种检测等一系列科学检测，所得结论充实了古建筑保护数据库，并被应用于设计与施工过程。本文以毓庆宫前殿这一单体建筑的大木结构为对象，通过对其勘察、设计和修缮工作的整理、研究和分析，对故宫古建筑大木结构的保护修缮提出建议。

关键词：病害成因分析；现状安全评估；新科技手段；新技术人才

毓庆宫建筑群位于故宫后宫东侧的最南端，奉先殿与斋宫之间。该组建筑始建于清康熙十八年（1679年），后经乾隆、嘉庆期间大规模增建，其后又经历多次改建和修缮，遂形成今天的格局和样貌。

---

* 故宫博物院正高级工程师。

百年来毓庆宫建筑群各殿座的大木结构均出现了不同程度的损坏，为了消除隐患，保护毓庆宫建筑群，故宫博物院决定再次对其进行修缮保护。本文以毓庆宫前殿这一单体建筑的大木结构为对象，通过对其勘察、设计和修缮工作的整理、研究和分析，对故宫古建筑大木结构的保护修缮提出建议。

一、毓庆宫前殿大木结构修缮沿革概述

毓庆宫前殿大木结构修缮的记述主要来源于《清宫内务府奏销档》《清宫内务府奏案》《营造司清册》《日下旧闻考》等历史档案和文献。概述如下。

初建：明弘治元年（1488年）在奉先殿西侧建奉慈殿；嘉靖二年（1523年）修缮奉慈殿后的观德殿；嘉靖六年（1527年）将观德殿移建于奉先殿东侧；隆庆年间，奉慈殿更名为神霄殿；康熙十八年（1679年）在明代奉慈殿、观德殿等建筑的基址上建皇太子宫，建筑依次命名为祥旭门、惇本殿、毓庆宫。

第一次改扩建：康熙六十一年（1722年）弘历入居毓庆宫。乾隆八年（1743年）毓庆宫经过了较大规模的改扩建。

第二次改扩建：乾隆六十年（1795年）十一月，乾隆帝命皇太子居于毓庆宫，为此，毓庆宫经历了第二次大的改造。

第三次改扩建：嘉庆六年（1801年）毓庆宫后檐至继德堂前檐添建穿堂一座。

第四次改扩建：同治十三年（1874年）工字殿改盖平台，穿堂改造为游廊。

多次修缮：嘉庆六年（1801年）后，毓庆宫以日常维护为主，主要工作为修理各处渗漏、糟朽、油饰以及添换内外檐装修等。光绪二年（1876年）光绪帝在毓庆宫读书，同时期毓庆宫的修缮活动也比较频繁。宣统三年（1911年）宣统帝在毓庆宫读书，此后几乎未见修缮。

故宫博物院成立后情况：多次对毓庆宫进行保养、维护。

1953 年进行了大规模的修缮。2014 年，随着故宫整体维修保护工程的实施，毓庆宫迎来了最近一次的整体修缮。

二、毓庆宫前殿大木结构现状调研

在本次毓庆宫建筑群修缮过程中，引入了第三方检测机构，对毓庆宫前殿的大木构件进行检测。主要工作分为大木构件材质状况普查、主要承重构件深层检测、树种检测等三项。

（一）大木构件材质状况普查

勘查结果（字母表示位置如图 1 所示）为：第一间有漏水痕迹；第二间后檐椽子开裂；后上金枋 C2—C3 贯通开裂宽 3cm、深 15cm；后上金枋 C3—C4 贯通开裂宽 1cm、深 8cm；后上金檩 C2—C3 开裂长 150cm、宽 1cm、深 10cm；后上金檩 C4—C5 贯通开裂宽 1cm、深 8cm；后下金枋 C2—C3 贯通开裂宽 1cm、深 10cm；后下金檩 C1—C2 贯通开裂宽 2cm、深 10cm；脊檩 B1—B2 贯通开裂宽 1cm、深 10cm；脊檩 B4—B5 贯通开裂宽 1cm、深 8cm；脊檩枋 B1—B2 贯通开裂宽 2cm、深 10cm；脊檩枋 B2—B3 贯通开裂宽 2cm、深 12cm；脊檩枋 B4—B5 贯通开裂宽 1cm、深 5cm；脊檩枋 B5—B6 贯通开裂宽 1.5cm、深 10cm；帽儿梁 1—3 开裂处表皮轻微腐朽；帽儿梁 1—4 贯通开裂宽 1.5cm、深 10cm；帽儿梁 2—2 贯通开裂宽 1cm、深 5cm；帽儿梁 4—1 贯通开裂宽 1.5cm、深 10cm；前上金枋 B1—B2 贯通开裂宽 1.5cm、深 10cm；前上金枋 B4—B5 贯通开裂宽 1.5cm、深 10cm；前上金枋 B5—B6 贯通开裂宽 1.5cm、深 10cm；前上金檩 B1—B2 贯通开裂宽 3cm、深 15cm；前上金檩 B2—B3 贯通开裂宽 1.5cm、深 10cm；前上金檩 B4—B5 贯通开裂宽 1.5cm、深 10cm；前上金檩 B5—B6 贯通开裂宽 1.5cm、深 10cm；前下金枋 B5—B6 贯通开裂宽 1.5cm、深 15cm；前下金檩 B4—B5 贯通开裂宽 1cm、深 8cm；三架梁

A4—B4 疑似原木构件芯材与边材脱落、分离；前三架梁 B1—C1 贯通开裂宽 1.5cm、深 10cm；前天花梁 A2—B2 贯通开裂宽 2.5cm、深 15cm；前五架梁 A4—B4 贯通开裂宽 1cm、深 5cm；前檐檩 D3—D4 贯通开裂宽 1.5cm、深 10cm。

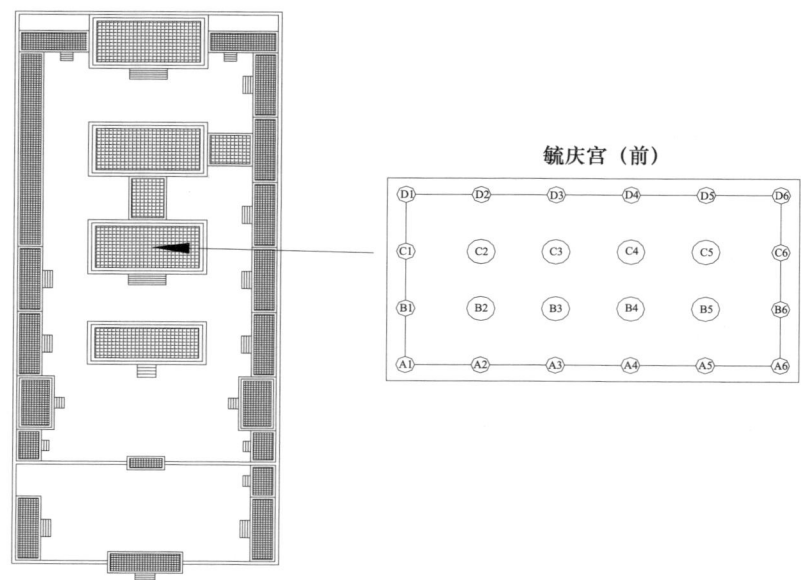

图 1　毓庆宫前殿及大木构件位置示意图

（二）主要承重构件深层检测

本次对毓庆宫前殿立柱材质状况的勘查主要采用了德国 Rinntech 公司开发的一种木材内部材质无（微）损检测仪器，勘查范围主要为承重立柱。

图 2~ 图 7 中阴影区域表示估计的轻度腐朽面积（所绘制平面腐朽示意图比例均为 1∶10）。图中绘制的腐朽面积和真正的腐朽面积有一定误差，但不影响分析结果。一般来说，图中绘制的腐朽面积较大的柱子，其腐朽问题比较严重。

立柱勘查主要从距柱根 20cm 开始，若 20cm 处存在问题，则每隔 30cm 往上补充勘查，比如 20cm、50cm、80cm，以此类推。图中若只有 20cm 高的勘查图形，表示高度 50cm 及以上的勘查结果正常。毓庆宫前殿立柱腐朽情况见表 1。

图 2　柱 D1 距柱根 20cm 高度勘查情况

图 3　柱 D1 距柱根 50cm 高度勘查情况

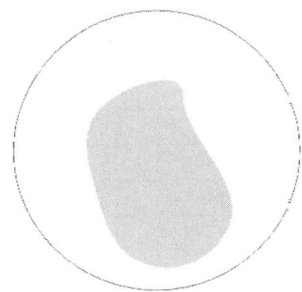

图 4　柱 D1 距柱根 80cm 高度勘查情况

图 5　柱 D2 距柱根 20cm 高度勘查情况

图 6 柱 D2 距柱根 50cm 高度勘查情况

图 7 柱 D3 距柱根 20cm 高度勘查情况

表 1 毓庆宫前殿立柱腐朽情况

立柱编号	直径（cm）	勘测高度（cm）	图号	平面腐朽情况
A1	38	20	—	—
A2	38	20	—	—
A3	38	20	—	—
A4	38	20	—	—
A5	38	20	—	—
		50	—	—
		80	—	—
A6	38	20	—	—
		50	—	—
D1	38	20	图2	轻
		50	图3	轻
		80	图4	轻
D2	38	20	图5	轻
		50	图6	轻
		85	—	—
D3	38	20	图7	轻
D4	38	85	—	—
D5	38	20	—	—
D6	38	20	—	—

（三）树种检测

1. 树种鉴定结果

毓庆宫前殿共采集样品数量115个，鉴定结果显示结构材共由五种树种组成，即落叶松（*Larix* sp.）15个、硬木松（*Pinus* sp.）74个、云杉（*Picea* sp.）6个、冷杉（*Abies* sp.）5个、杉木（*Cunninghamia lanceolata*）15个。其中硬木松用量达到64.35%。表2是毓庆宫前殿树种鉴定结果。

表2 毓庆宫前殿树种鉴定结果

编号	名称	位置	树种	拉丁学名
1	柱	A1	硬木松	*Pinus* sp.
2	柱	A2	硬木松	*Pinus* sp.
3	柱	A3	硬木松	*Pinus* sp.
4	柱	A4	硬木松	*Pinus* sp.
5	柱	A5	硬木松	*Pinus* sp.
6	柱	A6	硬木松	*Pinus* sp.
7	柱	B1	硬木松	*Pinus* sp.
8	柱	B6	硬木松	*Pinus* sp.
9	柱	C1	硬木松	*Pinus* sp.
10	柱	C6	硬木松	*Pinus* sp.
11	柱	D1	硬木松	*Pinus* sp.
12	柱	D2	硬木松	*Pinus* sp.
13	柱	D3	硬木松	*Pinus* sp.
14	柱	D4	硬木松	*Pinus* sp.
15	柱	D5	硬木松	*Pinus* sp.
16	柱	D6	硬木松	*Pinus* sp.
17	三架梁	B1—C1	硬木松	*Pinus* sp.
18	三架梁	B2—C2	硬木松	*Pinus* sp.
19	三架梁	B3—C3	硬木松	*Pinus* sp.
20	三架梁	B4—C4	硬木松	*Pinus* sp.
21	三架梁	B5—C5	硬木松	*Pinus* sp.
22	三架梁	B6—C6	硬木松	*Pinus* sp.
23	五架梁	B1—C1	硬木松	*Pinus* sp.
24	五架梁	B2—C2	硬木松	*Pinus* sp.
25	五架梁	B3—C3	硬木松	*Pinus* sp.

续表

编号	名称	位置	树种	拉丁学名
26	五架梁	B4—C4	硬木松	*Pinus* sp.
27	五架梁	B5—C5	硬木松	*Pinus* sp.
28	五架梁	B6—C6	硬木松	*Pinus* sp.
29	五架随梁	B1—C1	硬木松	*Pinus* sp.
30	五架随梁	B6—C6	硬木松	*Pinus* sp.
31	天花梁	B2—C2	硬木松	*Pinus* sp.
32	天花梁	B3—C3	硬木松	*Pinus* sp.
33	天花梁	B4—C4	硬木松	*Pinus* sp.
34	天花梁	B5—C5	硬木松	*Pinus* sp.
35	帽儿梁	—	杉木	*Cunninghamia lanceolata*
36	帽儿梁	—	杉木	*Cunninghamia lanceolata*
37	帽儿梁	—	杉木	*Cunninghamia lanceolata*
38	帽儿梁	—	杉木	*Cunninghamia lanceolata*
39	帽儿梁	—	杉木	*Cunninghamia lanceolata*
40	帽儿梁	—	杉木	*Cunninghamia lanceolata*
41	帽儿梁	—	杉木	*Cunninghamia lanceolata*
42	帽儿梁	—	杉木	*Cunninghamia lanceolata*
43	帽儿梁	—	杉木	*Cunninghamia lanceolata*
44	帽儿梁	—	杉木	*Cunninghamia lanceolata*
45	帽儿梁	—	杉木	*Cunninghamia lanceolata*
46	帽儿梁	—	杉木	*Cunninghamia lanceolata*
47	帽儿梁	—	杉木	*Cunninghamia lanceolata*
48	帽儿梁	—	杉木	*Cunninghamia lanceolata*
49	帽儿梁	—	杉木	*Cunninghamia lanceolata*
50	脊檩	B1—B2	硬木松	*Pinus* sp.
51	脊檩	B2—B3	硬木松	*Pinus* sp.
52	脊檩	B3—B4	硬木松	*Pinus* sp.
53	脊檩	B4—B5	硬木松	*Pinus* sp.
54	脊檩	B5—B6	硬木松	*Pinus* sp.
55	前上金檩	B1—B2	云杉	*Picea* sp.
56	前上金檩	B2—B3	冷杉	*Abies* sp.
57	前上金檩	B3—B4	硬木松	*Pinus* sp.
58	前上金檩	B4—B5	硬木松	*Pinus* sp.
59	前上金檩	B5—B6	冷杉	*Abies* sp.
60	前下金檩	B1—B2	硬木松	*Pinus* sp.

续表

编号	名称	位置	树种	拉丁学名
61	前下金檩	B2—B3	硬木松	*Pinus* sp.
62	前下金檩	B3—B4	硬木松	*Pinus* sp.
63	前下金檩	B4—B5	硬木松	*Pinus* sp.
64	前下金檩	B5—B6	硬木松	*Pinus* sp.
65	后上金檩	C1—C2	云杉	*Picea* sp.
66	后上金檩	C2—C3	冷杉	*Abies* sp.
67	后上金檩	C3—C4	硬木松	*Pinus* sp.
68	后上金檩	C4—C5	云杉	*Picea* sp.
69	后上金檩	C5—C6	冷杉	*Abies* sp.
70	后下金檩	C1—C2	硬木松	*Pinus* sp.
71	后下金檩	C2—C3	硬木松	*Pinus* sp.
72	后下金檩	C3—C4	硬木松	*Pinus* sp.
73	后下金檩	C4—C5	硬木松	*Pinus* sp.
74	后下金檩	C5—C6	硬木松	*Pinus* sp.
75	脊枋	B1—B2	云杉	*Picea* sp.
76	脊枋	B2—B3	落叶松	*Larix* sp.
77	脊枋	B3—B4	硬木松	*Pinus* sp.
78	脊枋	B4—B5	落叶松	*Larix* sp.
79	脊枋	B5—B6	落叶松	*Larix* sp.
80	前上金枋	B1—B2	落叶松	*Larix* sp.
81	前上金枋	B2—B3	硬木松	*Pinus* sp.
82	前上金枋	B3—B4	硬木松	*Pinus* sp.
83	前上金枋	B4—B5	落叶松	*Larix* sp.
84	前上金枋	B5—B6	落叶松	*Larix* sp.
85	前下金枋	B1—B2	硬木松	*Pinus* sp.
86	前下金枋	B2—B3	落叶松	*Larix* sp.
87	前下金枋	B3—B4	硬木松	*Pinus* sp.
88	前下金枋	B4—B5	落叶松	*Larix* sp.
89	前下金枋	B5—B6	硬木松	*Pinus* sp.
90	后上金枋	C1—C2	落叶松	*Larix* sp.
91	后上金枋	C2—C3	落叶松	*Larix* sp.
92	后上金枋	C3—C4	硬木松	*Pinus* sp.
93	后上金枋	C4—C5	硬木松	*Pinus* sp.
94	后上金枋	C5—C6	云杉	*Picea* sp.
95	后下金枋	C1—C2	硬木松	*Pinus* sp.

续表

编号	名称	位置	树种	拉丁学名
96	后下金枋	C2—C3	落叶松	*Larix* sp.
97	后下金枋	C3—C4	硬木松	*Pinus* sp.
98	后下金枋	C4—C5	云杉	*Picea* sp.
99	后下金枋	C5—C6	硬木松	*Pinus* sp.
100	额枋	A1—A2	落叶松	*Larix* sp.
101	额枋	A2—A3	硬木松	*Pinus* sp.
102	额枋	A3—A4	硬木松	*Pinus* sp.
103	额枋	A4—A5	硬木松	*Pinus* sp.
104	额枋	A5—A6	硬木松	*Pinus* sp.
105	额枋	A1—B1	硬木松	*Pinus* sp.
106	额枋	B1—C1	硬木松	*Pinus* sp.
107	额枋	C1—D1	硬木松	*Pinus* sp.
108	额枋	A6—B6	落叶松	*Larix* sp.
109	额枋	B6—C6	硬木松	*Pinus* sp.
110	额枋	C6—D6	硬木松	*Pinus* sp.
111	额枋	D1—D2	落叶松	*Larix* sp.
112	额枋	D2—D3	硬木松	*Pinus* sp.
113	额枋	D3—D4	落叶松	*Larix* sp.
114	额枋	D4—D5	硬木松	*Pinus* sp.
115	额枋	D5—D6	冷杉	*Abies* sp.

2. 树种配置比例

毓庆宫前殿树种配置比例如图 8 所示。

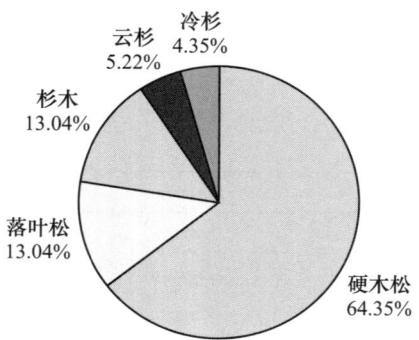

图 8　毓庆宫前殿树种配置比例

3. 树种配置位置

树种配置位置如图 9~ 图 11 所示。

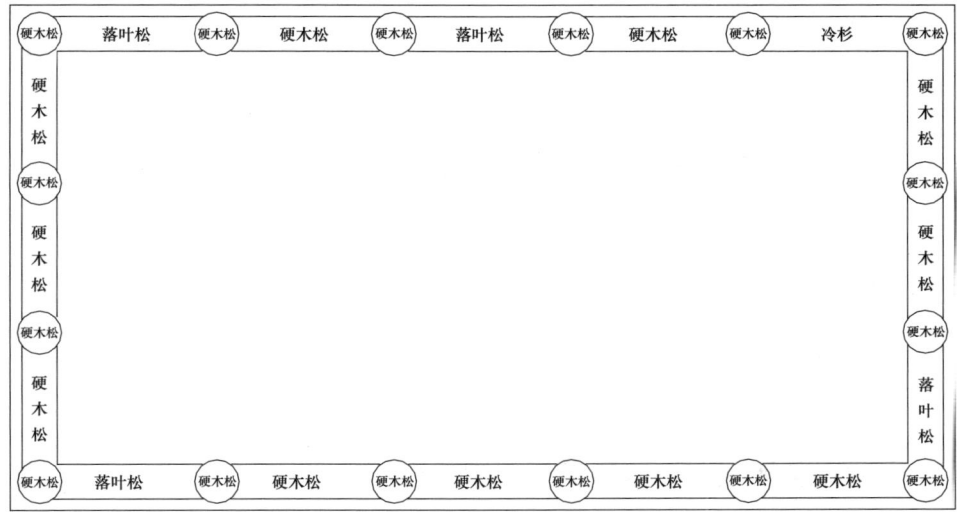

图 9　毓庆宫前殿立柱、檐檩树种配置示意图

图 10　毓庆宫前殿三、五架梁，五架随梁及天花梁树种配置示意图

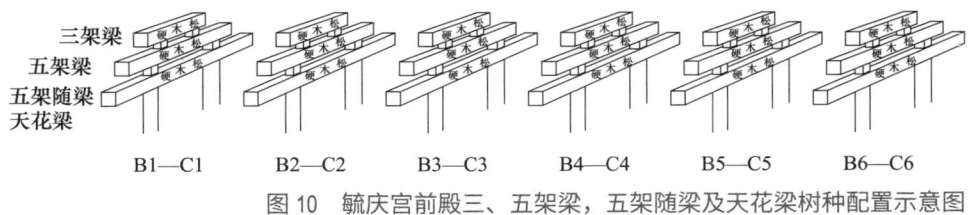

图 11　毓庆宫前殿脊檩、金檩树种配置示意图

通过以上数据分析可以发现，毓庆宫前殿的主要承重构

件用材绝大多数为硬木松，极少量为落叶松和冷杉，部分金檩用材为云杉和冷杉。所用木材均为承重效果很好的高强度木材。

三、毓庆宫前殿大木结构修缮方案

在严格遵守古建筑修缮原则的前提下，设计方北京建工建筑设计研究院结合普查及检测结果，对毓庆宫前殿大木结构的病害成因进行了分析，完成了现状安全评估，制订了修缮方案。该工程开始于2014年，竣工于2016年，成为故宫整体维修保护工程中期的典型案例。

（一）毓庆宫前殿大木结构修缮原则和目的

《中华人民共和国文物保护法》第三十二条规定，"对不可移动文物进行修缮、保养、迁移，必须遵守不改变文物原状和最小干预的原则"。这也是本次毓庆宫前殿大木结构修缮工程的根本原则。同时由此深化出来的"四原"（原材料、原形制、原工艺、原做法）原则就成为本次修缮工程的具体准则。

利用对毓庆宫前殿进行的主要承重构件深层检测和树种检测结论，以"保存现状"为主要目的，以"最小干预"为手段，修缮过程中使用的新材料均需符合"可逆性"原则，从而最大限度保留其建筑构件和历史信息。

（二）前期勘察工作情况

设计人员深入建筑内部，对毓庆宫前殿大木结构的法式特征、残损情况进行了详细的勘察与测绘。概述如下。

毓庆宫坐北朝南，位于毓庆宫建筑群的第四进院落。毓庆宫是由前殿、穿堂、继德堂、东山抱厦、顺山殿等五座单体建筑组合而成的一组建筑，前殿是这组建筑的第一部分。

毓庆宫前殿面阔五间、进深三间，是单檐歇山黄琉璃瓦顶抬梁式木结构建筑,建筑面积 201.51m²。该殿通面阔 18.46m,其中明间面阔 3.98m,次、梢间各面阔 3.62m。通进深 7.76m,其中明间进深 5.12m,次间进深均为 1.32m。檐柱柱径 380mm,柱高 3.69m。前殿采用七檩六架椽抬梁式大木构架,七架桃尖梁两端置于前后檐柱柱头科斗拱上,其下附设随梁枋。山面踩步金下为顺趴梁,外安假桃尖梁梁头。

毓庆宫前殿大木构架整体保存较好,其中露明柱子柱身完好,未发现糟朽、蚁噬、下沉等现象;暗柱一部分糟朽情况较轻,另一部分无法用基本手段探明情况,需施工时补查;后檐上金枋、上金檩、下金枋、下金檩、脊檩、脊檩枋,帽儿梁,前檐上金枋、上金檩、下金枋、下金檩、前檐三架梁、五架梁、天花梁、檐檩均有不同宽度和不同深度的贯通裂缝,梁架残留大面积水渍约 15 处,木表面有轻微糟朽;各仔角梁梁头均出现不同程度糟朽。

(三)毓庆宫前殿总体修缮要求、修缮原则与现状评估

针对毓庆宫前殿的残损情况,设计人员进行了病害成因分析,对建筑现状的安全情况进行了评估,并结合古建筑修缮原则,制定了本次毓庆宫前殿大木结构修缮的总体要求,具体见表 3。

表 3 毓庆宫前殿病害成因、安全评估、总体修缮要求与修缮原则

序号	病害成因	安全评估	总体修缮要求	对应修缮原则
1	贯通开裂缝原应为自然干裂,后因承受屋面荷载其裂缝变大,现已趋于稳定	开裂构件均属受弯曲构件,应防止其继续开裂	开裂部分应用木条嵌补	最小干预原则
			用 2 道铁箍加固	满足可逆性
			木条材质为落叶松	"四原"原则——原材料
2	漏雨痕迹应为早年雨水渗漏所致	木构件水渍仅浸湿木构件表层,构件内部未受影响,不影响结构安全	梁架表层水渍、轻微糟朽部分保持现状	最小干预原则

续表

序号	病害成因	安全评估	总体修缮要求	对应修缮原则
3	糟朽构件应为其上屋面渗漏及经年雨水浸淋所致	仔角梁梁头严重糟朽易导致翼角屋面下沉，严重影响建筑安全	仔角梁梁头糟朽严重的部分应更换	"四原"原则——原形制
			材质为落叶松	"四原"原则——原材料
			轻微糟朽处应进行剔补	最小干预原则、"四原"原则——原材料
4		毓庆宫前殿梁架结构基本稳定，没有脱榫、下沉等现象	暗柱应逐一进行补查检修	了解毓庆宫前殿的真实性、完整性

1. 对真实性的研究

2007年《北京文件——关于东亚地区文物建筑保护与修复》中对真实性进行了清晰的解释。"真实性可以理解为信息来源的可靠性和真实性。……任何维修与修复的目的应是保持这些信息来源的真实性完好无损。"

为了充分理解毓庆宫前殿的真实性，设计和检测人员前期查阅了大量的历史资料，进行了大量的检测和勘察工作，获得了第一手的数据和资料。

2. 对完整性的诠释

2007年《北京文件——关于东亚地区文物建筑保护与修复》对完整性进行的解释中提到，"材料和结构的替换或更新应保持在合理的最小的程度，以便尽可能多地保留历史材料。……只有在需要采取相应的措施，替换腐朽或破损的构件或构件的某些部位，或需要修复时，方可进行更换。在维修木结构时，选用替换木材应适当尊重相关价值。新的构件或新构件的某些部分应用相同的树种制作，如果无法做到这一点，则应与被替换构件保持相似的特性"。

3. 最小干预原则的体现

最小干预是国际文化遗产保护的一条普遍原则，也是一种工作态度。在对古建筑进行科学勘察之后，所有的维修都只针对建筑的残损，消除隐患，绝不可以随意扩大维修的范围。在针对这些残损选择技术措施的时候，要首先选择干预程度较小的一种，只要达到保护目标即可，不要随意增大干预范围和加大干预程度。

（四）具体修缮方案

1. 立柱修缮做法

（1）立柱的干缩裂缝，当其深度不超过柱径的 1/3 时，可按下列嵌补方法进行整修。

①当裂缝宽度不大于 3mm 时，可在柱的油饰或断白过程中，用腻子勾抹严实。

②当裂缝宽度在 3~10mm 时，可用木条嵌补，并用环氧树脂粘牢。

③当裂缝宽度大于 30mm 时，在粘牢后应在柱的开裂段内加铁箍 2~3 道嵌入柱内。若柱的开裂段较长，则箍距不宜大于 0.5m。

（2）柱心完好，仅有表层（不超过柱根直径的 1/2）腐朽时，在能满足受力要求的情况下，将腐朽部分剔除干净，经防腐处理后，用干燥木材按原材料和原形制原则修补整齐，并用环氧树脂黏接。如周围剔补，需加设铁箍 2~3 道。

（3）柱根腐朽严重，但自柱底面向上未超过柱高的 2/5 时，可采用墩接柱根的方法处理。墩接时，可根据糟朽部分的实际情况，以尽量多地保留原有构件为原则，采用巴掌榫、抄手榫、螳螂头榫等式样。施工时，除应注意使墩接榫头严密对缝外，还应加设铁箍，铁箍应嵌入柱内。

（4）木柱严重糟朽，而不能采用修补、加固方法时，可用原材质木材按原形制更换。在单独更换木柱时应尽量在不落架的情况下进行抽换。若柱两侧各为大额枋、额垫板、小额枋三件连用时，可将柱上卯口依照较宽的卯口开通槽，归安后再用硬木块粘补严实。

2. 梁、枋、角梁修缮做法

（1）梁、枋有不同程度的腐朽，其剩余截面能满足使用要求时，可采用贴补的方法进行修复。贴补前，应先将糟朽部分剔除干净，经防腐处理后，用干燥的原材质木材按所需形状及尺寸修补整齐，并用环氧树脂黏接严实，粘补面积较大时还应用铁箍或螺栓紧固。

（2）梁、枋严重糟朽，其承载力不能满足使用要求时，须更换构件。更换时，选用原材质的干燥木材，并预先做好防腐处理。

（3）梁、枋干缩开裂，构件的裂纹长度不超过构件长度的1/2、深度不超过构件宽度的1/4时，加铁箍2~3道以防止其继续开裂。

（4）梁、枋干缩开裂，裂缝宽度超过50mm时，在加铁箍之前应用原材质木条嵌补严实，并用胶粘牢。当构件开裂属于自然干裂，不影响结构安全，且裂纹现状稳定时，不对其进行干预。

当构件裂缝的长度和深度超过上述限值时，若其承载力能够满足受力要求，仍采用上述办法进行修整。若其承载力不能够满足受力要求，施工补查时根据具体情况做出相应的设计调整。

（5）梁、枋脱榫，但榫头完整时，可将柱拨正后再用铁件拉结榫卯，铁件用手工制的镘头钉铆固；当因榫头糟朽、折断而脱榫时，应先将破损部分剔除干净，重新嵌入新制的榫头，然后用耐水性胶黏剂黏接并用螺栓紧固。

（6）角梁（老角梁和仔角梁）梁头糟朽部分大于挑出长度的1/5时，应更换构件；小于1/5时，可根据糟朽情况另配新梁头，并做成斜面搭接或刻榫对接。更换的梁头与原构件搭交粘牢后用铁箍2~3道或螺栓2~3个进行加固。

（7）所有新换木构件均应保证含水率在15%以下，并应做好防腐、防虫处理；原木构件易受潮和虫蛀的隐蔽部位，在修缮揭露时也应进行防腐、防虫处理。

3. 实际施工与原设计方案的不同之处

（1）望板朽烂严重，依照原做法更换约 90%，材质为原材质——红松。

（2）飞椽更换约 80%，材质为原材质——红松。

（3）翘飞椽更换约 80%，材质为原材质——红松。

（4）翼角椽更换约 30%，材质为原材质——杉木。

（5）檐椽部分糟朽碳化更换约 30%，材质为原材质——杉木。

（6）花架椽、脑椽部分糟朽碳化更换约 20%，材质为原材质——杉木。

（7）扶脊木糟朽严重，更换 4 根，材质为原材质——落叶松。

（8）仔角梁全部糟朽严重，原形制更换，材质为原材质——落叶松。

（9）博缝板上后加薄板拆除，再选用同材质材料对博缝板进行修补。

四、启示

通过本次故宫毓庆宫前殿大木结构的修缮，不难看出，对于整个故宫的古建筑保护，新技术的引入已经势在必行，技术人员素质的提高迫在眉睫。

（一）古建筑修缮保护前期调研的重要性

本次毓庆宫前殿施工过程中，我们发现实际施工内容与设计图纸存在一定的偏差，问题主要集中在屋顶木结构部分。

故宫古建筑保护修缮在实施阶段一般按照勘察—设计—施工—竣工—结算的步骤进行。在多年的故宫古建筑施工管理过程中，我们发现绝大多数古建筑施工存在工期延后、结算价格严重超预算等问题，归根结底是施工之前的调研工作存在不足。调研工作主要包括史料调研和古建筑本身残损情况的调研，存在不足的部分主要集中在残损情况调研方面，而残损情况调研的重难点又集中在古建筑屋顶部分。故宫早期古建筑修缮过程中一小部分设计人员在残损情况调研工作中存在不负责任的情况，认为只要在设计图纸中加入"施工时遇隐蔽部位，按照实际情况现场确定修缮方法"就了事。这无疑给后续施工带来诸多麻烦。

如今随着设计人员水平和能力的提升，勘察逐渐规范、细致，勘察图纸越来越接近实际情况，为后续的设计、施工等程序提供了有力保证。

但我们仍旧要时刻保持严谨，重视古建筑修缮保护前期调研工作，为实现古建筑修缮的科学化不懈努力。

（二）加强新科技手段在古建筑勘察阶段的使用

随着现代科技的不断发展，各种高科技手段应用到古建筑修缮的各个环节中，提高古建筑修缮勘察的准确度变得更加现实。

三维扫描技术、高清摄影技术、X光拍摄技术、3D打印技术等各种无损探伤手段层出不穷，它们成了设计人员的"眼睛"和"手臂"，更加精准地为我们呈现了古建筑内部残损情况。这使得古建筑修缮的勘察更加有针对性，也更加准确，为设计人员制订完善的设计方案提供了可能，也使得后续的工期、结算等问题不再成为问题。

因此加强新科技手段在古建筑勘察阶段的使用，是我们未来要不断努力的方向。

（三）注重新技术人才的培养

随着新科技手段的引入，相关人才的引入也被提上日程。目前故宫古建筑保护相关新科学检测技术的应用还基本依赖第三方，对仪器质量好坏、人员素质高低、对故宫古建筑了解的深浅等因素相对无法控制，根据第三方提供的数据进行研究与分析就显得格外被动。

未来，建立自己的人才库，培养懂技术、会操作的技术人才，再结合对故宫古建筑实际情况的深度了解，所做的研究与分析将是最有针对性、最具说服力的。

紫禁城建筑屋顶艺术综述（上）

高　甜[*]

摘　要： 本文对紫禁城建筑屋顶的形制、样式、色调和屋脊的种类、功能进行了归纳与梳理，对它们不同的艺术特征进行了系统论述，对苫背的工艺、材料、做法进行了详细分析，意在体现以故宫为代表的明清古建筑屋顶的文化遗产价值。

关键词： 屋顶样式；屋脊种类；苫背

一、紫禁城内主要的屋顶样式

中国古建筑文化博大精深，老祖宗们非常有智慧，所以我国古建筑的屋顶样式种类非常丰富。故宫里比较常见的一些屋顶主要有以下几种：庑殿、硬山、悬山、歇山、卷棚、勾连搭、一殿一卷、盝顶、攒尖、盔顶、十字显山。

（一）庑殿

中国古代建筑屋顶最高等级的样式就是庑殿，其一般用在

---

[*] 故宫博物院修缮技艺部正高级工程师。

皇宫、皇家庙宇等重要的大殿上，一层檐的叫作单檐庑殿，两层及以上檐的称为重檐庑殿。

单檐庑殿是由前后左右四个坡面交汇在一起，前坡和后坡相交形成一条正脊，分别与左右两坡相交形成四条垂脊，共同组成五条脊的屋面，所以单檐庑殿又称作四阿顶或者五脊殿。故宫里能看到单檐的庑殿主要有英华殿、景阳宫和咸福宫（图1），这些都是比较有代表性的单檐庑殿建筑，重檐庑殿的上层与单檐庑殿是相同的，不同之处是下层多了一圈围脊，以及四个戗脊。

故宫内重檐庑殿的代表建筑比较多，基本上都是重要的殿座，如故宫的四个大门，即午门（图2）、神武门、东华门、西华门都是重檐庑殿。

故宫中轴线上比较典型的最高等级的建筑太和殿（图3），以及乾清宫和坤宁宫也是重檐庑殿建筑的代表。另外皇极殿（图4）、奉先殿也是重檐庑殿建筑。

图1　咸福宫单檐庑殿

图2　午门重檐庑殿

图3　太和殿重檐庑殿

图4　皇极殿重檐庑殿

（二）硬山

硬山形式在整个宫殿等级当中并不是很高。为什么要叫硬山？顾名思义，它的两山以墙封砌至屋顶，不露檩头，所以一般情况下硬山建筑只能看到前坡和后坡瓦面，两个山面是没有瓦面的。硬山的两山实际上是墙，是墙把两山的檩子"封"在里面。硬山一般用在次要殿座或者各大殿的配殿，比如故宫内的体和殿（图5）、丽景轩，翊坤宫东配殿庆云斋、西配殿道德堂，御花园里面东西两边的螭藻堂和位育斋。

图5　体和殿硬山

（三）悬山

悬山，顾名思义，两山是悬挑出来的，它的屋面形式跟硬山差不多，也是只有前后坡，只不过在两山的部位，硬山是墙直接砌到屋顶，不露檩头，而悬山的桁檩是挑出来的，挑出两侧的山墙或山柱，形成出梢，所以悬山屋顶瓦面一直延伸至山墙之外，能看到山面的木构件。

故宫内悬山建筑的主要代表就是文华殿东配殿本仁殿、文华殿西配殿集义殿、武英殿东配殿凝道殿、武英殿西配殿焕章殿（图6）。

图6　武英殿西配殿焕章殿悬山

(四)歇山

相比硬山和悬山,古建筑屋顶样式等级更高一点的是歇山,我们称歇山建筑为九脊殿。为什么叫九脊?因为它的屋面一共有九条脊。从结构上来说,歇山实际上是庑殿和悬山组合到一起形成的屋面形式,相当于把悬山"套"在庑殿上面,悬山的三角形垂直的山与庑殿下半部分相交,就成为歇山,歇山两侧坡面也叫撒头,歇山的山尖部分称为小红山。

歇山屋面看着比较复杂,是两种形式屋面组合而成的,但是其实并不难做,反而是看起来比较简单的庑殿更难做一些。因为从木结构上来讲,庑殿的木结构形式更加复杂,歇山的木结构相对庑殿来说略微简单一些。在做瓦面的时候,庑殿的两山全都是瓦,要从檐头一直"瓦"到正吻下面,但是歇山山面只有撒头瓦瓦,瓦只需要从檐头"瓦"到博脊,上面是山花板,所以歇山屋面并不难做。

歇山建筑在故宫里比较多,歇山分重檐歇山和单檐歇山。故宫内重檐歇山建筑主要有太和门(图7)、保和殿、慈宁宫正殿,而单檐歇山建筑就比较多了,武英门、武英殿、文华门、文华殿、乾清门、慈宁门、隆宗门、景运门、协和门和熙和门,以及珍宝馆区里的乐寿堂和颐和轩等,都是单檐歇山。

图7 太和门重檐歇山

(五)卷棚

怎么理解这个"卷"字?"卷"就是瓦垄卷过屋面。正脊做成圆山式,呈罗锅状,屋面上两条铃铛排山脊(或批水梢垄)随瓦垄卷过屋面,所以称为过垄脊或者罗锅脊。过垄就是整条瓦垄"通"过去形成的脊,呈罗锅形状。卷棚屋面只是把正脊做成了过垄脊,所以卷棚屋面可以有歇山、硬山、悬山的形式。

卷棚屋面也比较常见,故宫里的畅音阁、扮戏楼、阅是楼(图8),以及庆寿堂区大部分建筑都是卷棚建筑。

图8 畅音阁、扮戏楼、阅是楼卷棚

(六)勾连搭

勾连搭其实不是一种屋面形式,而是一种屋面组合形式,两个或以上卷棚组合在一起,就形成了勾连搭,故宫内比较有代表性的勾连搭建筑就是景福宫正殿及建福宫花园内的静怡轩(图9)。

图9 静怡轩勾连搭

（七）一殿一卷

这也是一种组合的屋面形式。不管山面是硬山、悬山还是歇山，正脊由尖山和卷棚组成的样式就叫一殿一卷（图10）。

故宫内比较有代表性的一殿一卷建筑是养性殿东西配殿（图11），抱厦屋面形式是悬山卷棚，正殿屋面形式是硬山，另外很多垂花门的屋面也都做成一殿一卷形式，比如建福宫花园存性门，两山做成悬山式。

图10　养性殿西配殿一殿一卷

图11　建福宫花园存性门一殿一卷

(八）盝顶

"盝"这个字其实不太常见，上面是目录的"录"，下面是器皿的"皿"，盝顶也是一个组合屋面，是庑殿和平顶的组合，平顶在上庑殿在下，因为它的顶是平的，呈长方形，所以它上面的脊围成了一圈，四个角有四条戗脊，可以看作是把庑殿屋面从中间的位置横着截开，分成两部分，除去上半部分，下半部分的上面就形成了一个长方形，把这个长方形一圈用脊围起来，就是盝顶。

故宫里典型的盝顶建筑，就是钦安殿（图12），屋面上放了一个大的鎏金宝顶，只有做成平顶，宝顶才能立在上面。盝顶在故宫里面就这一处，是比较独特的一种屋面形式。

图 12　钦安殿盝顶

（九）攒尖

攒尖，顾名思义，就是把所有坡面相交形成的脊都攒在一起，交汇在顶上。就大型建筑来说，四角攒尖就是把四条脊攒在一起，前三殿的中和殿（图13）、后三宫的交泰殿，以及建福宫花园里的延春阁、乾隆花园里的符望阁、御花园里的御景亭（图14），都是四角攒尖屋面。

园林建筑，如一些亭子，屋面形式有六角攒尖、八角攒尖，还有更多攒尖组合，但是在故宫里四角攒尖比较多。

图 13　中和殿四角攒尖　　　　图 14　御景亭四角攒尖

（十）盔顶

这种屋面其实是特殊的攒尖屋面，只不过它的脊做成了起拱的形式，像一个帽子或者一个头盔。

故宫内文华殿碑亭屋面是盔顶，碑亭是盔顶建筑特别典型的代表（图 15）。

（十一）十字显山

十字顶和歇山顶组合在一起，就形成了十字显山。

四个角楼是很典型的十字显山建筑（图 16）。

图 15　文华殿碑亭盔顶　　　　图 16　西北角楼十字显山

二、屋脊的种类

（一）脊

脊是沿屋面转折处或屋面与墙面、梁架相交处，用瓦、砖、灰等材料做成的砌筑物。脊兼有防水和装饰两种作用。

1. 正脊

正脊指沿着前后坡屋面相交处所做的脊。正脊往往是沿桁檩方向，且在屋脊的最高处。卷棚正脊称过垄脊。简单理解，正脊就是古建筑屋面最高处的、两个正吻中间的那条脊。有一种例外情况，就是卷棚，卷棚屋面最上面没有一个很明显的屋脊，实际上卷棚中间的过垄脊就是它的正脊。皇极殿各脊如图17所示。

图17　皇极殿各脊

以庑殿四样正脊为例，样数就是琉璃瓦的尺寸。琉璃瓦的样数从二样到九样不等。二样尺寸最大，九样最小。从下往上瓦件的摆放顺序应该是瓦垄上放正当沟，正当沟上放压当条，压当条上放大群色，大群色上摆黄道，黄道上摆赤脚通，赤脚通上摆扣脊筒瓦（图18）。

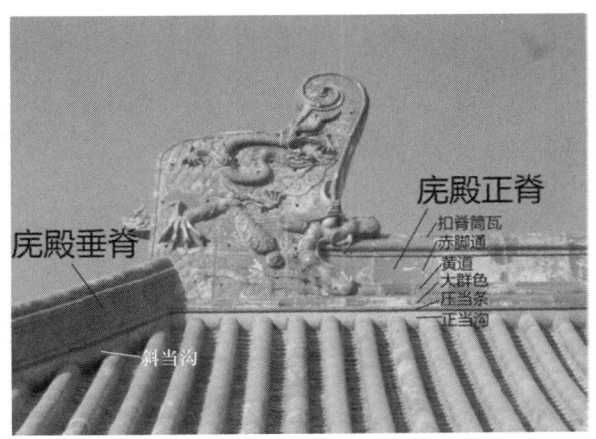

图18　庑殿正脊瓦件组成

（2）垂脊

与正脊或宝顶相交的脊都可称为垂脊。因为垂脊是与正脊或宝顶相交的脊，有的时候它与正脊是垂直的，有的时候它与正脊不垂直，像太和殿这样的庑殿形式，它的垂脊与正脊就不垂直，但是像太和门这样的歇山形式（图19），以及悬山、硬山，垂脊与正脊是垂直的。对于歇山、悬山、硬山建筑，我们也称它们的垂脊为铃铛排山脊。

图19　太和门重檐歇山各脊

庑殿垂脊比较特殊，从平面上看是一条弧线（旁囊），因此垂脊使用一个特殊的构件，即斜当沟，两侧斜当沟是对称使用的，整个脊没有平口条（图20）。

图20 庑殿垂脊

庑殿的垂脊分兽前和兽后两部分。兽后从下往上的顺序为：斜当沟放在瓦垄上面，上面搁压当条，垂脊筒子，扣脊筒瓦。兽前部分没有脊筒子，从下往上依次是斜当沟、压当条、三联砖、小跑。

歇山垂脊也叫铃铛排山脊，与正脊垂直，垂兽的位置应放在挑檐桁（或檐檩）上。因为没有兽前部分，因此兽座三面都有纹饰，兽座下放置压当条和托尼当沟，外侧从下往上依次为正当沟、压当条、垂脊筒子、扣脊筒瓦。里侧顺序与外侧有差异，里侧没有正当沟，直接摆平口条，然后依次是压当条、垂脊筒子、扣脊筒瓦。具体如图21所示。

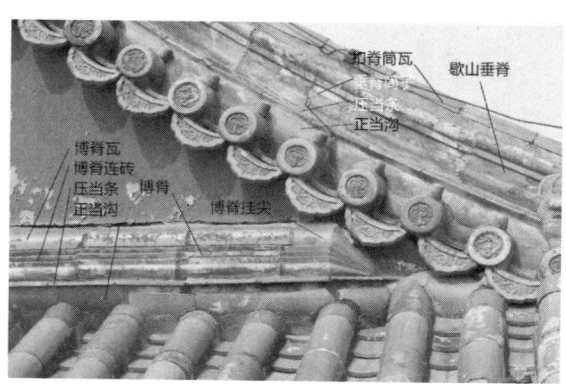

图21 歇山垂脊

歇山建筑的垂脊是垂直于正脊的，垂脊的下面是兽座，兽座下面放的是托尼当沟和压当条，垂脊上的构件从外侧和里侧看是不一样的，从外侧可以看到正当沟和压当条，从里侧看就没有正当沟了。

硬山与悬山的垂脊与正脊也是垂直的，它的兽后部分与歇山相同，只不过它的兽前部分是带小跑的，所以它的兽前部分只是把垂脊筒子换成了三连砖，把扣脊筒瓦换成了小跑。

3. 其他的脊

岔脊是歇山屋面与垂脊相交处所做的脊。

戗脊是重檐屋面下层与围脊相交处所做的脊。

博脊是歇山屋面屋顶小红山与撒头相交处所做的脊。

围脊是沿下层檐屋面与木构件相交处所做的脊，首尾相接围成一圈，俗称"缠腰脊"。

（二）吻的种类

正吻就是在正脊的两侧摆放的大型脊兽件，一般正吻都是由若干个构件拼接而成的，有5拼、7拼、9拼、11拼、13拼。太和殿的正吻最大，是由13块瓦件拼接而成的。背兽是指插在正吻后背的小兽，实际上算是正吻的一部分。

合角吻一般是安放在围脊上面的，因为它是两个吻合在一起形成的，所以称作合角吻。

（三）小跑

小跑摆放在岔脊的前端，起一定装饰作用。琉璃小跑前一般要摆放仙人，小跑一共有10种，摆放顺序依次是龙、凤、狮子、天马、海马、狻猊（狻）、押鱼（鱼，亦称狎鱼）、獬豸（獬）、斗牛（吼）、行什（猴）（图22）。一般叫法是"一龙、二凤、三狮子、四天马、五海马、六狻、七鱼、八獬、九吼、十猴"。按规定每柱高二尺放一个，得数须为单数，只有太和殿比较特殊，它用满了10种小跑，其余的建筑最多放9种，如果数目达不到9的话，就按照从前往后的顺序摆放，但是必须得是奇数，不能是偶数。天马与海马的位置可以互换。

太和殿小跑的顺序为龙、凤、狮子、海马、天马、押鱼（鱼）、狻猊（狻）、獬豸（獬）、斗牛（吼）、行什（猴），天马与海马、狻猊与押鱼的位置进行了互换。

(a) 龙　　(b) 凤　　(c) 狮子　　(d) 天马

(e) 海马　　(f) 狻猊（狻）　　(g) 押鱼（鱼）　　(h) 獬豸（獬）

(i) 斗牛（吼）　　(j) 行什（猴）

图22　小跑

三、苫背

建造一座传统建筑，大木匠负责搭起整个建筑的框架，用木架搭的建筑框架最上面的部分叫作望板，屋面就是在望板的上面做的。

（一）钉钉挂线

按照传统方式，苫背前的第一步要钉钉挂线。屋面是有囊向的，就是所谓的弧线，弧线称为囊向。在苫背之前，要把屋面的弧线找出来，目的是让苫完的泥（灰）背平整，囊向和缓，基本与瓦完瓦的囊向一致，也就是说，苫背的囊向是什么样的，将来瓦面的弧线就是什么样的，所以钉钉挂线就是来确定整个屋面的囊向的。

找囊向的方法：施工之前准备小连绳，在小连绳的一端绑上钉子，固定在扶脊木的中间部位，然后将绳拉到檐头，使绳产生自然的下垂弧度，如果哪个地方弧度不合适，可以将钉子别到小连绳上，通过钉子下垂的力度来调整小连绳的弧度，等囊向合适以后，再将它另一端用钉子固定在大连檐的坡度的中间位置上，这条囊向就找好了。

之后要顺着小连绳的底皮，钉上钉子，钉子的顶端与绳的下皮对齐，钉子露出的高度跟小连绳的弧度一致，相当于是用钉子的高度来复制出小连绳的弧度，也就是屋面的囊向，钉子的间距尽量不超过 1.5m，垂度较大的部位可适当加密，这样能更准确地复制出弧线，这是纵向的囊向，横向间距可以定为 1.5m 或 2m，等到钉子都钉好以后，再将细铅丝或小线拴到钉子的顶端，过去用的线是棉线，现在用尼龙线或细铅丝，无论用什么，都必须绷紧、绷直，形成若干个方块，这就是钉钉挂线。

按照拴好的细铅丝或小线抹泥（灰）背（或其他材料的背），这样做出的泥（灰）背才能够顺畅平整。一旦囊向找好了以后，不管是苫背还是瓦瓦，都要随着这条线来，这就是苫背瓦瓦的一条基准线。

（二）苫背

白灰是石灰石烧制而成的粉末，也就是生石灰，生石灰用水反复泼洒过筛经过一定时间熟化，就形成了泼灰，用泼灰加不同比例、不同长短的麻调配，就形成麻刀灰。青灰是煤层的一种，是天然材料。青灰加水调成的浆，叫青浆。用泼灰加青浆调配成的灰色的麻刀灰，叫月白麻刀灰，颜色浅的叫浅月白麻刀灰，颜色深的叫深月白麻刀灰。

1. 勾抹望板缝

苫背的第一道工序是勾抹望板缝，就是在已经清理干净的望板上面，用月白麻刀灰把望板之间的缝隙勾严，因为钉好的望板即使严丝合缝，也会有细微裂缝，而且木材也会因为干燥收缩产生一些裂缝，因此在苫背之前，须用月白麻刀灰把望板之间的缝隙勾抹严实（图23）。

图23　勾抹望板缝及刷沥青油

2. 望板防腐

勾抹完望板缝以后,需要对望板做一些防腐处理。从古至今防腐材料比较多,如油杉纸、油满等,不管用哪种防腐材料,都是为了保护望板,不让它糟朽。

目前维修过程中也有选择沥青油作为防腐材料的,涂刷沥青油通常是在勾抹完望板缝以后。因为沥青油是一种比较黏稠的液体,如果先在望板上刷沥青油,沥青油就会顺着望板间的缝隙流到望板的下面,也就是室内部分。对于有顶棚的建筑,不管是天花还是白樘箅子,都能挡住望板,因此从室内看不见被污染的望板。但是对于撤上露明的建筑,也就是没有顶棚的建筑,从室内就能看见被污染的部分了。所以如果用沥青油防腐,一般先勾缝,后刷沥青油。

3. 抹护板灰

抹护板灰是真正苫背前的铺垫工序,是指在望板上,抹一层不超过1cm厚的月白麻刀灰,抹得均匀严实即可,不用轧光(图24)。

图24 抹护板灰

4. 垫层背

垫层背有用纯白灰的，也有用掺灰泥的，掺灰泥的比例是4∶6，就是4份白灰加6份黄土调成的掺灰的泥，用掺灰泥的做法是比较普遍、比较常见的。一般工匠把这个工序称作垫层背（图25），有的工匠们直接把掺灰泥的垫层背叫泥背。垫层背最好和护板灰同时苫抹，为的是使垫层背与护板灰结合得更加紧密牢固。

图25　苫垫层背

有的时候屋面的囊向比较大，因为望板都是一步一步钉的，当举架比较大的时候，望板夹角比较大，尤其是在中腰节的位置，可能是最低的。想要把折角垫成弧形，就得把垫层背加厚，如果超过5cm，要是一层抹，可能就不太严实，所以得分层抹，每层都不要超过5cm。但是如果太厚，比如超过10cm，就不能分层抹了，因为抹太厚无法压实，而且掺灰泥如果太厚就会太沉，可能增加屋面的荷载。所以采取的方法就是在这些比较厚的垫层背的位置，将一些废板瓦反扣在上面，板瓦倒着扣底下是空的，上面就垫起来一部分，这叫垫囊。这样做既减小了屋面的受力，又减小了它的荷载，而且如果泥背过厚也容易开裂，因此热囊能使整个泥背厚度稍薄一些，开裂的概率就小一些，而且也容易压实。

苫完了垫层背以后，一般在七八成干的时候，进行拍背。拍背就是拿"杏儿拍子"拍，"杏儿拍子"的形状就像炒菜的铲子一样，有个长的铁把，但是铲子把是直的，它的把后面带一拐弯往上翘，前面做成杏核儿形状，把这个把焊在拍子上，基本上能够把背给拍严实了。拍实以后再苫下一层。拍严实的目的就是保证干了以后垫层背有一定的坚固度，确保它能够起到该有的防水作用。

5. 青灰背

泥背做完以后，就是屋面最重要的起防水作用的一层，即青灰背。虽然青灰背很重要，但是它的厚度并没有特别厚，青灰背的总厚度一般在3cm左右，3cm是比较合适的厚度，历史上也有超过3cm的做法，但是3cm左右就足以保证防水了。

苫青灰背不能等垫层背完全干燥后进行，当垫层背七八成干，且拍实的时候，苫青灰背（图26）。如果垫层背过于干燥，表面就不容易黏接牢固了，会出现开裂、变形，泥收缩容易导致表面不平整。

图26　苫青灰背

苫青灰背的时候，3cm 的厚度也必须分两层苫抹。如果一次抹到 3cm 厚，只能压实表面那层，下面那层压不实。分两层苫抹时，每层的厚度是 1.5cm。苫抹第一层的时候，只用木抹子把月白麻刀灰抹平就行，等到七八成干的时候，用铁拍子均匀地把背拍实，不用怕拍出拍子印，因为在底层，就算有拍子印，苫第二层的时候就盖住了，所以一定得拍实。苫抹第二层青灰背时，跟第一层不同的地方在于，要随苫抹、随拍麻，也就是要在抹的青灰背的表面均匀铺上一层麻绒，把麻绒散开铺在月白麻刀灰上，用抹子轻轻地把这层麻绒拍揉到灰层里去（图 27）。之所以要拍麻，是因为如果表层月白麻刀灰里的麻掺得少了，就会造成青灰背开裂，如果月白麻刀灰里掺的麻多了，调起来就很费劲，所以匠人们就使用了这种方法，苫背的时候按照正常的量掺麻，只是在第二层青灰背表面铺一层麻，把麻揉到表面这层月白麻刀灰里，这样表面这层麻的含量就比下面的量多，表层这层麻就能起到很好的拉接作用，让整个青灰背连成一个整体，防止开裂。

图 27　青灰背拍麻

等到青灰背稍微干，就要进行下第一道很重要的工序，即溜浆轧活（图 29、图 30）。具体操作是：工人一只手拎着小浆桶，浆桶里面是青灰浆，另一只手拿着抹子，一般现在用的传统工具是双爪抹子（它的两个爪安在抹子上面，这样压背的时候它就有两个受力点，更能使上劲）（图28），把青灰浆均匀地倒在抹子上，抹子带着浆，轻轻地把浆轧到刚刚拍好麻的青灰背表面。不能直接倒在青灰背上，要先倒在抹子上，是为了防止浆对刚拍好的背产生冲击。也不能用刷子把浆刷在青灰背上，如果用刷子刷浆，会把压住麻的灰浆给刷掉，麻绒就露出来了。第二遍轧活，浆要比第一遍稍稀一些，浆随着轧活遍数的增加应越来越稀，这样的工序要做三遍或以上，保证三浆三轧。

图28　青灰背及双爪抹子

图29　轧青灰背

图30　溜浆轧活

如果遇到特殊的天气，比如雨季或者深秋，空气湿度比较大，青灰背相对来说干得慢，就得适当多轧几遍。前几遍横着轧，最后一遍竖着轧，青灰背要轧实、轧光，直至出亮为止。好的青灰背的表面是非常光亮的，而且里面非常坚硬，这层青灰背就完全可以抵御雨水的侵袭了。

这就是古建筑屋面防水的奥秘。

延庆夯土长城土遗址病害类型及成因分析

姜 玲* 赵铭岩** 姚文胜*** 董 昊***

摘 要：延庆处于北京北部的重要战略位置，那里的夯土长城是古代军事防御体系的关键组成部分，具有很高的研究价值，其日益消亡的状况引发了广泛关注。为了保护并继承这一珍贵的历史文化遗产，笔者在对延庆长城土遗址病害进行细致调查的基础上，分析并讨论了长城土遗址破坏的成因及其原理，可以为以延庆长城土遗址为代表的半干旱与半湿润过渡带地区土遗址结构的加固、保护提供一定的事实依据和借鉴。

关键词：夯土长城；延庆；病害成因

一、引言

《北京城市总体规划（2016年—2035年）》的"长城文化带"专项规划，是北京推进全国文化中心建设重要成果。

---

* 北京市考古研究院（北京市文化遗产研究院）研究馆员。
** 延庆区文物局文物管理所。
*** 天津大学建筑历史与理论研究所硕士研究生。

长城作为历史文化的重要组成部分，对其进行保护是推进北京全国文化中心建设的内在要求；延庆境内长城资源最为丰富，现存明长城墙体长达179km，占北京长城总长度的三分之一，其特点为修筑时间跨度长、形制多样、区域文化独特，而且景色壮观。延庆长城多为夯土墙心，外包城砖，现部分城墙城砖剥落或被拆作他用，失去城砖保护的墙芯极易受到风雨的侵蚀与植物根系的破坏。根据实际调查，这种形式的长城以岔道至小张家口段最为集中，长度约28km。

二、延庆的自然状况

延庆属于温带大陆性季风气候，地处中温带与暖温带、半干旱与半湿润的过渡带（图1）。

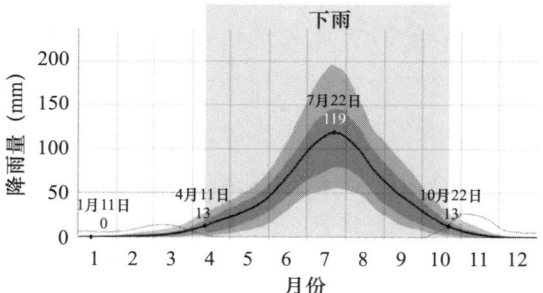

图1 延庆地区降水量统计图

延庆的风口70m高，平均风速在7m/s，风力资源占北京的70%（图2）。冬春季节多大风天气，风向以西北风为主，会导致夯土长城的土壤风蚀等。温暖季节持续4个月，从5月10日到9月19日，每日平均高温超过22℃。一年中最热的月份是七月，平均高温为28℃，平均低温为19℃。

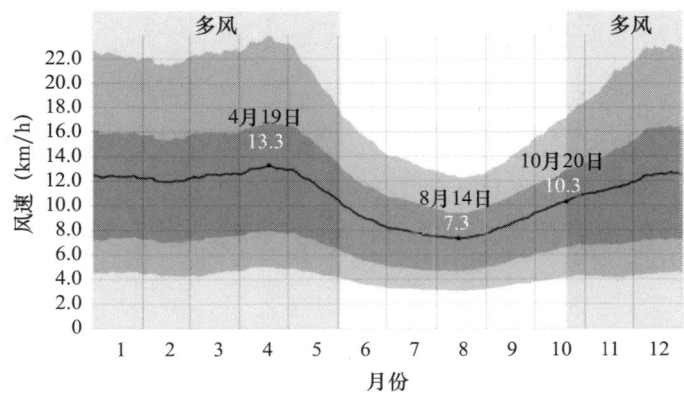

图 2 · 延庆地区风速统计图

三、延庆夯土长城病害现状

一般来讲，夯土墙体病害成因分为自然破坏和人为破坏。区别于室内文物，夯土遗址长期在室外接触外部环境，主要病害有裂隙发育、表面风化、片状剥蚀等。本文通过多次现场考察和资料查询，综合分析了延庆夯土长城土遗址病害的表现形式和成因，对病害类型、表现特征及形成原因进行了总结和归纳。

（一）裂隙发育

延庆夯土长城城墙表面存在大量直立裂隙，并且上下贯通。裂隙所产生的通道使风作用得到加强，加快了裂隙的发展。这些裂隙随着时间的推移将不断扩大和加深，最终导致土遗址局部失衡坍塌；土遗址本体构造的薄弱部位常常出现风化裂隙，这些部位在自然力的持续作用下，会逐渐产生酥碱和风化现象，进而形成次生裂隙。另外，卸荷裂隙常见于墙体变形或者发生局部坍塌的部位，尤其集中在土遗址的顶部及本体受到集中拉压应力的区域。这些卸荷裂隙通常具有贯通性，使得土遗址在承受外部荷载时变得更为脆弱，更容易发生破坏，进而对土遗址本体的整体稳定性构成严重的威胁。

(二）表面风化

延庆夯土长城遗存表面风化层的主要表现形式是结皮，这层硬壳外观上看似坚硬，但其内部土体结构相当松散，稍一触碰便会碎裂。另一种表现形式是表面形成的小裂纹，这些小裂纹的出现使得风化层相对薄弱，外层土体强度降低，风所携带的颗粒物质对夯土的外表进行磨蚀，使得夯土遗存的表面形成凹凸不平的剥蚀风化现象。在自然环境长期作用的影响下，土遗址本体逐渐产生表皮起跷的现象。此时若受到瞬间的外力作用，胶结力便会失效，导致土遗址表面形成层状块体并逐渐剥离破坏，形成典型的表面风化病害。在土体本身性质（土质成分和可溶盐含量）与外界赋存环境的影响下，夯土表面疏松结壳。

（三）片状剥蚀

延庆夯土长城土遗址表面的片状剥蚀大多呈鳞片状，在自然力的作用下片状或小块状夯土剥离脱落。其原因为可溶盐类和夯层的不均匀，受降水和蒸发循环的影响，可溶盐类聚集和收缩，破坏了夯土墙体的原结构（图3）。通过实地调研发现，在剥蚀现象产生初期，表层的土体受到降水的影响形成剥蚀层，初始状态整体性较强，未出现鳞片状；表层土体剥蚀后夯土母质暴露，内部土体整体性较强，质地疏松，且有明显分界面；发育期后期受可溶盐多次干湿循环作用，在同一地区形成鳞片状剥蚀层；剥蚀层较厚，为3~5cm，与夯土母质之间的剥蚀层没有明显的界面区别。片状剥蚀发育实质上是土体中可溶盐受环境水分的影响不断地溶解与结晶的结果。降雨时表层土体被浸润，土体中可溶盐溶解在水分中并进行传递，降雨结束后，受热作用的影响，水分蒸发，可溶盐在土体中结晶，反复多次初步在土体表面形成结皮层（图4）。初步形成的结皮层的热膨胀系数有所不同，因此与下层土体随空气温度的变化产生形变的程度有一定差异，形成鳞片状或结壳状的剥蚀层，在多种外营力的作用下脱离本体，片状剥蚀发育完成，裸露的母质土又成为新的结皮层。

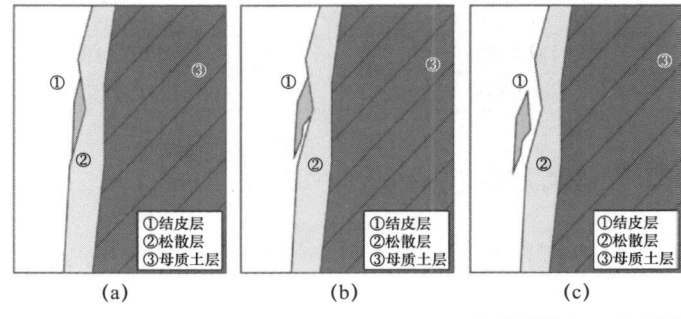

图3 片状剥蚀原理分析图

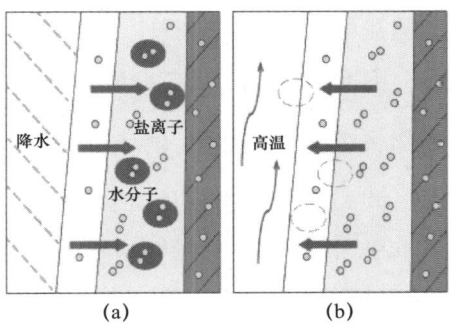

图4 夯土遗存内部水盐分子传输示意图

四、病害实验分析

（一）实验仪器及土样采集

1. 实验仪器

美国 FEI Quanta 250 FEG、理学 X 射线衍射仪 Ultima Ⅳ、帕纳科 Epsilon 3。

2. 土样采集

土性实验研究部分采集的土样主要集中在延庆夯土长城小张家口段墙体立面，共采集夯土样品4份。具体采样位置信息见表1。

表 1　采样位置信息

位置	编号
004 号城东墙顶部向下 50cm 深处土	CB-1
004 号城东墙顶部向下 100cm 深处土	CB-2
005 号城南墙豁口处东侧土	CB-3
005 号城东北角土	CB-4

（二）测试方法

1. 夯土微观形貌 [扫描电子显微镜（SEM）] 检测

首先对样品进行预处理，在样品台上粘上少量的导电胶，用棉签粘取少量干燥的固体样品涂在导电胶上，然后去除多余未粘在导电胶上的粉末。对样本喷金，以增加导电性。喷金参数：电流 20mA，压力 4kPa，时间 60s。

2. 物相组成 [X 射线衍射（XRD）] 检测

首先对试样进行处理以制样。制备粉状样品，样品质量应不小于 30mg，并且需要将样品放进研磨罐，通过高速振动磨样机使试样研磨破碎，所得颗粒粒度在 180~200 目，采用 Cu Kα 射线源，配有高反射效率的石墨单色器，X 射线发生器功率为 3kW，测角仪最小步进为 1/10000 度，测试角度为 10°~80°，扫描速度为 2.3°/min。

3. 元素组成 [X 射线荧光（XRF）] 检测

首先制备夯土试验样品，样品应预先在 105℃烘箱中进行烘干处理，土样颗粒粒径应小于 0.2mm，需 1g 以上；光管设置：最大电压 50kV，最大电流 3mA，最大功率 15W。

五、结果与讨论

（一）微观形貌检测

对延庆夯土长城土遗址样品（其中 CB-1、CB-2 为长城内部土，CB-3、CB-4为长城表面土）用SEM在200倍、1000倍、2500倍下进行观察得到相应图像（图5）。从CB-1、CB-2图像可以看出，土体内部结构密实，存在硫酸钙结晶，结晶呈片层状结构，密集堆积在遗址土体的孔隙之间。从CB-3、CB-4图像可以观察出，土体表面被风化磨平，为风蚀的结果；且缝隙较大，这些微溶-可溶盐填充在土颗粒之间，一方面通过物理作用，即通过可溶盐-微溶盐的溶解—结晶—再溶解—再结晶的过程，产生体积变化和对周围土壤不断增大的应力，使土颗粒之间孔隙较大，破坏了遗址土体的团粒结构，降低了土体的团聚性，形成了土体酥粉现象；另一方面，通过化学作用，即遗址土体中的盐分在有水情况下不断和水分结合形成水合盐，在干旱情况下失去结晶水，发生一系列化学变化，造成遗址土体酥粉、脱落等病害，影响土遗址的稳定性。

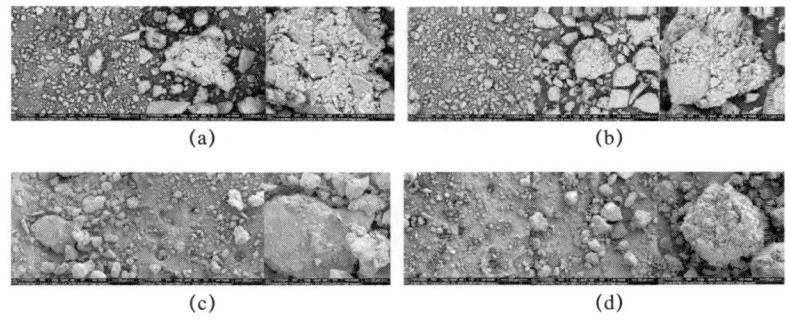

图5 微观形貌检测结果

$$CaSO_4 \cdot H_2O \Leftrightarrow CaSO_4 + xH_2O$$
$$CaSO_3 \cdot CO_2 \cdot H_2O \Leftrightarrow Ca(HCO_3)_2$$

（二）元素组成检测

在自然界的土体中，阳离子一般包括Ca^{2+}、Mg^{2+}、Na^+和K^+，一价Na^+的双电层厚度是二价Ca^{2+}的2倍，因此土体中存在Na^+，会使得土颗粒之间的双电层厚度增加，排斥力大于吸引力，净势能表现为斥力，土样较为分散；通过观察研究段主要元素可以发现，内部夯土的Na^+含量要远高于内部，这也是外部土体易于剥落的主要原因。物相组成百分比检测结果见表2。

表2 物相组成百分比检测结果

编号	Si	Al	Ca	Fe	K	Mg	Na	Ti
CB-1	50.219	14.739	11.009	14.532	5.417	1.018	0.655	1.516
CB-2	51.417	14.868	11.092	12.963	5.437	1.163	0.733	1.471
CB-3	51.781	13.298	12.919	10.428	5.495	2.45	1.506	1.264
CB-4	55.717	14.49	7.216	10.75	5.939	2.264	1.464	1.375

（三）物相组成检测

对采集的延庆夯土长城4份样品进行物相组成测试，结果如图6所示。从图6可以看出，4份样品的主要成分均包括石英（Quarz）、钠长石（Albite）两种物相；夯土表层土体中包含的方解石（Calcite）是微溶类钙盐长期接触空气而形成的。

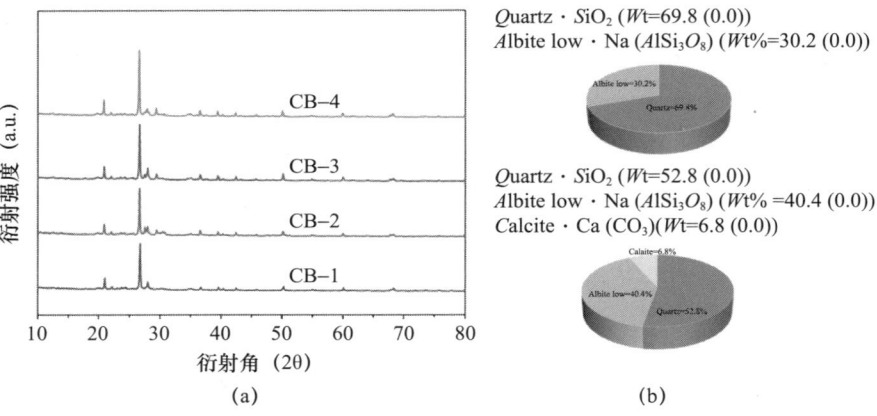

图6 元素组成检测结果

六、结论

（1）通过SEM图像可以得出：延庆夯土长城土遗址内部土颗粒较外部排列紧密，密度大；微溶盐硫酸钙沉积在夯土遗址的表面，经与外部CO_2充分接触形成$CaCO_3$，填充在遗址土壤颗粒之间的微溶盐经过溶解—结晶—再溶解—再结晶的理化过程，导致土遗址出现较大程度的酥粉、脱落和片状剥蚀病害。

（2）通过物相组成和元素组成分析，延庆夯土长城土遗址内部土体中可溶-微溶盐主要是硫酸钙和硫酸钠，遗址表层土体中可溶-微溶盐主要是硫酸钙和碳酸钙，受到降水和蒸发循环的影响，可溶盐类不断聚集和收缩，破坏了夯土墙体的原结构。

论水下长城墙体破坏分析

——以潘家口段水下长城为例

张 勇[*]

摘 要： 通过对潘家口段水下长城的现状和病害的现场勘察，可知其主要问题集中在水的长期侵蚀作用导致的墙体失稳。空鼓、掏蚀、坍塌、滑塌等病害的发育与长城的砌筑材料、建造工艺以及赋存环境等存在紧密的联系。这些病害类型普遍存在于蓟镇区域内的水下长城上，极具完整性和典型性，直接威胁到蓟镇水下长城的安全赋存，最终将导致长城遗址的劣化甚至消亡。此次针对潘家口段水下长城病害进行研究，尝试建立蓟镇水下长城遗址病害框架体系，力图为潘家口段水下长城的保护提供更合理的措施、依据。

关键词： 蓟镇长城；长城墙体；水下长城；破坏类型；成因分析

一、绪论

长城是我国现存规模最大的线性文化遗产，是中华民族的

[*] 河北省文物与古建筑保护研究院高级工程师。

精神象征，在中华文明史和中华传统文化发展史上具有重要价值和不可替代的地位。长城文物和文化资源具有总体规模大、价值高、时间跨度长、分布范围广、景观组合好、展示利用潜力大等特点，1987年被联合国教科文组织列入我国首批《世界遗产名录》，2021年7月又被世界遗产委员会评为世界遗产保护管理示范案例。

  明长城为我国现存最完整的长城，其沿线划分为九个防御区，称为九边或九镇。蓟镇是明代长城九镇中最重要的一镇，管辖东起山海关、西至四海冶（今北京延庆）的明长城防御。《明史·兵志三》记载："蓟之称镇，自二十七年始。时镇兵未练，因诏各边入卫兵往戍。既而兵部言：'大同之三边，陕西之固原，宣府之长安岭，延绥之夹墙，皆据重险，惟蓟独无。渤海所南，山陵东，有苏家口，至寨篱村七十里，地形平漫，宜筑墙建台，设兵守，与京军相夹制。'报可。时兵力孱弱，有警征召四集，而议者惟以据险为事，无敢言战者。其后蓟镇入卫兵，俱听宣、大督、抚调遣，防御益疏。朵颜遂乘虚岁入。三十七年，诸镇建议，各练本镇戍卒，可省征发费十之六。然戍卒选懦不任战，岁练亦费万余，而临事征发如故。隆庆间，总兵官戚继光总理蓟、辽，任练兵事，因请调浙兵三千人以倡勇敢。及至，待命于郊，自朝至日中，天雨，军士跬步不移，边将大骇。自是蓟兵以精整称。"顾炎武《天下郡国利病书》卷十一载："蓟镇长城又分为三大部分，即蓟州镇，昌镇，真保镇。（1）蓟州镇：东自山海关连辽东界，西抵石塘路亓连口，接慕田峪，镇界延袤一千七百六十五里。又分十二路镇守，为：山海路，石门路，台头路，燕河路，太平路，喜峰口路，松棚路，马兰路，墙子路，曹家路，古北路，石塘路。"潘家口段水下长城属蓟镇长城松棚路下辖，是蓟镇长城重要的组成部分。因现代水利工程与明代防御设施在此聚汇。水下长城越来越受到人们的重视，对水下长城的保护提出了新的需求。

二、潘家口段水下长城概况

潘家口段水下长城位于河北省迁西县北部与宽城县交界处的潘家口水库内，潘家口古属卢龙塞，地处现址之北 2.5km 小河口处，东 1.5km 至团亭寨，西 1km 至东常谷（今东城峪）；明洪武年间称松亭关，嘉靖四十一年（1562 年），在原关南又新建新关（现潘家口关），并筑城堡。《四镇三关志》载："潘家口新关，嘉靖四十一年建，通骑，冲，旧关不守。"明嘉靖年间为松棚路下潘家口关提调，《卢龙塞略》卷三谱部载："嘉靖四年，设巡官御史，外阅边墙，内阅操营。……分守马兰谷营参将地方。……提调潘家口等关把总下：自潘家口关而东常谷关、而西常谷关、而三台山关、而龙井儿关、而橡八谷寨、而廖家谷寨、而洪山口关、而西安谷寨、而白枣谷寨、而三道岭寨、而天胜寨、而舍身台寨为。（图 1）"

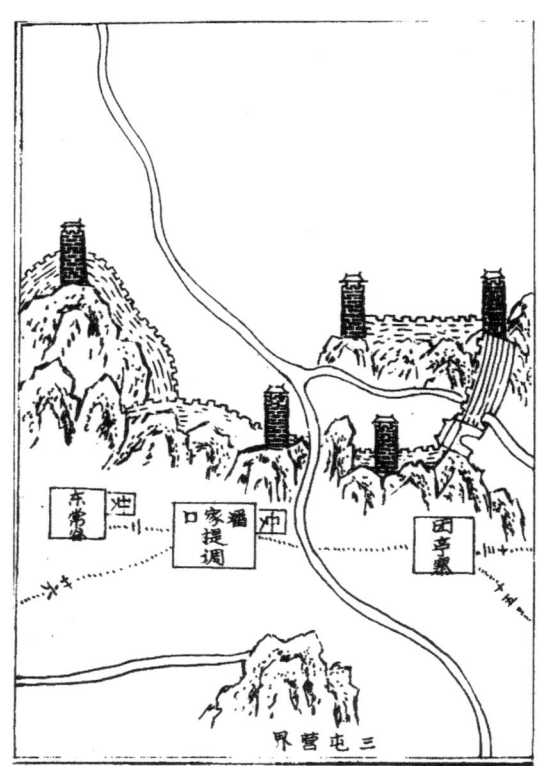

图 1　明《四镇三关志》中记载的潘家口位置图

《卢龙塞略》卷四表部载："城土，高二丈二尺，周长二百一十九丈六尺，门曰西，曰南，居百二十家，教场城南。"隆庆二年（1568年），天津秋班对蓟镇长城喜峰路西常谷至潘家口一线的墙体包砖筑台；万历四年（1576年）七月，戚继光重修潘家口关城。《明世宗实录》载，潘家口新关城周长732m，墙高7.3m，滦河水从此关城东面由关外流入关内。

潘家口长城依山而建，蜿蜒起伏，由潘家口西北向东南下山，穿过滦河河道，从西面走马哨上山，向东延伸4km达最东侧的喜峰口后，再向南至李家峪关，整段包括1~7号敌台及其间的墙体（图2）。1975年为引滦河水入天津、唐山，开始在潘家口外两山之间筑大坝，1979—1985年蓄水，形成了现在的潘家口水库。随着水库蓄水深度的增加，山形水系发生了较大变化，潘家口关城及其东侧部分长城被水淹没，形成了现在的水下长城。

图2　1977年潘家口段长城（南向北）未续水现状

经调查分析可知，潘家口段长城在砌筑墙体时充分利用自然地形，直接建于原始山体岩层之上，砌筑时局部砍凿岩层，便于墙体下部受力。城墙外（墙）高内（墙）低、下宽上窄，外侧墙体高4~5m，内侧墙体高0.5~3m，顶面宽3~5m，墙体收分5%~6%，大大增强了稳定性。墙体结构为毛石墙外包砖，内部毛石墙为洪武年间修筑，厚 0.4~0.8m，墙芯用较小粒径的毛石掺灰泥分层填砌，最外层用粒径大于 400mm 的大块毛石砌筑，再用白灰勾缝，砌筑时毛石大面朝外。隆庆、万历年间，又对毛石墙外层进行了包砖处理。包砖墙基础为条石白灰砌筑（砌筑材料），外侧为两层，内侧多为一层，条石长 0.4~1m，宽约 0.35m，高约 0.33m。条石下做 1~2 层毛石基础放脚（部分敌台毛石基础放脚为 4~5 层），其下多为自然岩体或渣土垫层。包砖墙厚 0.8~1.2m，用 390mm×190mm×90mm 的城砖白灰砌筑（条石基础以上），包砖前先在原毛石墙体外侧进行了约 1m 的加厚，使得包砌后的城墙顶部宽度达到了 4m 左右（含砖墙厚度）（图3）。包砖墙内侧砌法为丁砖白灰灌浆糙砌，外侧为一顺一丁，荞麦棱或平灰缝，灰缝宽 15~25mm，每隔 3m 左右置雷石孔。

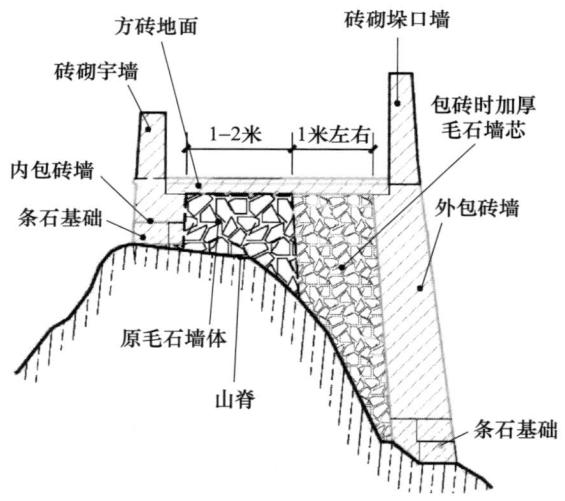

图 3 潘家口段长城现状剖面图（图片来源：作者绘制）

城墙宇墙内外两侧均为垛口墙，顺砖白灰砌筑，荞麦棱灰缝，灰缝宽 15mm 左右。坡度较陡部分垛口墙呈阶梯状，不做垛口；地势平缓部位每隔 3m 设一垛口，顶部披水砖，两垛口间设瞭望孔。外侧垛口墙高约 1.85m，厚 0.43m，垛口处置垛口石，底部设雷石孔，沿墙体走向施砖檐。内侧垛口墙高 1.6m，垛口处不置垛口石，底部设排水孔。

三、潘家口段水下长城赋存的地质水文环境

潘家口段长城位于河北省东北部燕山山脉沉降地带东南构造带与华夏构造带的复合部位，山体基本由石灰岩、白云岩及部分页岩岩体组成，地质构造活动较频繁。潘家口段水下长城位于潘家口水库之中。潘家口水库流域地形西北高东南低，是标准的阿尔卑斯式褶皱构造，因此产生了砂质断层并兼有逆掩断层。该地属温带向暖湿带过渡，呈半干旱半湿润、大陆季风型山地气候，年温差较大。春季干旱，常伴有大风和沙尘暴，夏季炎热多雨，且以集中式强降雨为主，冬季较长，寒冷干燥少雨雪，平均年降水量在600mm。

滦河的来水量在时间分布上很不均匀，一年之内7—9月的来水量往往可占全年的80%以上，且年际变化很大，1959年潘家口站实测径流量为74亿m^3，而1972年仅10亿m^3，相差7倍多。潘家口水库坝址以上控制面积为3.37万km^2，占滦河全流域面积的75.3%；多年平均径流量为24.5亿m^3，占滦河全流域多年平均径流量的53%。除此之外，滦河洪水峰高量大，1962年潘家口站实测最大洪峰流量达1.88万m^3/s，水位最高达到海拔225m，而枯水季节最小流量尚不到$3m^3/s$。潘家口水库平均每年调节水量19.5亿m^3，相应的保证率为75%，调节流量为$68m^3/s$，水位最低达到海拔183m（图4）。

图4 潘家口段水库（西北向东南）枯水期现状（图片来源：作者摄）

四、潘家口段水下长城的病害类型及成因

根据该地区水下长城的赋存环境特征以及现场勘探结果，可以确定此段长城遗址病害的发育演变与砌筑建筑材料和赋存环境等因素紧密相关。尤其是潘家口水库每年7—9月水位上涨直至转年4月（图5），在水的长期浸泡及反复冻融作用下，长城岩体结构变得松散，透水性增高，力学强度降低并形成软弱夹层，使岩体产生裂隙、分层甚至崩散、解体，严重影响着长城墙体基础的稳定性。

图5 潘家口水库（西北向东南）丰水期现状（图片来源：作者摄）

（1）水位升降导致的墙体下部岩体变形。潘家口段长城墙体多修建于山脊线的岩体之上，多有不平整之处，古代工匠多采用砍削岩体及塞垫的方式使墙体基础平稳。潘家口水库水位的升降能引起白云岩或页岩岩体（属膨胀性岩体）不均匀的胀缩变形，长期淋滤作用会使岩体层及胶结物中的钠盐、铁盐、铝盐等金属成分流失。失去了胶结物后，岩体的孔隙逐渐增大，含水率增加，压缩的模量和承载力逐渐降低。墙体下部原始岩层的盐渍化及沼泽化、夏季的暴晒以及长期反复的冻融，使岩体的变形幅度不断加大，产生分层碎裂、粉化、沙化、片状剥离、滑移、崩塌等不良现象，水浪的冲刷及横向掏蚀会带走散碎岩体及塞垫物，使长城墙体下部基础失稳。

（2）墙体基础毛石护脚及条石基础滑塌缺失。潘家口段长城位于崎岖蜿蜒的山体之上，部分长城墙体也随之曲折，水位上升后在长城两侧会形成弯曲的水面，主流线交错地偏向山体的两侧，于是对称的横向环流遭到破坏，引起对山体凹处的侧向侵蚀冲刷。长城下部的稳定层在长时间浸泡冲蚀后已经出现碎裂、粉化等现象，随着水流的正面冲击及横向掏蚀，上部局部垮落，使得下部基础层不断向凹处推移，凹谷越宽，水道就越弯曲，在水流裁弯取直的作用下，凹谷下端最窄的基础部分就很容易被冲开。再加上墙体内部含水量过高，反复冻融造成的空鼓等问题，导致墙体下部的毛石护脚及条石基础滑塌，甚至局部滚落缺失（图6）。

图6　左图 潘家口段长城（东向西）条石基础破坏现状（图片来源：作者摄）

（3）墙体空鼓、断裂、坍塌。长城墙体毛石护脚及条石基础滑塌后，两侧包砖墙体下沉歪闪。当墙体自重产生的剪切力大于其自身的拉接力时，墙体就会从拉接力较薄弱处断裂，直至达到新的平衡，然而随着裂隙越来越大，包砖墙体最终会断裂垮塌。在水的长期浸泡下，砖墙体勾缝灰失效，墁地砖胶结物逐渐松散，大部分地面砖缺失，下部的灰土粉化，墙体顶部的渣土及灰土随水流渗入包砖墙体与毛石墙体间的裂隙。加上夏季的暴晒以及长期反复的冻融使含水的泥沙结冰后体积膨胀，最终导致包砖墙体及毛石墙体空鼓、开裂甚至坍塌。且此段长城外侧墙体下部多为陡峭悬崖，包砖墙体一旦失稳坍塌就会滚落至山崖之下，而水位的起伏变化，会对毛石墙体下部基础造成进一步的冲刷掏蚀破坏。

综上可知，潘家口段水下长城的主要问题集中在水的长期侵蚀作用导致的墙体基础失稳，其病害发育的原因分为内因与外因两种。内因为砌筑体本身的物理、化学、水理性质，外因为水蚀、风蚀、暴晒及冻融等作用。内因与外因相互作用，发育出空鼓、掏蚀、坍塌、滑塌等病害（图7），使得墙体与下部岩层的抗压强度减小。这些病害普遍发育在蓟镇区域内的水下长城上，极具完整性和典型性，直接威胁到蓟镇长城的安全赋存，最终将导致长城遗址的劣化甚至消亡。

图7 左图 潘家口段长城（东向西）墙体破坏现状（图片来源：作者摄）

五、结论

对病害的形成机理及发育特征开展系统研究，可以进一步表征长城病害的发育及演变规律。本次研究通过现场勘察获取病害类型，在选取典型长城的物理、水理、力学参数的基础之上，分析长城病害类型的特征以及相关禀赋环境，得出典型病害间的相关性及影响病害发育的因素，可以系统地建立蓟镇水下长城遗址病害框架体系，为后续运用层次分析法构建递阶层次模型和计算病害多因素权重等研究工作奠定了基础，也为后续蓟镇明长城的易损性评价研究的开展以及病害治理及遗址加固相关方案的科学制订提供理论指导。

通过上文分析可知，空鼓、掏蚀、坍塌、滑塌等病害的发育与长城的砌筑材料、建造工艺以及赋存环境等存在紧密的联系，且不同病害之间也存在一定的联系，如水流对墙体及下部岩层的冲蚀、携沙风对砌筑体的磨蚀会引发掏蚀病害的发育；当时人们在对长城进行包砖砌筑时会预留版筑缝，这种缝隙会逐步发育为裂隙病害，裂隙的进一步发育又会导致空鼓等。如果不对这些病害进行针对性处理，它们将对长城造成进一步的破坏。建议在今后对水下长城的保护修缮中，考虑采用新型的防水砌筑材料对其墙体及下部的基础进行补砌，防止水位的长期浸泡及冲刷对修缮后的长城墙体造成新的破坏。另外，在修缮的过程中，可以在基础的外侧砌筑毛石平台，在采用锌铝合金的丝笼内部填充毛石做可逆的毛石护墙，以有效地防止水流对长城基础的冲刷及掏蚀。

北京故宫宁寿宫花园游廊的调查与探究

安 菲* 杨 煦**

摘　要：本文以中国古建筑中的廊为题，立足现存的廊实物，以北京故宫宁寿宫花园内的游廊为主要参考依据，对该区域内的各式游廊进行数据测量、归纳整理与分析。本文共分为四部分，第一部分为绪论，主要介绍了本次研究的目的与意义以及相关文献综述。第二部分为游廊的功能及类型，主要从定义、作用及分类方法等方面对游廊进行资料收集与整理。第三部分为宁寿宫花园游廊的建筑特征，主要从结构及装修两方面统计了宁寿宫花园内所有游廊的建筑特征。第四部分为结论，该部分统揽文章全篇，通过对游廊的调查与研究，对所得结果进行整理、归纳与分析，进而得出相应的结论。

关键词：中国古建筑；北京故宫；宁寿宫花园；廊；游廊

一、绪论

　　北京故宫是世界上现存规模最大最完整的古代木构建筑群，

---

* 故宫博物院正高级工程师。
** 故宫博物院助理工程师。

它熠熠生辉，集结了我国古人的智慧与汗水，举世闻名。过去与现在，北京故宫这一中国皇帝的宫殿无时无刻不在吸引着世界的目光，每天故宫里人流如织，每一位游客都想了解故宫和它曾经的拥有者背后的历史故事。在故宫众多的花园宫殿建筑群中，最著名、最绚丽同时也最神秘的当属乾隆皇帝心爱的乾隆花园。

　　乾隆花园的正式名称为宁寿宫花园。宁寿宫花园隶属于故宫的内廷（后寝）部分，位于内廷外东路宁寿宫区域。该区域即为太上皇宫殿区，是清代乾隆皇帝为自己准备的退位后居住太上皇宫殿，这一宫殿区域以"宁寿"命名，包括前朝、后寝等区域，俨然是故宫中东部的一个微缩版朝廷。[1] 由于宁寿宫花园是清朝乾隆皇帝专门为自己准备的归政养老的场所，也因乾隆皇帝对其的关注与喜爱之情为世人所知，故宁寿宫花园多被世人称为乾隆花园（图1、图2）。

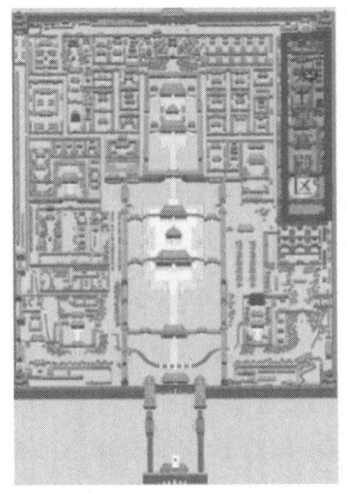 

图1　故宫太上皇宫殿区[2]　　　　图2　故宫宁寿宫花园[3]

---

　　1 故宫博物院.导览.https：//www.dpm.org.cn/Visit.html.

　　2 故宫博物院.导览.https：//www.dpm.org.cn/Visit.html.（作者对图片进行了修改）

　　3 故宫博物院.导览.https：//www.dpm.org.cn/Visit.html.（作者对图片进行了修改）

文人谈归隐，追求退归林下，自在安然。乾隆皇帝向往文人的归隐生活，在他看来，归政如归隐。乾隆皇帝归隐，在追求长寿意境的同时，也有"大隐隐于朝"之意——在花园中构筑归隐之巢。他将乾隆花园中的一栋建筑命名为"遂初"，直意就是去官隐居，得遂初愿。[1] 确如乾隆皇帝所想所行，宁寿宫花园位于宁寿宫区域的西北角，大隐隐于朝，宁寿宫花园在丛林掩映之中偏安一隅、自在闲得、意趣盎然。宁寿宫花园为一组南北长、东西短的狭长形园林建筑群落，沿一条南北向的中轴线花园由南向北分为四进院落，依次为古华轩院落、遂初堂院落、萃赏楼院落、符望阁院落。每一进院落以一体量较大的单体建筑座中为主，院落内的其他建筑并未严格遵循轴线对称的布局原则，而是与建筑的使用功能、山石的布置、植物的分布十分融洽地结为一体，相得益彰。在其中，起到关键作用的建筑小品就是游廊了。

在笔者看来，游廊从来都是古建筑中不可或缺的角色。游廊单独作为一个建筑小品，是十分具有探索与研究价值的。尤其是在园林建筑中，游廊的位置重要而又恰到好处。首先，游廊是一组园林建筑中举足轻重的一部分，可以说它是园林建筑的构成部分，起到了十分重要的串联、停留、小憩以及遮风避雨的作用。其次，游廊的建筑形式与构造多种多样，与地势、建筑、整体园林的结合因地制宜，更富有建筑意趣。可以说，园林建筑成就了游廊，而游廊在园林建筑中的存在同样不可忽视，值得单列一科目细细探索与研究。

在中国古建筑领域内，以目前可查的文献资料为依据来看，对于游廊单独而具体的研究是相对较少的。在一些有关园林概述、园林建筑或者园林艺术史的图书中，作者只用很短的篇幅来描述游廊，没有单独以游廊为课题进行详细剖析。更有甚者，有些图书在描写园林时对游廊一带而过或不提及，仿佛游廊的存在可有可无。在部分文献资料中，游廊对于园林的作用轻如

---

1 程子衿. 乾隆花园 [M]. 北京：故宫出版社，2016：111.

鸿毛，它在园林建筑中的地位无关宏旨。游廊建筑是中国园林造园技法中一个至关重要的因素，而其中的游廊是非常具有建筑价值的，等待着人们的探索与研究。

在《中国造园艺术泛论》中，有一节篇幅专门描述廊与桥。其中对廊的形式、廊的构造、廊的经营位置、廊的绿化配置进行了介绍性的描述；在《中国园林建筑》中，在专门说明园林建筑类型的章节对廊的特点与廊的类型做了简要描述；在《中国江南古建筑装修装饰图典》中，有关外檐装修的部分介绍了廊的作用与分类，相比较其他类型的园林建筑所占篇幅较短；在《文人园林建筑：意境山水庭园院》中，有一小节专门介绍了廊的定义与类型，将廊与其他的园林建筑亭、台、楼、阁等归类在一个章节中做了简要的介绍性描述。在《中国建筑类型及结构》中，单体建筑章节专门介绍了廊、亭、轩、榭等小体量建筑，从廊的定义入手较为详细地描述了廊的方方面面。在《中国古建筑木作营造技术》中，以一个较大的篇幅对游廊进行了专门介绍，详述了游廊的构造技术。

在现今的中国古建筑领域，大多数文献对于游廊的研究只是将它当作园林建筑的附属品，只简略地介绍了廊的基本定义与单一性作用，并未就其性质、作用与类型展开详述，并不看重其本身的美学意义与建筑价值，缺少一定的审美研究。笔者在前人研究的基础上将游廊当作一个独立课题，深入其中，参考相关文献并收集资料进行整理、归纳与研究。

二、游廊的功能及类型

（一）游廊的术语解释

我们在研究游廊的形制与形式时，首先要弄清楚的问题是什么是廊，什么是廊子，什么是游廊，这几者之间有无联系。弄清楚廊及相关的术语解释后，便可以进行下一步更为详尽的研究了。以下是笔者查找文献资料后所得的关于廊的一些定义。

（1）关于廊，《园冶》是这样叙述的："廊者，庑出一步也，宜曲宜长则胜。古之曲廊，俱曲尺曲。今予所构曲廊，之字曲者，随形而弯，依势而曲。或蟠山腰，或穷水际，通花渡壑，蜿蜒无尽……"[1]

（2）《中国古建筑术语辞典》对于廊及游廊都有各自的定义：①廊，又称"廊子"，是古建筑屋檐下的过道或独立有顶的通道。《说文解字》曰："堂下周屋。"廊早在新石器时代晚期就已经出现，初为扩大避雨遮阳面积而设，后逐渐成为中国古建筑的一种重要形式。《清式营造则例》中指出："建筑物内狭而长，上有遮顶不为居处，而通行孔道之部分。"殿堂檐下之廊和围合式庭院回廊也是构成建筑物空间变化的重要手段。在四合院中常用廊作为连接垂花门与厢房、厢房与上房的通道。在园林建筑中，廊除作为建筑物之间的通道外，还可供游人停留、休憩和观赏之用，因此，又称其为游廊、爬山廊等。宋代以来大型建筑物也常将廊建于甬道之上，将建筑物连接到一起或将建筑物的主体部分以回廊构成庭院。②游廊，古典建筑通道的一种，多用于园林、庭园之中，既为行人通道，也能作为游人停留、休憩和观赏之所，其建筑形式多种多样。③副阶。宋式楼阁结构中，在主体房屋外围加建的廊屋，称副阶。它是室内外的过渡空间，其功能是遮阳、防雨、供人小憩。其开间宽度与殿阁相同，进深一般为两椽架。[2]

（3）《中国古建筑园林观赏》对廊做了如下定义：廊，运用在园林中很突出。它不仅是建筑之间的有顶建筑，而且是划分空间、组成景区的重要"手段"，同时它本身又成为园中之景，一般说来，廊有"随势曲折，谓之游廊；愈折愈曲，谓之曲廊；不曲者，修廊；相向者，对廊；同往来者，走廊；容徘徊者，

---

1 马千英. 中国造园艺术泛论[M]. 台北：詹氏书局，1985，240.
2 王效清. 中国古建筑术语辞典[M]. 北京：文物出版社，2007：385，431，360.

步廊；入竹为竹廊，近水为水廊"（李斗《扬州画舫录·卷十》七二段营造录）。一般的廊上都有彩画，彩画将廊装饰得五彩缤纷，而这些画廊又把园林装点得绚丽多彩。[1]

（4）《文人园林建筑：意境山水庭园院》对廊做了如下定义：廊是为了遮蔽雨淋日晒而设的供人活动的空间，作为单个建筑之间的联系物，因此廊的应用遍及宫殿、庙宇、住宅。园林中的廊除具有上述功能外，还能发挥分隔空间、组织游览路线的作用。[2]

（5）《中国园林建筑》对廊做了如下定义：廊子本来是为了建筑物之间的联系而出现的。廊子被运用到园林中来以后，它的形成和设计手法就更为丰富多彩了。廊子通常布置于两个建筑物或两个观赏点之间，成为空间联系和空间分划的一种重要"手段"。它不仅具有遮风避雨、联系交通的实用功能，而且对园林中风景的展开和观景程序的层次起着重要的组织作用。[3]

（6）《皇家苑囿建筑：琴棋射骑御花园》对廊做了如下定义：建筑业中用以联络，独立有覆盖的走道，是园林或院落中一个与室外环境既隔且连、富于变化的空间。[4]

根据以上对廊及其相关词条的术语解释，笔者认为，在中国古建筑领域，廊同廊子，二者定义相同，廊不同于游廊，二者定义不同。可以确定的是，廊为清代叫法，宋代称之为副阶。通过以上文献可知，廊的定义是最宽泛的，廊是所有关于廊的建筑部位的统称。基于此，可按照廊的不同条件分类，再次将廊的定义及样式细化，由此分类产生的某种廊归于廊这个总定义。通常中国园林建筑中的廊称为游廊。因此我们可以认为，游廊一般特指园林建筑中的廊，属于廊的某一分类，再由园林

---

1 阎长城. 中国古建筑园林观赏 [M]. 北京：知识出版社，1986：145.

2 中国建筑工业出版社. 文人园林建筑：意境山水庭园院 [M]. 北京：中国建筑工业出版社，2010：132.

3 冯钟平. 中国园林建筑 [M]. 北京：清华大学出版社，2000：213.

4 中国建筑工业出版社. 皇家园囿建筑：琴棋射骑御花园 [M]. 北京：中国建筑工业出版社，2010：162.

中的游廊产生多种多样的建筑形式，由此生成各色游廊样式。

（二）游廊的作用

游廊隶属于园林，是园林建筑中不可或缺的元素，因此，它的观赏性、娱乐性与游览性相辅相成，缺一不可。游廊的作用体现在三方面：连接与分隔作用、构景与游览作用、遮挡与休憩作用。

1. 连接与分隔作用

游廊最初出现在园林的建造环境中就起着连接与分隔的作用，这是它最基本的作用。游廊的联系与分隔作用不宜分开而论，二者互有联系。在一座园林中，一座建筑与另一座建筑的间隔通常较大，有时为达到园林的曲径通幽效果，路径设置得较为复杂；这时候，一座游廊就能很好地连接两座建筑小品，也就能因廊而分隔两座建筑，使其风格表现各有千秋；园林内所有建筑分而不散、集而不繁，连为景，分亦为景。因此，游廊对园林整体布局起到行之有效的连接与分隔作用。

2. 构景与游览作用

在中国古典园林中，建筑类型是非常多样化的，亭、台、楼、阁、厅、堂、馆，各有各的建筑特色。游廊是园林中不可或缺的建筑小品。相较于其他建筑，游廊的构造相对简单，体量相对小巧，但正是游廊的这些特点造就了其千变万化，小小的游廊在大大的园林中成为构景的一员，起到了点景、框景或对景的作用，可谓是点睛之笔。园林巧于因借、借形组景，在人们游览时通过建筑与园林的互相结合，形成了技术与艺术的双重感染力。因此，游廊对园林整体布局起到行之有效的构景与游览作用。

3. 遮挡与休憩作用

游廊的建筑构造中不可缺少的建筑部位是屋顶及柱子，由它们围合成一个相对闭合的建筑空间。游廊的屋顶在园林中起到了遮风避雨的作用。人们在园林游览中途可在游廊处停留，这种停留可以是短暂地在游廊中躲避夏日的艳阳、突袭的急雨来稍作休息；也可以是长时间在游廊中歇脚，以游廊的栏杆或坐凳作为游览的中转站，在此驻足、静思、品茗、赏景，在游廊中放松身心。因此，游廊对园林整体布局起到行之有效的遮挡与休憩作用。

（三）游廊的分类

1. 按照空间形式分类

游廊按照空间形式分类，基本分为单层廊、双层廊（楼廊）、单面空廊、双面空廊、复廊（内外廊）、暖廊。

（1）单层廊，在建筑环境中建造一层供人通行的廊（图3）。

（2）双层廊（楼廊），即有上下两层的通廊，适于登高眺望，多用于连接楼厅之间的交通，也可通过楼廊将假山与楼厅连接[1]（图4）。在建筑环境中建造两层供人通行的廊，建筑面向廊侧开门，将建筑与双层廊连接，建筑内有楼梯可供上下通行。

图3　岳麓书院内单层廊　　　　图4　南岳大庙内双层廊

（3）单面空廊，意同空廊即为两座建筑之间的连接通道，屋顶形式多样，廊的四面敞开，每坡屋面均不设置墙体，一坡屋面不设置墙体，另一坡屋面设置墙体（图5）。单面空廊，一面朝向主要园景，另一面则沿墙或附属于建筑物，做成半封闭式，设漏窗、空窗、什锦花窗、格扇及各色门洞等，使邻近景色似隔非隔、若隐若现。

1　中国建筑工业出版社. 文人园林建筑：意境山水庭园院 [M]. 北京：中国建筑工业出版社，2010：158.

（4）双面空廊，意同空廊，两坡屋面均不设置墙体（图6）。双面空廊，一般用在周围环境风景层次深远的空间中，或为联系与分割双面景物而设置。有时也用在小空间，但双面景物必定是可供观赏的[1]。

图5　景山内单面空廊　　　图6　景山内双面空廊

（5）复廊（内外廊），又称里外廊，即两廊并为一体，中间隔一道墙，墙上可设漏窗，两面都可通行（图7）。这种形式在园林中应用，既可分隔景区，又可通过漏窗使一景区和另一景区互相联系，增加景深，还能产生步移景异的效果[2]。

（6）暖廊，是在柱间置墙装窗，形成封闭空间的廊子，暖廊的出入通过吉门或格扇（图8）。暖廊两坡屋面均设置围护形成一封闭整体，暖廊有的柱间上部设置半窗，下部设置墙体，有一定遮挡效果；有的柱间不设置墙体，而是柱与柱之间设置地坪窗，通风效果良好，既透又隔。

图7　拙政园内复廊　　　图8　北海内暖廊

1　马千英. 中国造园艺术泛论 [M]. 台北：詹氏书局，1985：241.
2　马千英. 中国造园艺术泛论 [M]. 台北：詹氏书局，1985：240.

2. 按照平面形式分类

游廊按照平面形式分类，基本分为直廊、拐角廊、波形廊、曲廊、回廊、卍字廊。

（1）直廊，是平面形式为长方形，或近似于长方形的廊（图9）。

（2）拐角廊，平面形式上可以看作由两座直廊组合而成，直廊与直廊之间的连接角度为90°，即两个长方形以直角形式合成，不要求两座直廊尺寸必须相同，这是拐角廊最常见的角度，在游廊实例中，还有其他拐角角度的拐角廊（图10）。

图9　岳麓书院内直廊　　　图10　瞿昙寺内拐角廊

（3）波形廊，是多组弧线以各种角度组合而成的。在平面形式上看来，各种弧线以美的形式首尾相连，多段弧线连成一闭合图形，是为波形廊（图11）。

（4）曲廊，多迤逦曲折，仅一部分依墙而建，其他部分则转折向外，因而在廊与墙之间构成若干不同形状的小院，栽花布石，添加无数小景。[1] 区别于波形廊，曲廊也可看作由多座拐角廊组合而成，任意组合以任何角度转折而成。在平面形式上看来，各种直线以美的形式转折，多段折线相连形成一闭合图形，是为曲廊（图12）。

图11　杜甫草堂内波形廊　　　图12　岳麓书院内曲廊

1　马千英. 中国造园艺术泛论 [M]. 台北：詹氏书局，1985：240.

（5）回廊，在建筑本体四周设置游廊，使用廊将建筑围合，即以廊及建筑整体构成一座单体建筑（图13）。回廊与建筑本体共用整体屋面，回廊靠近建筑本体的一侧一般不另设置柱及墙体，只在另一侧按照游廊的形式设置。在平面形式上看来，回廊整体呈类回字形。

（6）卍字廊，利用廊子本身组成一组建筑物。[1]将走廊做成卍字形，廊内可以有许多变化，它可以充分发挥廊柱的美点。卍，是古印度佛教的吉祥标志。通常使用在古建筑中的卍字形是四方连续的卍字形图案，意为卍字不到头，也是一类吉祥的寓意。卍字廊，在平面形式上看来，是一个完整的卍字体（图14）。

图13 拙政园内回廊

图14 圆明园内卍字廊（原状无存）
资料来源：百度百科"万方安和"词条。

3. 按照建造位置分类

游廊按照建造位置分类，基本分为平地走廊、水廊、爬山廊、吊廊（悬廊）。

（1）平地走廊。走廊，多指建筑群中两院建筑之间的连接通道。[2]平地走廊，即为两座建筑之间的连接通道，这类走廊的屋面一般为两坡屋面，在平地建造走廊可四面敞开而建，也可其中一坡依墙而建（图15）。

---

1 马千英. 中国造园艺术泛论[M]. 台北：詹氏书局，1985：241.
2 王效清. 中国古建筑术语辞典[M]. 北京：文物出版社，2007：180.

（2）水廊，临水而筑或跨越水面之上的廊[1]，供欣赏水景及联系水上建筑之用，形成以水景为主的空间。水廊有位于岸边和完全凌驾于水上两种形式（图16）。位于岸边的水廊，廊基一般紧接水面，廊的平面也大体贴紧岸边，尽量与水接近[2]。

图 15　杜甫草堂内平地走廊　　　图 16　拙政园内水廊

（3）爬山廊，一般指连接山坡上和山坡下两组建成物的廊子，其形式随山势起伏，造型自然，常建于园林、庭院之中（图17、图18）。[3] 爬山廊有的位于山之斜坡，有的依山势蜿蜒转折而上。廊子的屋顶和基座有斜坡式和层层叠落的阶梯式两种。[4]

图 17　瞿昙寺内爬山廊（斜坡式）　　图 18　岳麓书院内爬山廊（阶梯式）

1　中国建筑工业出版社. 文人园林建筑：意境山水庭园院[M]. 北京：中国建筑工业出版社，2010：158.

2　冯钟平. 中国园林建筑[M]. 北京：清华大学出版社，2000：228.

3　王效清. 中国古建筑术语辞典[M]. 北京：文物出版社，2007：258.

4　冯钟平. 中国园林建筑[M]. 北京：清华大学出版社，2000：231.

（4）吊廊（悬廊），少数民族干栏单体建筑的组成部分，一般设在建筑的前面，约是进深的三分之一。其做法是将楼下的"穿"向外出挑一至二步架，挑头置不落地短柱并设栏板或栏杆；挑上置楼楞搁楼板，内侧有门与室内相通，外侧悬空（图19）。[1]

图19　凤凰古城内吊廊

（四）与游廊相关的名词解释

在中国古建筑中，有几类建筑名称中含有廊但是建筑类型未归为廊。例如，经常在园林建筑中出现的廊亭，即为亭的一种，指长廊与亭子连接在一起的建筑形式，如南京莫愁湖的廊亭。[2] 在自然环境中经常出现的一类连接交通的建筑名为廊桥，指桥梁形式的一种，桥上建廊谓之廊桥。其形制多种多样，一般为重檐结构，有些规模较大的桥梁，除在桥上建廊外，还在桥台和每个桥墩处建宝塔式的楼阁及碑亭，如广西三江程阳桥。[3]

1　王效清．中国古建筑术语辞典[M]．北京：文物出版社，2007：150．

2　王效清．中国古建筑术语辞典[M]．北京：文物出版社，2007：386．

3　王效清．中国古建筑术语辞典[M]．北京：文物出版社，2007：386．

以上关于游廊的分类是基于立体三维、平面二维以及建造游廊的地理位置进行的，每一类别与每一类别既有不同点又有相同点，甚至有交叉之处。例如依山而建的爬山廊，从平面图来看，也可看作直廊，或做拐角廊，因此这样的游廊既可称为爬山廊，又可称为直廊或拐角廊。因此，在游廊的类别中，对某一类游廊的详细称呼并不是绝对的。

笔者从文献资料和匠人采访中得知，有关游廊的分类相对没有那么严格，有时游廊的分类只是按照某种形式分类，而形式是如何界定的并没有具体的标准。概因游廊是园林建筑中相对简单的通道建筑，建筑类型也不似亭类建筑那样千变万化，几根柱，支上顶，作为次要建筑连接主体建筑罢了。上文中笔者从三个不同的角度对游廊进行分类详述，然而在图书或匠人口述中游廊还存在一些其他的称呼或者分类方法，例如抄手廊、折廊等，再如从廊的横剖面来看廊的分类。基于此，笔者在本文中选取了比较典型的几类游廊进行名称和分类的解释，其他别称暂且略过，待以后对其研究更加深入时再进行补充与深化。

三、宁寿宫花园游廊的建筑特征

（一）宁寿宫花园的建筑概况

宁寿宫花园总体是一座南北长、东西短的长方形花园，南北长160m，东西宽37m，占地面积5920m^2，主要单体建筑有43座。花园由一条南北向的轴线将四个小院落串联成整体的一组大院落（图20、图21）。花园的最南边为大门的出入口，由北向南进入，正南方向为第一进院落古华轩区，向南为第二进院落遂初堂区，再向南为第三进院落萃赏楼区，最南边是第四进院落符望阁区（图22~图25）。

图20 宁寿宫花园俯瞰图

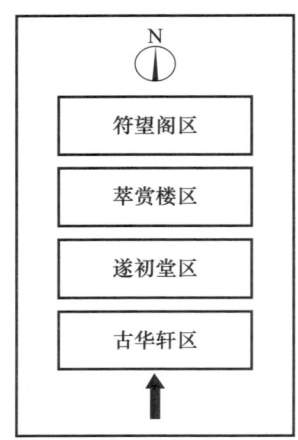

图21 宁寿宫花园院落组成示意图

图22 第一进院落

图23 第二进院落

图24 第三进院落

图25 第四进院落

　　宁寿宫花园既是一组独立的园林，又由各自独立的小园林组成。组成宁寿宫花园的四个院落由游廊与石桥纵横连接，高低错落，疏密有致，曲折蜿蜒，各有千秋。其建筑形制多样，建筑色彩丰富，园林要素点缀其中，既有自然的浑然天成之趣，又有建筑的人工之美；既有江南园林的秀美灵动、优雅婉约，又有皇家园林的气韵天成，高贵大气，堪称我国官式苑囿与私人园林的集大成者。

（二）宁寿宫花园游廊的总体分布

宁寿宫花园内共分布 34 座游廊，具体分布如下（图 26）。

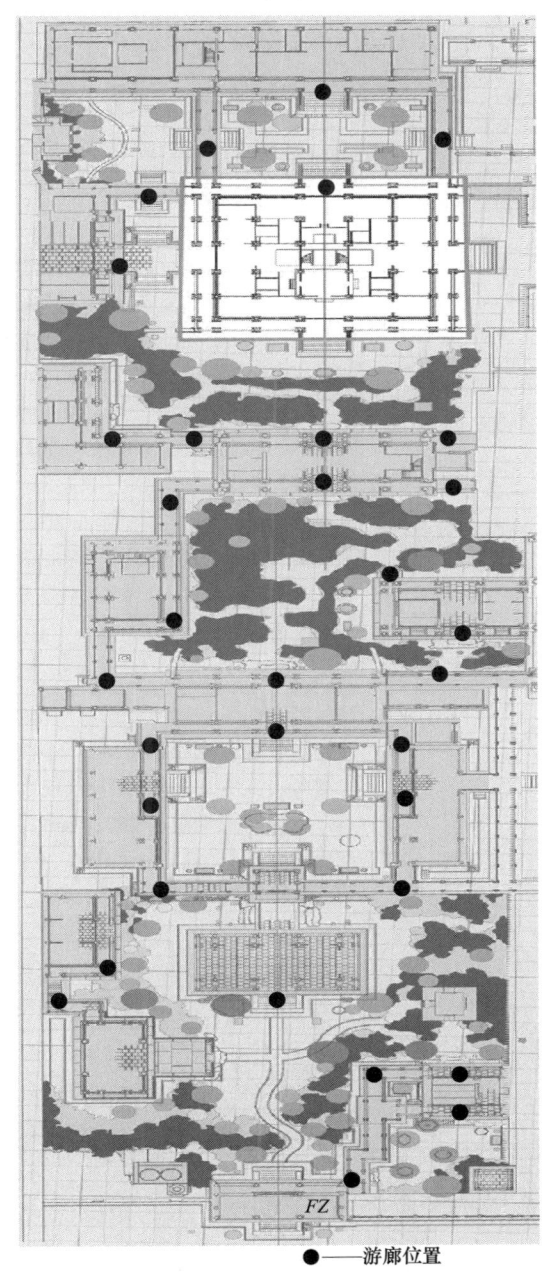

图 26　宁寿宫花园游廊分布图
（图片来源：李越，王时伟."迷楼"——符望阁 [J]. 紫禁城，2012（4）：10-23，2. 作者对图片进行了引用与修改。）

（三）宁寿宫花园游廊的分类

1. 按照空间形式分类

宁寿宫花园游廊按照空间形式分为单层廊、双层廊（楼廊）、单面空廊、双面空廊、暖廊，见表1。

表1　宁寿宫花园游廊按照空间形式分类

分类名称	数量（个）	建筑名称
单层廊	28	三友轩北游廊、倦勤斋西游廊、倦勤斋东游廊、玉粹轩北游廊、玉粹轩东游廊、萃赏楼东游廊、延趣楼与萃赏楼间游廊（三进院西北游廊）、衍琪门北游廊、延趣楼与遂初堂间游廊（三进院西南游廊）、遂初堂北游廊、遂初堂南游廊、遂初堂东耳房北游廊、遂初堂与东配殿间游廊（二进院东北游廊）、遂初堂与西配殿间游廊（二进院西北游廊）、东配殿与垂花门间游廊（二进院东南游廊）、西配殿与垂花门间游廊（二进院西南游廊）、遂初堂西配殿东游廊、遂初堂东配殿西游廊、矩亭北游廊、矩亭南游廊、旭辉庭周围廊、旭辉庭与禊赏亭间游廊、抑斋北游廊、抑斋南游廊、三友轩周围廊、倦勤斋南游廊、萃赏楼东值房游廊、古华轩周围廊
双层廊（楼廊）	6	符望阁周围廊、云光楼周围廊、萃赏楼北游廊、萃赏楼南游廊、延趣楼周围廊、云光楼与萃赏楼间游廊
单面空廊	28	符望阁周围廊、云光楼周围廊、倦勤斋东游廊、玉粹轩北游廊、玉粹轩东游廊、萃赏楼东游廊、延趣楼与萃赏楼间游廊（三进院西北游廊）、衍琪门北游廊、延趣楼与遂初堂间游廊（三进院西南游廊）、遂初堂北游廊、遂初堂南游廊、萃赏楼北游廊、遂初堂与东配殿间游廊（二进院东北游廊）、遂初堂与西配殿间游廊（二进院西北游廊）、遂初堂西配殿东游廊、遂初堂东配殿西游廊、矩亭北游廊、矩亭南游廊、旭辉庭周围廊、旭辉庭与禊赏亭间游廊、抑斋北游廊、抑斋南游廊、三友轩周围廊、倦勤斋南游廊、萃赏楼南游廊、延趣楼周围廊、云光楼与萃赏楼间游廊、萃赏楼东值房游廊
双面空廊	3	三友轩北游廊、倦勤斋西游廊、古华轩周围廊
暖廊	3	遂初堂东耳房北游廊、东配殿与垂花门间游廊（二进院东南游廊）、西配殿与垂花门间游廊（二进院西南游廊）

2. 按照平面形式分类

宁寿宫花园游廊按照空间形式分为直廊、拐角廊、曲廊、回廊，见表2。

表2 宁寿宫花园游廊按照平面形式分类

分类名称	数量	建筑名称
直廊	18	三友轩北游廊、倦勤斋西游廊、倦勤斋东游廊、玉粹轩东游廊、萃赏楼东游廊、衍琪门北游廊、遂初堂北游廊、遂初堂南游廊、遂初堂东耳房北游廊、遂初堂西配殿东游廊、遂初堂东配殿西游廊、云光楼与萃赏楼间游廊、抑斋北游廊、抑斋南游廊、倦勤斋南游廊、萃赏楼东值房游廊、萃赏楼北游廊、萃赏楼南游廊
拐角廊	10	玉粹轩北游廊、延趣楼与萃赏楼间游廊（三进院西北游廊）、延趣楼与遂初堂间游廊（三进院西南游廊）、遂初堂与东配殿间游廊（二进院东北游廊）、遂初堂与西配殿间游廊（二进院西北游廊）、延趣楼周围廊、西配殿与垂花门间游廊（二进院西南游廊）、矩亭北游廊、旭辉庭周围廊、云光楼周围廊
曲廊	4	东配殿与垂花门间游廊（二进院东南游廊）、矩亭南游廊、旭辉庭与禊赏亭间游廊、三友轩周围廊
回廊	2	符望阁周围廊、古华轩周围廊

3. 按照建造位置分类

宁寿宫花园游廊按照建造位置分为平地走廊、爬山廊，见表3。

表3 宁寿宫花园游廊按照建筑位置分类

分类名称	数量	建筑名称
平地走廊	33	三友轩北游廊、倦勤斋西游廊、倦勤斋东游廊、玉粹轩北游廊、玉粹轩东游廊、萃赏楼东游廊、延趣楼与萃赏楼间游廊（三进院西北游廊）、衍琪门北游廊、延趣楼与遂初堂间游廊（三进院西南游廊）、遂初堂北游廊、遂初堂南游廊、遂初堂东耳房北游廊、遂初堂与东配殿间游廊（二进院东北游廊）、遂初堂与西配殿间游廊（二进院西北游廊）、东配殿与垂花门间游廊（二进院东南游廊）、西配殿与垂花门间游廊（二进院西南游廊）、遂初堂西配殿东游廊、遂初堂东配殿西游廊、矩亭北游廊、矩亭南游廊、旭辉庭周围廊、延趣楼周围廊、抑斋北游廊、抑斋南游廊、三友轩周围廊、倦勤斋南游廊、萃赏楼东值房游廊、符望阁周围廊、云光楼周围廊、萃赏楼北游廊、萃赏楼南游廊、云光楼与萃赏楼间游廊、古华轩周围廊
爬山廊	1	旭辉庭与禊赏亭间游廊

宁寿宫花园游廊三种分类方式下各类游廊的占比分别如图27～图29。需要注意的是，在不同分类方式下游廊是有交叉的，

一座游廊可以有相同的名称（同一类型下），也可以有不同的名称（不同类型下）。从表中可知，在宁寿宫花园游廊中，应用最为广泛的是按照空间形式分类中的单层廊、按照平面形式分类中的直廊、按照建造位置分类中的平地走廊。其原因一是视觉形式简单的游廊结构较为简单，便于前期设计与备料，后期施工也方便快捷；二是游廊作为建筑小品大多不是独立存在的，它主要服务于园林建筑，是主要的通道，以主体建筑的体量与形制为游廊的建筑特征，在此基础上做些艺术上的加工。因此，在建造游廊时，实用性、便利性与经济性是决定游廊建造技术与艺术的重要因素。

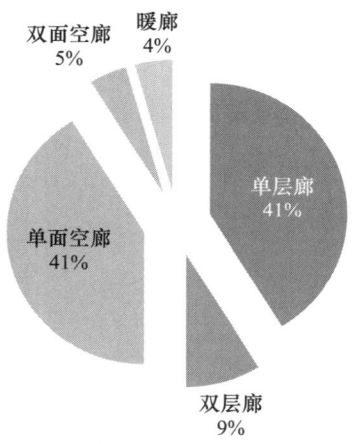

图27 宁寿宫花园按照空间形式分类各游廊占比

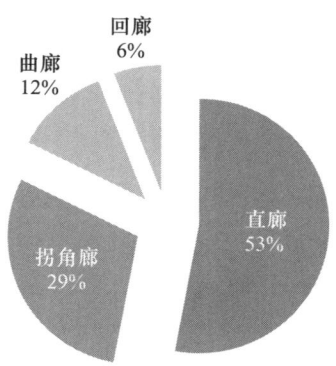

图28 宁寿宫花园按照平面形式分类各游廊占比

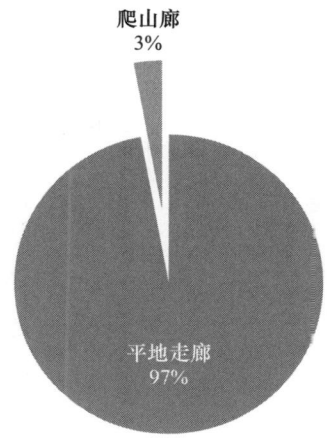

图 29　宁寿宫花园按照建筑位置分类各游廊占比

（四）宁寿宫花园游廊的建筑特征

1. 宁寿宫花园游廊的结构特征

在中国古建筑中，一般游廊多为四檩卷棚的大木结构形式，其基本构造由下而上为：梅花方柱，柱头之上在进深方向支顶四架梁。梁头安装檐檩，檩与枋之间装垫板，四架梁之上安装瓜柱或柁墩支承顶梁（月梁），顶梁上承双脊檩，脊檩之下附脊檩枋。屋面木基层钉檐椽、飞椽，顶步架钉罗锅椽。游廊常常做数间、十数间乃至数十间连成一体，为增强游廊的稳定性，每隔三四间将柱子深埋地下，做法是在柱顶石中心打凿透眼，柱子下脚做出长榫子（榫长为株高的 1/4~1/3，榫直径约为柱径的 1/2）。这种榫叫作套顶榫。榫下脚落于基础之上，周围用水泥白灰灌浆。套顶榫做法多用于间数较多的长廊，间数少或多拐角、多丁字接头的游廊可不采用。[1] 简言之，游廊的一般结构特征为柱在面阔方向支顶以檩为主的木构件，柱在进深方向支顶以梁为主的木构件，在大木构架之上托举屋顶（图 30）。

---

1 马炳坚.《中国古建筑木作营造技术》再版前言 [J]. 古建园林技术，2003，(2)：62-64，98.

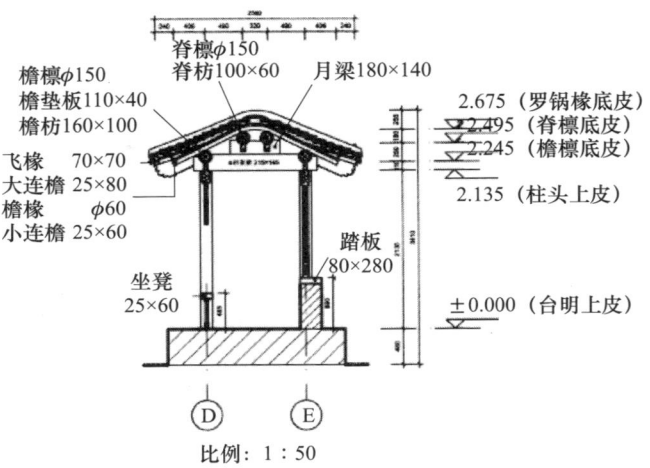

图 30 矩亭南游廊横剖面图
(图片来源：张学芹.（土木部分）故宫宁寿宫花园古华轩区古建筑保护维修工程设计（图纸），作者对图纸中的图片进行了修改。)

（1）屋顶形式。

在中国古建筑中，一般游廊多为四檩卷棚屋顶，也有的做三檩尖山屋顶，屋顶形式有所不同可多做变化，屋面通常为两面坡形式，随着地形的转折，按照所需增加一坡或两坡屋面以便于游廊的建造，还有些游廊依据地理位置及主体建筑所需做一出水式（屋面向同一个方向排水）屋顶，有且只有一面坡；另有一种游廊的屋顶形式是与其附属的主体建筑合为一体，即主体建筑与其设置出廊共用同一坡屋面，即副阶的形式。宋式楼阁结构中，在主体房屋外围加建的廊屋，称为副阶。它是室内外的过渡空间，其功能是遮阳、防雨、供人小憩。[1] 在宁寿宫花园中，游廊的屋顶样式有两种：①硬山卷棚式屋顶，屋面为两坡屋面（图31）；②随主体建筑屋顶形式（图32）。

---

1 王效清.中国古建筑术语辞典[M].北京：文物出版社，2007：360.

图 31　三进院西北游廊　　　　图 32　延趣楼周围廊

（2）构架形式。

①柱。

在中国古建筑中，游廊的柱一般为木制，起到主要的支承作用，一般柱的形式有三种：圆柱、方柱、圆柱和方柱结合使用。承托柱的是柱础石，在柱下脚做套顶榫或馒头榫，插入柱顶石中，一是为了保证柱的稳定性，防止歪闪；二是为了保护柱的下脚，避免腐烂。柱础石又叫鼓磴，是用在栏子下端支撑柱脚的基石。柱础是随木结构体系产生的一种构造形式，具有抗压、防潮、不易磨损的优点。特别是江南一带，气候湿热多雨，为了防止柱下端部朽烂，柱础石要高出地面许多，在这高出地面的部分加以雕饰，使之成为富有变化的柱础细部。其雕刻方式采用剔地浅浮雕，以保证柱础的承重作用。[1]这是中国南方柱础石的做法，结构作用与装饰作用兼有，与之不同的是北方柱础石主要起到的是结构上的作用，其外观不多做装饰。宁寿宫花园中游廊的柱亦如北方做法，有圆柱、方柱及圆柱和方柱结合使用共计三种，柱顶石鼓出地面25~65mm，外观均不做任何装饰。圆柱的柱顶石平面呈圆形（图33），方柱的柱顶石平面基本呈正方形（图34）。

---

1 中国建筑中心建筑历史研究所. 中国江南古建筑装修装饰图典：上册[M]. 北京：中国工人出版社，1994：38.

图33　延趣楼游廊圆柱及柱顶石　　图34　延趣楼西北游廊方柱及柱顶石

②梁与枋、檩（桁）。

在中国古建筑中，游廊的梁与枋、檩（桁）起到主要的支承作用，梁、枋、檩（桁）与柱结合承载受力，从上至下传力关系稳定、传力路径合理，高效、便捷地解决了建筑的承重与卸载问题，从中可见古代匠人的匠心独运。

宁寿宫花园游廊的大木结构形式均为抬梁式。从游廊的外观来看，其大木结构的表现形式有两种，一种为四檩卷棚，独立存在，为单独的殿座形式。这种形式的游廊进深方向由檐柱承托四架梁，四架梁上设置瓜柱再承托月梁以支撑屋面，即梁上叠梁。在面阔方向则由檐柱直接承托檐檩（桁）、檐垫板、檐枋三件，之上由梁上瓜柱连接脊檩（桁）、脊垫板、脊枋三件以支撑屋面（图35、图36）。另一种形式为副阶，副阶与其主体建筑为一体。这种形式的游廊由主体建筑的老檐柱向外延伸，通过穿插枋与抱头梁横向连接一根檐柱，之间的空间形成副阶形式的游廊，这种形式同样由老檐柱承托四架梁及以上，游廊的檐柱直接支撑屋面（图37、图38）。

 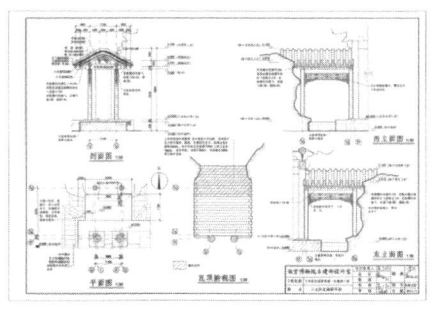

图35　三友轩北游廊东立面　　图36　三友轩北游廊结构图纸
　　　　　　　　　　　　　　（图片来源：黄占均.（土木部分）故宫宁寿宫花园萃赏楼区古建筑保护维修工程设计（图纸））

 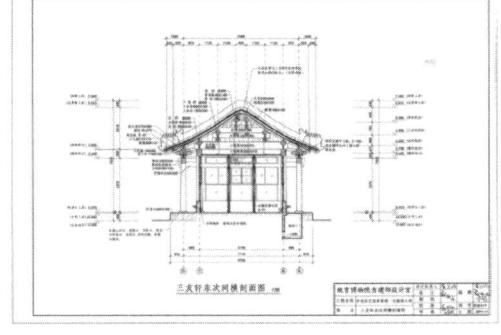

图37　三友轩周围廊南立面　　图38　三友轩周围廊剖面图
（图片来源：黄占均.（土木部分）故宫宁寿宫花园萃赏楼区古建筑保护维修工程设计（图纸））

2. 宁寿宫花园游廊的装修特征

在园林建筑中，游廊的建造位置是室外光线最明亮、最集中的地方，是人们目光的聚集之处。因此，在园林建筑中非常注重对游廊外檐的装修，游廊外檐的装修也是反映园林建筑的造型技艺及审美情趣的聚焦点。在游廊即外廊的廊柱间加设挂落和栏杆是较普遍的做法。有的只用挂落，好像半落的帘幕，对其后部的枋、槛、门、窗似遮非遮，同时也可以打破柱、枋的僵直与单调感，起到了美化建筑外檐的作用。

江南的建筑多设外廊或回廊，它们对建筑的外观形象有着一定的影响。园林建筑的外廊、花柱、枋、月梁等构件上极少做彩画或雕饰。通常是在梁柱和椽子上油栗色漆，形成栗色椽子-灰色望砖为衬的效果，色彩素洁、淡雅。比较考究的做法是在廊步的猫儿梁、月梁上做雕饰，大多以花草为内容，与朴素的椽子、望砖形成繁与简的对比。而江南园林中常见的做法是对廊檐的顶椽进行修饰加工，做成船篷形、鹤胫形、海棠形等各种形式的轩廊，使外廊空间具有更好的完整性，不同的顶部装修处理，可产生不同的空间效果。[1] 北方园林也大量借鉴了

---

1 中国建筑中心建筑历史研究所.中国江南古建筑装修装饰图典：上册[M].北京：中国工人出版社，1994：14-15.

江南园林的装修做法,并且保留了北方的地区特色。因此,中国北方地区的园林装修一部分具有独特的北方装饰特色,另一部分则融合了南方的巧思,集南北方装饰特色于一体。

在宁寿宫花园中,游廊的装修和谐地集南方的精妙装饰与官式制度的严谨二者之大成,装修技术与艺术高超,别具一格。

(1)楣子。

在宁寿宫花园的游廊中,其外檐装修大量使用楣子作为建筑装饰供人欣赏。在古建筑装修时上槛与中槛、中槛与下槛之间设置的不同形式的棂条,由棂条组合成丰富的图案,其组成的装修构件即为楣子。

楣子,北方叫倒挂楣子,南方叫挂落,是挂在建筑及游廊檐柱之间、额枋下面的装饰物,多以细木条拼成步步锦、亚字、卍字、井口等纹样。北方在其两端靠廊柱处还安放卷草纹样的花牙子;南方则在框的下端雕成较复杂的花纹呈钩头形,以代替花牙子。[1] 楣子分为倒挂楣子与坐凳楣子,北方的倒挂楣子通常为南方的挂落,坐凳楣子即为坐凳。倒挂楣子中的棂条构图形式多样,常见的有步步锦、工字加步步锦、灯笼锦、冰裂纹、植物加冰裂纹,构图不一定要求对称,但图案内容富于变化,充满了自然美。在我国南方地区,倒挂楣子的样式更加多样,饰有植物纹饰、动物纹饰、几何变形纹饰(例如套方锦)等。坐凳楣子中的棂条构图形式也较为多样,如同倒挂楣子,坐凳楣子的形式也可演变为其他形式,例如无楣子的实心坐凳、美人靠等。在一些有游廊的建筑中,倒挂楣子与坐凳楣子统一设置,上下对应;另一些廊部建筑上也可单独设置倒挂楣子,亦或单独设置坐凳楣子。

在宁寿宫花园的游廊中,楣子的形式有两种,即倒挂楣子和坐凳楣子。倒挂楣子的作用主要是供人们观赏及以物寄情,是游廊中审美情趣的集中体现。在由多组棂条组成的倒挂楣子中,图案的形式比较丰富。坐凳楣子的作用主要是"坐

---

1 冯钟平.中国园林建筑[M].北京:清华大学出版社,2000:338.

凳",即供人们停留与休息,坐凳楣子正面即为坐凳面,光滑平整;坐凳楣子的侧面通常是镂空的,由棂条组成图案。在宁寿宫花园中,楣子的图案以步步锦为主,在棂条与棂条间饰有工字或工字加上卧蚕图案的步步锦(图39、图40),在图案上施以大面积的彩绘并部分贴金,符合其建筑主体的地位等级及意愿表达,以物寄情,意即步步高升,代表平安吉祥的美好祝福。

图39　古华轩周围廊倒挂楣子　　图40　三进院西南游廊坐凳楣子

（2）栅栏。

宁寿宫花园的游廊中,外檐装修设置不同的倒挂楣子,在坐凳楣子的部位不使用坐凳,而是使用了廊栅。廊栅类似于栅及栅栏。栅,即栅栏。用竹子、木条或铁条等制成的类似篱笆而较坚固的遮拦物称为栅。它主要起间隔作用,属于露篱的一种形式。[1] 廊栅的做法有全栅及半栅,栅栏的形式多做成斜格或方格状。全栅即下部用木板拼装,上部配以透空的窗格花纹,形成半封闭空间,可使外廊作为纳凉休息、家务活动之用。[2] 半栅即上部全部露空,只从下部做起,下部做透空的栅栏样式,类似于坐凳楣子的形式设置,只是无坐凳供人休息,而是起到栅栏的作用,即分隔空间,围护本体建筑。

在宁寿宫花园的游廊中,廊栅的做法只有一处,在延趣楼一层坐凳楣子处(图41),为半栅做法。延趣楼是两层的楼式

1　王效清．中国古建筑术语辞典[M]．北京：文物出版社，2007：289．

2　中国建筑中心建筑历史研究所．中国江南古建筑装修装饰图典：上册[M]．北京：中国工人出版社，1994：16．

建筑，设置了双层单面空廊，二层廊部上设倒挂楣子，下设栏杆；一层廊部上设倒挂楣子，下设半栅，木装修做法灵活多变。延趣楼坐西朝东，只着绿色油饰的半栅外倚高耸的假山，南北连接三进院的两座游廊，区别于游廊的坐凳楣子，半栅在周围竹林的掩映下，曲折萦绕，融于自然天地中，建筑环境优美，别有一番情趣。

图41　延趣楼一层廊部半栅

（3）栏杆。

宁寿宫花园的游廊中，外檐装修设置不同的倒挂楣子，在坐凳楣子的部位不使用坐凳，而是使用了栏杆。栏杆，即古代建筑装修当中起围护作用的结构之一。最常见的是重檐建筑二层平台上的扶手栏杆，依结构类型的不同，栏杆主要有木制和石制两类。木制栏杆多见于木结构框架的建筑物上，俗称寻杖栏杆，主要构件有望柱、寻仗扶手、腰枋、下枋、栏板、地栿及荷叶净瓶等；石制栏杆通常用在高大建筑物重叠的台基或桥梁上，多由汉白玉、青白石等名贵石料做成，是衬托建筑物的重要装饰。[1]栏杆是游廊建筑中外檐装修的一种普遍做法，有的还做成栏杆罩形式的廊部，即将游廊的柱与柱间围合成一整体封护的形式，使用栏杆体现，结构类似于室内的落地罩，整体为木制，上设花板、间柱、槛框等构件，下设寻杖栏杆，总体称为栏杆罩。

1　王效清.中国古建筑术语辞典[M].北京：文物出版社，2007：293.

在宁寿宫花园的游廊中,以木结构为主的楼式建筑中,二层的坐凳楣子处俱设置了寻杖栏杆(图42、图43)。寻杖栏杆中的寻杖是宋式称谓,即勾栏或栏杆上的扶手名称。寻杖栏杆的设置一是为了安全,在二层及以上廊部地板边缘处设置,起到阻拦围护的作用;二是为了美观,其特点是,一般对栏杆的上半部分做镂空处理,镂空部分均布装饰,如荷叶净瓶的木装修构件,施以大面积的彩绘并部分贴金;栏杆的下半部分或做一部分镂空处理,安装花板,或不镂空全封闭成一块整体阑板,其上施以雕刻与彩绘并部分贴金。栏杆与栏杆之间最后再以望柱相隔,形成整体的寻杖栏杆样式,雕饰与色彩丰富,装饰作用突出。

图42　萃赏楼二层栏杆　　　　图43　延趣楼二层栏杆

(4)雀替。

宁寿宫花园的游廊中,外檐装修设置了许多纹饰及色彩丰富的倒挂楣子及枋子,在倒挂楣子及柱间或枋柱间设置了纹饰及色彩同样丰富的官式雀替及花牙子。雀替是清式木装修构件名称,宋式称角替。常用于大式建筑外檐额枋与柱相交处,从柱内伸出承托额枋,有增大额枋榫子受剪断面及拉结额枋的作用。[1]雀替是这一类装修构件的总称,其类型、材质及雕刻方式多样,造型、纹饰及色彩更是富于变化。在园林建筑中,游廊的建造位置是室外光线最明亮、最集中的地方,是人们目光的聚集之处。雀替作为一类既精致又小巧的装修构件,外表的绚

1　王效清. 中国古建筑术语辞典 [M]. 北京:文物出版社,2007:368.

丽最能吸引人们的目光，因此雀替的纹饰常常被注目、被重视，是雀替表达的主要内容，就像楣子的图案，其内容多是故事性或带有美好祈愿的事物，以物寄情，长乐未央，也是人们审美情趣的另一种集中体现。

在宁寿宫花园的游廊中，大部分游廊或出廊建筑都设置了雀替。雀替纹饰表达的内容主要为动物纹及植物纹。或许因宁寿宫花园是乾隆皇帝退政归隐后的养老场所，皇权等级在花园中的表现体现在了雀替的纹饰中，因此雀替纹饰在宁寿宫花园主要建筑上雕刻为龙纹、夔龙纹，间或在花园次要建筑上配以卷草纹（图44、图45）。

图44 抑斋夔龙纹官式花牙子

图45 云光楼卷草纹官式雀替

四、结论

在中国古建筑漫长的发展与演变史中，建筑艺术在中国古代园林中得到了最充分的发展。比起外国园林来，中国古代园林中的建筑物占有大得多的比重，有着非常重要的地位。建筑物在园林中既是风景的点缀，也是观赏风景和休息娱乐的地点。建筑的功能与地形特征相结合，于是产生了多种多样的建筑形式，并给它们取了一些专用的名称，如亭、榭、廊、桥、舫、坊、厅、堂、楼、阁等。中国古代园林中的建筑物，在平面形式、屋顶支撑、门窗的形式和位置、墙面的处理、彩画和雕刻风格等上都极富变化,但又不失为统一的有机整体。[1] 样式丰富、色彩鲜艳的游廊是中国园林建筑中不可或缺的建筑小品,园林建筑中的游廊就是很好展现园林意趣的重要载体。

在中国古典园林中,游廊作为一类观赏性极佳的建筑小品在园林中的地位举重若轻。它既是游览风景的载体,又是风景线之一。廊子本来是为建筑物之间的联系而出现的。中国木构架体系的建筑物,一般个体建筑的平面形状都比较简单,通过廊、墙等把一栋栋的单体建筑物组织起来,形成了空间层次上丰富多变的建筑群体。在宫廷、庙宇、民居中,都可以看到这种手法的运用,这也是中国传统建筑的特色之一。廊子被运用到园林中以后,它的形成和设计手法就更为丰富多彩了。通过观察一些中国园林的平面图就会发现,如果把整个园林作为一个"面"来看待,那么,亭、榭、轩、馆等建筑物在园林中可视作"点",而廊、墙这类建筑不是"点"而是"线"。通过这些"线"的联络,把各分散的"点"联系成为有机的整体,它们与山石、植物、水面相配合,在园林"面"的总体范围内形成了一个个相对独立的"景区"。[2] 廊子的运用长久而又广泛,尤其是在园林的建筑与配置中,从古至今在我国不同的区域建造了不同类型、不同材质的游廊。就游廊的建筑材料而言,木制游廊占比较大,因我国封建社会人力及区域的限制,兼之木材的易得易操,木制游廊的建筑特征被最大化地发挥出来,其雕刻、纹饰与色彩是游廊中审美情趣的集中体现。在园林中,相对于游廊对建筑本体的物质功用,更加引人注目的是游廊的精神功用,在游廊光线最集中的外立面上大面积的雕刻、纹饰及彩绘兼具了保护、美观与意愿表达的效果;这也是"园林主人"展现园林精华的最得意之处,表现了拥有者自我的精神追求及美学追求,物化其外、由表及里,这是一种具有中国特色的园林造园的心理映射。

---

1 乔匀. 中国园林艺术 [M]. 香港:三联书店香港分店,1982:9.
2 冯钟平. 中国园林建筑 [M]. 北京:清华大学出版社,2000:213.

宁寿宫花园一共四进院落，由南向北形成一个狭长的江南园林式样的花园。宁寿宫花园的建造以中国的封建礼制为理论指导，以官式建筑术书为执行依据，形成皇家审美特色，兼容并蓄私家园林的建筑美学特色，这是宁寿宫花园的外在特征；其内在特征根源于中国历史的积淀与文化的培植，是乾隆皇帝对归政如归隐的理想生活状态的追求与表达，他把他心中所思、所想、所愿这些丰富的情感都留在了他亲自提议兴造的园中。宁寿宫花园的布局有疏朗有紧凑，有开阔有细密，四组院落使用楼梯、假山、石桥及洞门前后相连、上下贯通、首尾呼应，既相对独立又隔而不断，自成特色、别具一格。而将这些各有特色的建筑以及假山、陈设、植被串联起来的就是游廊。游廊在宁寿宫花园中起到的作用至关重要。因游廊的使用功能，借地势布局美观合理，形式多样的游廊与主体建筑相结合，再与假山、陈设、植被和谐共处，融合形成这一兼具皇家官制气势与江南园林样貌的特色"敕造"花园。

　　宁寿宫花园是北京故宫中一抹亮丽的色彩，既有别于其他皇家建筑，又和谐地融于故宫严肃有序的氛围之中，它是一座建筑风格独特的花园，园内各处皆为精品，是我国宝贵的历史文化遗产。时至今日，对于宁寿宫花园中游廊的探索与研究仍未停止，对于宁寿宫花园的探索与研究也仍未停止，笔者将在今后的工作与学习中更加注重收集与研读相关的建筑资料，做好归纳与整理，深耕于相关专业领域，持续登高与进步。

谈油饰彩画在古建筑中的应用

张朋伟[*]

摘 要: 油饰彩画在古建筑中的作用之一是装饰。古建筑油饰彩画具有悠久的历史和突出的艺术成就,在不同的历史时期,形成了不同风格的样式。本文通过在古建筑修缮中的研究、操作、总结,对古建筑油饰彩画材料、工艺、色彩的应用、取得的成果进行了初步的论述。

关键词: 油饰;彩画;文化遗产传承

一、建筑油饰彩画的发展历史

(一)建筑油饰彩画的作用

中国古建筑拥有优美的造型及华丽的装饰,被誉为"凝固的音乐"。在建筑上绘以图案丰富的油饰彩画是中国古建筑特有的风格,蕴含了丰富的民族特色和文化内涵。

建筑不单要有良好的使用功能,外观还要别具特色,以满足人们对审美的追求。建筑油饰彩画是艺术和文化相结合的产

---

[*] 北京房修二古代建筑工程有限公司商务经理。

物，在封建社会，不同颜色、不同图案的油饰彩画，还成为封建等级制度的象征。

油饰彩画对建筑物既起保护作用，又起装饰作用。建筑长期受到风吹日晒，会出现开裂、破损等现象，建筑经过油饰的处理，其实用性、耐久性、安全性得到很大的提高，建筑得到了保护，优化了建筑空间，延长了寿命。又由于油饰彩画中有不同的光泽和色彩，同时增强了建筑的美感，提升了建筑时空环境的意境，进一步展现了建筑精致华丽、雄伟壮观的视觉效果。

（二）建筑油饰彩画的发展历史

建筑是艺术和技术相结合的产物，但建筑材料制约着建筑艺术的发挥，其中油饰彩画为建筑装饰的一部分，在两千多年以前就已经应用于建筑物之中，如《论语》中所述"山节藻棁"和汉班固《西都赋》中的"树中天之华阙，丰冠山之朱堂。……雕玉瑱以居楹，裁金壁以饰珰。发五色之渥彩，光爛朗以景彰"体现了当时浓郁的建筑色彩。[1] 我国在清代宫殿式古建筑中采用地仗作为基层材料，光油与颜料调和而成的有色油料为面层材料，搓刷于木构件之上，其色彩给人以厚重饱满、光鲜亮丽的视觉效果。

1. 建筑油饰的发展进程

根据古文献记载，中国是世界上最早用漆的国家。在七千多年以前，我们的祖先就已经能够制造漆器了。1978年在浙江余姚河姆渡遗址中发现了木碗和朱漆筒。战国时期《韩非子·十过篇》有记载："舜禅天下而传之于禹，禹作为祭器，墨染其外而朱画其内。"由此可以证明，在禹的时代漆就已经被使用了。[2]

在我国古代，油和漆是两种物质，其中油是由桐树的桐籽压榨而来，漆是漆树分泌的汁液。在北方官式油漆工程中，桐油用于各道施工程序之中，用途广泛。[3]

2. 建筑彩画的演进历程

我国古建筑装饰艺术最突出的特点之一体现在彩画上。根据文献记载，房屋涂刷油饰彩画不仅是为了保护木构件免受日晒雨淋，而且能美化建筑，使人赏心悦，如战国左丘明"庄公丹桓宫之楹，而刻其桷"，汉张衡《西京赋》"绣栭云楣，镂槛文㮰。……裹以藻绣，文以朱绿"，晋左思《吴都赋》"青琐丹楹。图以云气"等，可见当时宫殿彩画的金碧辉煌。[4]

建筑彩画历经制度的演变，到了宋代，彩画已发展得极为成熟，李诫《营造法式》中提供了建筑彩画的实例和记载，包括彩画的图案、色彩、式样、材料等。其工艺做法主要有六种，即五彩遍装、碾玉装、青绿叠晕棱间装、解绿装、丹粉刷饰、杂间装，其中以五彩遍装彩画等级最高（图1）。宋式彩画木构件部分多以红色为主，重要部位施加青绿图案，纹样交错运用。

图1 宋式五彩遍装彩画

明洪武初年规定，"亲王府第、王城正门、前后殿及四门城楼，饰以青绿点金，廊房饰以青黑，四门正门涂以红漆"，以展示当时封建王朝的等级制度。明代私人著作《碎金》中记载，明代彩画有琢色、晕色、彩画、间色四种工艺做法，但无具体明式彩画文献记载，目前只能从古建筑实物中予以考证，如北京智化寺如来殿（图2）、护国寺等明代建筑还保留些许彩画，十分珍贵，比宋代彩画显得淡雅利落，以青绿色彩为主，青绿两色反复运用，其间贴金点，色彩鲜艳，整个图案洁净淡雅、干净利落。

图2　北京智化寺如来殿明式彩画

随着清入关，封建统治阶级更替，但建筑彩画得到了继承和发展，清式彩画的布局、内容、色彩等都已经相当成熟，充分体现了中国传统彩画的特点，目前清式彩画在一定意义上可以理解为"中国建筑彩画"。清式彩画大致可分为三类，即和玺彩画（图3）、旋子彩画、苏式彩画。其中以和玺彩画等级最高，象征着帝王文化，体现了至高无上的皇权，在当时也是封建社会等级在建筑装饰上的体现。不同的彩画样式有其不同的图案纹饰，和玺彩画和旋子彩画样式较为规整，苏式彩画则侧重于写实，较为自在随意。

图3　清式和玺彩画

二、油饰彩画在古建筑中的应用

(一)古建筑油饰材料

油饰的根本目的在于保护古建筑中的木构件。在传统建筑中,油漆工艺由地仗(基层)和油饰(面层)组成,其中地仗材料主要由白面、血料(动物血)、砖灰(青砖碾压后颗粒)、灰油、生油(生桐油)、石灰、线麻等材料按一定比例混合而成,涂抹在木构件之上,可有效防止木构件的糟朽、开裂,起到一定的加固作用。灰油、血料在古建筑木构件地仗中是非常重要的材料,因早期灰油无成品油,只能由老一辈有成熟经验的工匠现场熬制,通过桐油、土籽粉、章丹按质量100∶7∶4的比例架锅熬制,放置等待工程使用,血料是由动物生血加工成血粉,过筛去杂质,清水浸泡点加石灰水而成。"满"则为古建筑油漆的专有名词。石灰水、白面、灰油按照质量100∶26.7∶150的配比,将石灰块浸泡于水中制成石灰水,而后用石灰水与白面调制,前期少量加水,随加随拌和,最终成为糊状,然后再加入熬制好的灰油搅拌均匀,调成膏状物,即为"满",灰油与石灰水的比例(指油水比)越小,地仗的黏结力(工匠术语"劲儿")越小,重要建筑物采用油水比为2∶1的"满",俗称"两油一水"。现在材料工业发展迅速,灰油、血料等都可由工厂加工,从而节省成本,加快进度,保证工程安全和质量。古建筑油漆通常指的是颜料光油,可以简易理解为古建筑油漆是光油和颜料按一定比例混合而成的,如古建筑大木构件常用的颜料光油银珠光油,就是将颜料银珠倒入盆内,用开水冲沏两遍,银珠比水密度大,会沉入水中,之后来回搅拌,静置2h,将水倒出,反复几次清除杂质,然后倒入光油充分搅拌,澄出水分最终变得黏稠而制成的。

(二)古建筑油饰工艺

在古建筑油饰施工中，木结构以枋子底皮为界，其上称为上架，其下称为下架，上架一般指檩、垫板、枋、梁等，常绘以彩画，下架一般指柱、槛框等，常施作油饰。

1. 地仗工艺

技术准备：施工之前认真核对施工图纸与现场实际情况，根据工程具体情况编制施工方案，进行技术交底工作。

材料、机具准备：地仗所需灰油、血料、砖灰等材料均已到位，油满均已制作完成；桶、铁板、皮子、斧子等工具已备齐。

作业准备：脚手架支搭完毕且验收合格，做好防风、防雨等相关保护措施。

按照建筑等级的高低、体量的大小、新旧程度、工期长短等，地仗分为一麻五灰地仗、两麻六灰地仗、一布五灰地仗、一麻一布六灰地仗、单披灰地仗等，在实际运用中灵活掌握。现以一麻五灰地仗为例，简述其工艺做法。

一麻五灰地仗，顾名思义此工序共有一层麻，五道灰（捉缝灰、通灰、压麻灰、中灰、细灰），施工工艺共有十三道工序，被工匠们称为"十三太保"。十三道工序是指斩砍见木、撕缝、下竹钉、汁浆、捉缝灰、通灰、使麻、磨麻、压麻灰、中灰、细灰、磨细灰、钻生桐油。[5]

斩砍见木：用斧子从上至下，从左至右将木构件砍出印迹，要砍到位，不能伤及木骨，印迹与木构件纹路大致成30°左右，斧印砍至深度大约为2mm，深浅一致，印迹间距大约为15mm。然后用小挠子将砍迹挠洗一遍，把翘起的木皮挠掉，增加地仗灰层的黏结力，最后将掉落木皮清理干净。

撕缝：木构件经常会存在裂缝，或由风吹日晒收缩变形所致，或由外力挤压所致，超过2mm的缝隙，要用刀片将木构件裂缝撕开，把缝隙撕成V形状，宽窄合适，然后将缝隙清理干净。

下竹钉：竹钉是用干竹砍至成大头楔状的钉子，在V形缝中由两端向中间每隔150mm左右下一个竹钉，长条缝隙视V形缝大小，选择木条或者木板嵌补至牢固不松动，多出木构件部分，予以砍除。

汁浆：将"满"、血料、水按照容积1∶20∶20的比例调制成油浆，将油浆装入容器中，用毛刷从上至下满刷于木构件之上，刷完之后将木构件表面清理干净。油浆起着胶黏剂的作用，增强下道灰的黏结。

捉缝灰：有着把缝隙填满找平之意。将"满"、血料、砖灰按照质量比100∶114.4∶157配制成捉缝灰，用铁板将灰挤入木构件缝隙内，刮平找实，黏结牢固，对柱头、柱根、梁头等部位，找方找圆，修整干净，最后用水布掸之。

通灰：亦称为扫荡灰，即将木构件用灰全部涂抹一遍。其配比参考捉缝灰，因与木构件直接接触，血料比例适当上调，增加其黏结力。操作时从上至下从左至右依次进行，用长木板或者铝合金板与木构件垂直，一遍成活，不平之处用板子把木构件找平、找圆、找顺，通灰干燥之后，用金刚石打磨，用水布擦拭干净。

使麻：线麻先要进行梳理，去掉杂质，使麻丝直顺，在使用之前要对梳理后的麻丝进行掸麻，使其松散。将血料、"满"按照容积接近1∶1的比例调制成油浆，把油浆涂抹于木构件之上，将麻丝均匀粘在油浆上，用传统工具"麻轧子"将麻压入浆内，要保证表面平整，不得有空鼓现象。将"满"、血料、水按照1∶1.5∶5比例调制的浆称为"生"，在麻干透之前，将"生"抹在麻上，此道工序称为"潲生"，最后将阴角处整理直顺，清除干净即可。

磨麻：使麻完成以后，从上至下、从阴角到大面，垂直于麻丝采用金刚石磨之，每次磨麻长度不宜太长，短磨为好。磨完以后，用水布擦拭干净，静置一段时间才能开始下一道工序。

压麻灰：将"满"、血料、砖灰按照质量100∶183∶221

比例调制灰料，均匀搅拌，按从阴角开始，从上至下、从左至右，再到大面的顺序，把灰抹在麻丝上，灰层厚度不宜太厚，约2mm即可，然后用小铁板把不平、不圆之处找直找顺，在槛框、隔扇大边棱角线口处轧线口，线形直顺、准确，最后用金刚石打磨，用水布清理掸之。

中灰：是采用小籽的砖灰，以"满"、血料、砖灰按照质量100∶288∶303的比例均匀配合而成。从左至右、从上至下将中灰涂抹在压麻灰上，不宜过厚，只需弥补压麻灰颗粒缝隙之间即可，阴角部位要涂到，不平之处用铁板找灰抹平。压麻灰的轧线口也要用中灰走一道，保证线条直顺，干后用金刚石打磨，用水布清理干净。

细灰：为最后一道灰，砖灰应细腻，无杂质，减少"满"的用量，进行撤劲儿降低黏结力，将"满"、血料、砖灰按照质量100∶700∶650比例进行调配。操作中用铁板在木构件大面上正刮反抹，阴角、梁头、椽头等处进行反刮正抹。细灰厚度控制在0.5~2mm，视具体情况而定，宁可厚一些，也不能太薄，术语称"细灰捡高"。针对槛框、隔扇大边等的轧线也要用细灰过一遍，线条要直顺。

磨细灰：因细灰干燥极快，根据天气情况，细灰尽快用砂纸打磨，先磨阴角部位，再磨大面，露出内部灰层为止，用直尺检查，保证灰层的平整度，检查合格后尽快进入下一道工序，以避免细灰干裂。

钻生桐油：在磨细灰完成以后刷生桐油，从上至下，先阴角后大面，涂刷均匀，钻入生桐油后，木构件地仗表面呈黑褐色。地仗要把油吃透，生桐油干燥之后，方可进入下道油漆工序。如若因天气原因，生桐油干燥较慢，可加入一些汽油稀释，加快干燥速度。

至此一麻五灰地仗基层工序基本完成，除此之外，常用的地仗工艺还有二麻六灰地仗施工，其工艺流程为斩砍→撕缝→楦缝下竹钉→汁浆→捉缝灰→扫荡灰→使麻→磨麻→压磨灰→使麻（布）→磨麻（布）→压麻灰→中灰→细灰→磨细钻生；

单披灰地仗分为二道灰、三道灰和四道灰地仗，二道灰地仗工艺流程为汁浆→中灰→细灰→磨细钻生；三道灰地仗工艺流程为斩砍→撕缝→楦缝→汁浆→捉缝灰→中灰→细灰→磨细钻生；四道灰地仗工艺流程为斩砍→撕缝→楦缝下竹钉→汁浆→捉缝灰→扫荡灰→中灰→细灰→磨细钻生；操作要点与一麻五灰地仗相同，只是其工艺流程不同，木构件通过运用地仗工艺，使古建筑更加延年、耐久，这套工艺流程完美地呈现了古代匠人的聪明才智以及独特的匠心精神。

2. 传统油饰工艺

技术准备：编制专项方案，进行技术交底工作。

材料、机具准备：所需颜料光油、刷子、油桶等工具。

作业准备：施工现场清扫降尘，选择合适的天气，配备防护设施，待地仗干透后方可进行油饰施工。

工艺流程：磨生油→刮浆灰→攒腻子→垫光油→搓第二、第三道油→罩光油。

磨生油：地仗干透后，对生油面进行打磨，不得遗漏，完成后对周边环境进行清理，相关成品部位做好保护，木构件地仗不整齐处，用铲刀就行修整。

刮浆灰：地仗表面缺陷处，从左至右、从上至下，用铁板刮浆灰，要贴底层刮灰，不得有接头，灰干燥后，进行打磨，然后刷生油一道，用桐油、汽油按照1∶2.5搅拌均匀后进行涂刷，干燥后打磨干净。

攒腻子：将土粉子和血料加水按照质量1.4∶3∶1的配比搅拌均匀调制而成，可用铁板，亦可用皮子施作，用铁板称之为刮，用皮子称之为攒，宜薄不宜厚，施工操作之前要对生油地用砂纸进行打磨，去其杂质，用水布清理干净，然后从上至下、从里到外、从阴角到大面攒腻子，完工后用砂纸进行打磨，磨光磨平整，不得污染成品部位和彩画部位，最后清理打点干净。

垫光油：即为头道油，是为了衬垫后道工序，所以称之为垫光油，其中"光"字有"刷"的含义。头道油要尽量稀一点，这样方便施工，可加快进度，用麻丝蘸油，先搓阴角，后搓大面，要均匀一致，按照竖木件先横后竖，横木件先竖后横的原则进行油饰，反复顺几遍，防止油漆流坠。光油干燥后，缺陷处复找腻子，找平找齐，主要防止油漆翘皮。垫光油后呛粉，用滑石粉袋子在油漆上拍打，然后用砂纸对油漆进行打磨，接头、流坠处都要磨平，直至表面光滑，最后打扫干净过水布一遍。

搓第二道油：操作方法同头道油，从左至右、从上至下，油要搓到位，均匀饱满、颜色一致、无流坠、无污染。二道油干燥后，从左至右、从上至下用粉包呛粉，再用砂纸打磨，完成后将杂物清理干净。

搓第三道油：操作方法同头道油，在搓油之前再找一遍腻子，对漏缺之处进行修补，漏刷的进行补刷，保证漆面干净整洁。对贴近彩画部位和图案的分界线处，先涂刷整齐、流畅，然后搓大面油。油漆应无流坠、无漏刷、无污染，色彩光亮一致。

罩光油：即罩清光油。在第三道油上还需搓最上面一道油，称为罩光油，贴金处无须罩光油。施工操作之前，对周边进行清理降尘，对第三道油漆面用砂纸进行打磨，清理干净，用粉包呛粉，选择合适的天气罩光油，罩光油工艺流程同头道油，保证油膜的光洁度，保证其无流坠、无接头、无污染。

油漆地仗应饰面平整、色彩饱满、光亮、黏结牢固，严禁出现空鼓、脱皮、裂缝、漏刷等现象。

三、古建筑彩画材料

古建筑彩画材料一般是指绘画所采用的颜料，传统彩画颜料根据工艺类型分为矿物质颜料和植物颜料，其中以矿物质颜料为主,按照色系分类大致分为白色系、红色系、黄色系、蓝色系、绿色系、黑色系六种。白色系中以铅白为常用,其有良好的耐候性能,与空气接触逐渐变黑。红色系以银珠、章丹用量较大,银珠色彩纯正为主要红色颜料,章丹为红色偏呈橘黄,多用作打底色。黄色系中石黄多在古建筑彩画中运用,其遮盖力极强且价格便宜。蓝色系以群青颜料为主导,有着耐碱、耐高温、色彩鲜艳的优点。绿色系以巴黎绿应用最多,又名洋绿,用于室外长时间不褪色。黑色系为炭黑,又名黑烟子,耐候、耐晒、遮盖力强。彩画其他材料还包括各种胶、牛皮纸等。[6]

彩画颜料的配制相对较简单,大多数颜料放入桶中,用水沏开,静置数小时,与胶液混合,即可配制而成。因部分颜料具有毒性,要佩戴防护用具进行操作。

四、古建筑彩画工艺

技术准备:按照彩画样式,制作样板,明确节点做法,编制方案,逐层交底。

材料、工具准备:彩画所需颜料、牛皮纸、粉尖子、粉笔、羊毛刷等。

作业准备:地仗基层已完成,相应防护设施已到位。

工艺流程:起谱子→磨生、过水→合操→分中→拍谱子→摊找活→沥粉→号色→刷色→包黄胶→金琢墨拶退图案→拉晕色→拉大粉→压黑老→打点活。

起谱子:丈量需要做彩画的大木构件尺寸,确定谱子纸张规格,按照设计图纸或原彩画样式绘制谱子纹饰,绘制完成后,用针沿着纹样扎孔,孔距均匀,距离不超过 0.6cm,细部纹样孔距不超过 0.2cm。彩画纹饰的构图方法、纹饰内容、图案风格应符合原古建筑彩画样式。

磨生、过水:地仗生油层干透后,用砂纸进行打磨,去掉表面浮土。用水布擦拭表面，去除脏污，把地仗基层清理干净。

合操：往胶矾水中加一点深色溶液，涂刷地仗基层，使表面颜色变深，有益于拍谱子工序。

分中：古建筑彩画大多是对称的，所用谱子一般按中设计即可，因此以构件长的中为尺寸，将构件分为两段，分中要准确、对称，保持在同一垂直线上。

拍谱子：又称打谱子。在牛皮纸上预先画出定稿，而后用针扎孔，再用粉扑拍打在大木构件之上，相同构件用一个谱子即可，可正反利用。拍谱子纹饰端正、粉迹清晰。

摊找活：目的是找补谱子的不足之处，有些复杂纹饰图案在拍谱子工序表达不清楚，只能通过摊找活来找补，不端正、不对称的粉迹重新补画，与原谱子图案协调一致。

沥粉：是一种使彩画图案凸起的工艺。沥粉材料是由土粉子、水胶溶液、水、少许光油搅拌混合而成的糊状物。通过传统沥粉工具"粉尖子"挤出糊状物，按照拍谱子的纹饰进行拍打，使图案升起凸出的线条，呈立体状。沥粉分为大粉和小粉，先沥大粉，后沥小粉，线条做到垂直、对称，自然流畅，无流坠、无遗漏，宽度一致。

号色：根据彩画规矩样式将颜色代码标于彩画各部位。彩画色彩标号，如色彩名称青，其表示字码为七；绿表示字码为六；黄表示字码为八；紫表示字码为九；金色表示字码为金等，花纹的色彩都以其字码表示。

刷色：又称涂底色。按彩画标号定颜色，与设计颜色、样板一致，采用宽棕刷涂刷大色，最后涂抹小色，先刷绿后刷青，涂刷均匀一致，无漏刷、无流坠。

包黄胶：将黄颜料和胶搅拌调制黄胶，沥粉贴金处，用描笔蘸黄胶描在线条上，涂刷整齐，无流坠，无明显缝隙。

金琢墨拶退图案：绘制金琢墨拶退图案，涂抹小色，开白粉线，拶老色。如小色为"三青"，应该用群青"攒色"，称为认色攒退。

拉晕色：即在深颜色之上，用同种颜色的浅色做涂色。大多数贴金的彩画都需要拉晕色，一般分为青晕色和绿晕色。"三青"画在蓝底色上，"三绿"画在绿底色上，可增强画面的层次感。晕色宽度一致，直顺，无流坠现象。

拉大粉：是在特定的部位绘较粗的白色线条。彩画贴金做法中，常以拉大粉发挥齐金作用。大粉平直，宽度一致，饱满，无流坠。

压黑老：梁枋端头、靠近金线一侧、构件相交的黑线或面称为"老"，其工艺程序称为压黑老，黑老平直、宽度适中、造型一致。

打点活：彩画完成以后，将遗漏图案、色彩脏污等现象，用原色修补打点完全，彩画颜色一致，干净整洁。彩画工艺流程完成后，要对彩画整体检查整修一遍，以防止遗漏。

五、古建筑油饰彩画展示效果

门窗的朱红和彩画的青绿，成为古建筑盛行的主色调，通过油饰与彩画两种工艺做法的完美结合，使古建筑展现出了厚重庄严、低调奢华的风格。色彩鲜明的油饰彩画，不仅美化了建筑物本身，而且保护了木构件免受风吹雨淋，延长了古建筑的使用寿命，同时展现了古建筑的外在美，体现了古代匠人的勤劳与智慧，让人发自内心地敬仰和崇拜。

经过古代工匠们的工艺传承，形成了完整的古建筑油饰彩画工艺技术，使古建筑在历史的发展长河中，产生了独特而优美的建筑外形。不同的彩画样式、不同的油饰做法，反映不同的寓意内容，映射着中华民族悠久的历史和文化。古建筑油饰彩画是最具有中华民族风格的装饰艺术。中国古建筑修缮保护坚持着原结构、原形制、原工艺、原做法的基本原则，经过工匠们的细心钻研，恢复了古建筑的往日辉煌（图4）。

图4 某古建筑油漆彩画

综上所述,传统的油饰彩画工艺是我国劳动人民智慧的结晶,工艺的传承是为了保留历史文化遗产,技术的创新是为了满足人们生活的需要,是社会进步的标志。油饰彩画应用在古建筑上,展示了当时社会的宗教信仰、地位与权利。中国古建筑油饰彩画,传承了珍贵的历史文化遗产,弘扬了民族艺术和工匠精神,守护和传承它,是我们的责任。

参考文献

[1] 中国文物研究所.祁英涛古建论文集[M].北京:华夏出版社,1992:4-8.

[2] 马炳坚.中国古建筑木作营造技术[M].北京:科学出版社,2003:326-327.

[3] 边精一.中国古建筑油漆彩画[M].北京:中国建材工业出版社,2007:3-6.

[4] 杜仙洲.中国古建筑修缮技术[M].北京:中国建筑工业出版社,1983:5-8.

[5] 路化林.中国古建筑油作技术[M].北京:中国建筑工业出版社,2011:22-38.

[6] 刘登良.涂料工艺[M].北京:化学工业出版社,2010:2-5.

故宫南薰殿内檐明代贴金彩画成分分析及工艺研究

李 静*

摘 要： 南薰殿是北京故宫少数明初建筑之一，其正殿内檐旋子彩画具有明显的明代早中期形制特征，是故宫为数不多的几处明代彩画之一，具有极高的历史、艺术和科学价值。本文选取南薰殿内檐破损处贴金彩画样品，采用现代分析仪器光学显微镜（OM）、拉曼（Raman）光谱仪、扫描电子显微镜与能谱仪（SEM-EDS）等进行综合检测分析，结果表明贴金彩画使用的金箔为库金箔（96%~98%金含量），青绿彩画主要采用矿物颜料石青和天然氯铜矿，地仗采用单批灰制作工艺。本研究为明代古建筑彩画保护修复工作提供了技术支持。

关键词： 南薰殿；贴金彩画；制作工艺

一、引言

南薰殿，位于故宫前朝西路，西华门内，武英殿南面偏西，为一处独立的院落，四周有院墙围绕，占地面积约 $1400m^2$。清

---

* 故宫博物院副研究馆员。

代万经《分隶偶存》记载"张端，将乐人，少有才名。景泰间，以荐授铸印局使，直南薰殿"；明代黄佐《翰林记》也有"天顺四年四月十六，辰刻，上御南薰殿，召尚书王翱、李贤、马昂、彭时、吕原五人入侍"；明代陆深《俨山集》载"嘉靖十五年，八月，南薰殿书太祖、成祖、睿宗三圣王册宝，赐银币。"[1]由此可见，明代时，南薰殿为皇帝召见阁臣及阁臣撰写金宝、金册文的地方。清康熙年间，南薰殿已有正殿五间，西边配殿六间，西殿后配房五间，大门一间，且此时为皇子夏日纳凉、值宿及翰詹诸臣篆书之地。[2]清乾隆十四年（1749年）后，改为收藏历代帝后和贤臣画像之地。1914年在南薰殿创办古物陈列所，1936—1938年，故宫博物院修缮南薰殿，主要对外檐油饰彩画依旧样做新，内檐彩画局部脱落处重绘。[3]因此结合各文献档案资料及现存大木构架保存状态，推测南薰殿大部分构件为明代原构，[4]且内檐彩画极有可能为初建时绘制。

南薰殿内檐七架梁为金琢墨石碾玉旋子彩画（图1）。方心为青地沥粉贴金行龙，图案是二龙戏珠，方心头为一坡三折外挑内弧式画法。找头为一整两破式，旋花图案由旋眼和一路旋瓣构成，旋眼纹饰为贴金如意头，四周布置6个青绿两色旋瓣（内层青色，外层绿色），勾丝咬为抱瓣式卷叶纹加如意头。盒子心绘四合如意头图案，外轮廓造型为三段外弧线组成的海棠盒轮廓线。

(a) 整体

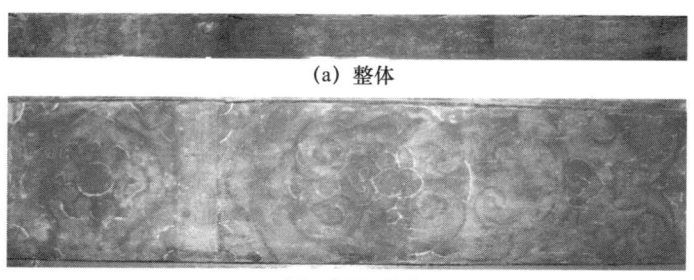

(b) 盒子+找头

(c) 枋心

图1 南薰殿内檐明间东侧七架梁彩画

为获得明代官式建筑彩画材料及工艺做法，对内檐七架梁破损处的贴金彩画进行样品采集，采用现代分析仪器（如 OM、拉曼光谱仪、SEM-EDS 等）进行综合检测分析，结合其形制特征，以期揭示南薰殿内檐明代彩画所使用的材料及工艺做法特征。

二、样品及分析方法

（一）样品信息

贴金（平贴片金、沥粉贴金）彩画样品采集位置为明间东侧七架梁旋子彩画左侧旋花（图2），同时采用北京爱迪泰克科技有限公司生产的 Anyty 视频显微镜对贴金彩画及边缘的青绿彩画表面进行微观形貌观察（部分沥粉贴金表面金层脱落，露出底部沥粉）。

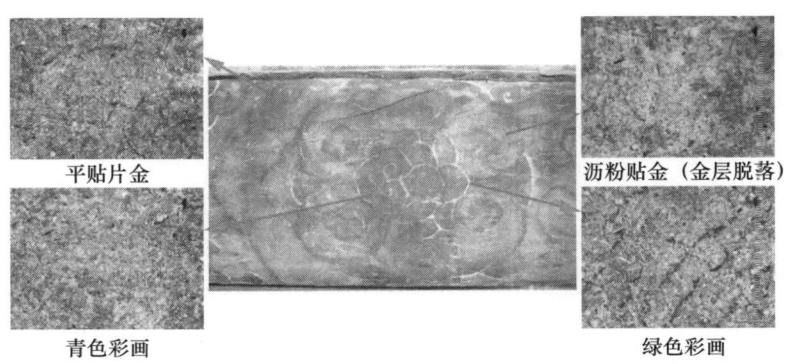

图 2　明间东侧七架梁贴金彩画取样位置及其表面微观形貌

（二）剖面显微分析

为获得彩画颜料层、地仗层颜色、厚度等信息，初步判断其制作工艺，采用 GORAL 透明水晶胶包埋彩画样品，固化后依次使用 200~2000 目的砂纸及抛光布对剖面进行打磨和抛光。然后用广州市明美光电技术有限公司生产的 MP41 透反射偏光显微镜进行观察与拍摄。

（三）颜料颗粒偏光显微形貌分析

为获得颜料颗粒的微观形貌及颜料颗粒大小、形状、颜色、表面形态、折射率等信息，初步判断颜料的成分，[5-8]采用洁净钨针获取少量颜料样品，用透反射偏光显微镜进行观察与拍摄。

（四）颜料拉曼光谱分析

利用美国 Thermo Fisher 公司的 Almega 激光显微共焦拉曼光谱仪对各色颜料样品进行了成分分析，激光波长 780nm 时能量为 50mW，激光波长为 532nm 时为 25mW。

（五）SEM-EDS 分析

将剖面样品贴在样品台导电胶上，样品表面喷金，用日本日立公司生产的 Hitachi S-3600N 型 SEM 观察其显微结构，同时用 EDS 对颜料层中所含元素进行半定量分析。贴金样品表面不喷金直接分析测试。

三、分析与讨论

贴金工艺最早使用在器物上，因其可极大地提升装饰和艺术效果，从商代开始，历经汉、唐、宋、元、明、清，广泛应用在绘画、壁画、雕塑、彩画、家具等领域中，其中沥粉贴金将金箔贴在凸起的沥粉线上，增强立体感，达到亮丽富贵效果。[9-11]南薰殿内檐七架梁贴金方式有两种，一种为在图案内部平贴片金，另一种为在图案轮廓线上沥粉贴金。

（一）平贴片金彩画

平贴片金彩画表面显微形貌如图 3 所示，成分测试结果见表 1。

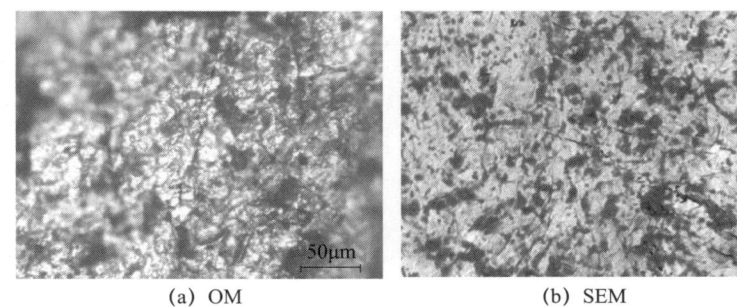

(a) OM (b) SEM

图 3 平贴片金彩画表面显微形貌

表 1 平贴片金彩画表面 SEM-EDS 测试结果　　　单位：wt%

C	O	Mg	Al	Si	Cl	Ag	K	Ca	Cu	Au
25.46	9.51	0.53	0.53	1.11	0.26	1.99	1.11	0.70	10.32	48.48

平贴片金彩画表面金箔呈金黄色，黄中透红，有裂纹，表面附着有颗粒物（EDS 测试结果中有大量 Cu、K、Si 等元素被检测出，推测其可能为颜料等附着物），将 EDS 测试结果仅保留 Au 和 Ag 元素，经计算发现 Au 含量为 96%（wt%），因此该处贴金采用的金箔为库金（96% 金含量）。

平贴片金彩画剖面显微形貌如图 4 所示，各层成分测试结果见表 2。

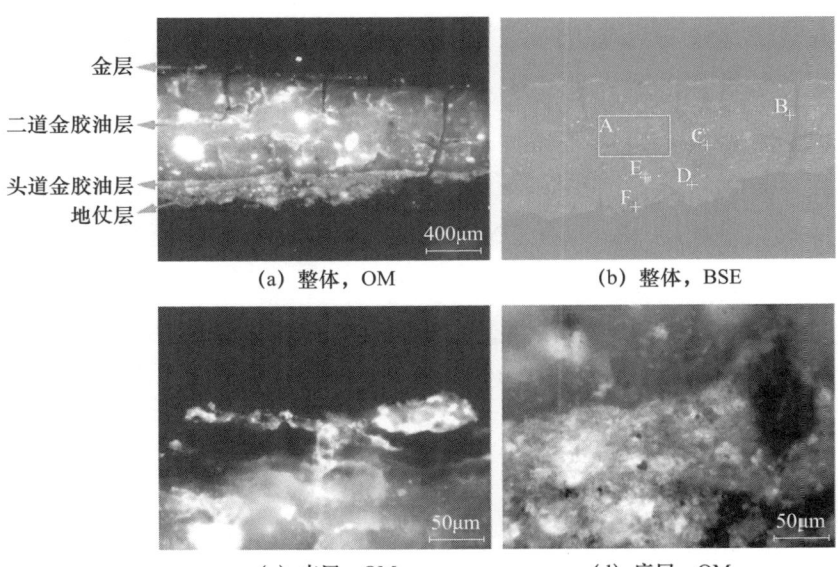

(a) 整体，OM (b) 整体，BSE

(c) 表层，OM (d) 底层，OM

图 4 平贴片金彩画剖面显微形貌

表2 平贴片金彩画剖面 SEM-EDS 测试结果　　　单位：wt%

		C	O	Na	Mg	Al	Si	S	K	Ca	Fe	Hg
二道金胶油层	A	55.63	11.17	0	1.17	0.51	2.69	1.40	0	21.09	1.50	4.84
	B	51.94	0	0	0	0.10	0.25	3.55	0	10.18	0	33.97
	C	28.19	17.19	0	1.01	0.61	0.98	0	0	52.00	0	0
头道金胶油层	D	46.92	12.43	0	0.79	6.15	20.10	0	3.07	1.05	9.50	0
	E	4.58	8.19	0	0	0	0.52	0	0	0.69	86.02	0
地仗层	F	38.48	16.36	0.88	0.82	9.00	30.02	0	4.45	0	0	0

平贴片金彩画中的金箔厚度小于1μm，金箔底部的红色金胶油有两层（总厚度为700~900μm，推测制作时采用两道金胶油工艺），表层厚650~780μm，底层厚50~150μm。地仗层厚度为30~150μm，主要由2μm左右的白色颗粒物组成，推测其制作工艺可能为：在制作好的地仗基础上，先打头道金胶油，等干燥后，再打第二道金胶，最后贴金箔。SEM-EDS测试结果表明，金胶油层红色颗粒物[图4（b）中点B]主要含Hg和S元素，应为朱砂（HgS）；白色块状物[图4（b）中点C]主要含Ca元素，应为碳酸钙（$CaCO_3$）；暗红色颗粒物[图4（b）中点E]主要含Fe，因此其应为铁红颗粒物（推测可能为赭石矿物）；金胶油层整体主要含Ca、Hg、Si、Fe、S、Mg元素，因此推测金胶油含碳酸钙（$CaCO_3$）、朱砂（HgS）、铁红（Fe_2O_3）等。地仗层[图4（b）中点F]含Si、Al、K、Mg元素，因此推测其主要成分为白土。

金胶油主要由桐油添加银朱、章丹、土黄等颜料制成，在传统贴金彩画中起黏接金箔和增强金箔的鲜亮度（金箔极薄，底层金胶油颜色可透过）的作用。[12] 由于彩画颜料层主要由水性胶和颜料组成，干燥后易渗油，因此传统彩画制作时均打两道金胶油。[13]

（二）沥粉贴金

沥粉贴金彩画剖面显微形貌如图5所示，各层成分分析测试结果见表3。贴金彩画表面绿色显色颜料颗粒物的偏光显微形貌如图 6 所示,测试结果见表 4。沥粉贴金彩画颜料的拉曼光谱测试结果如图 7 所示。

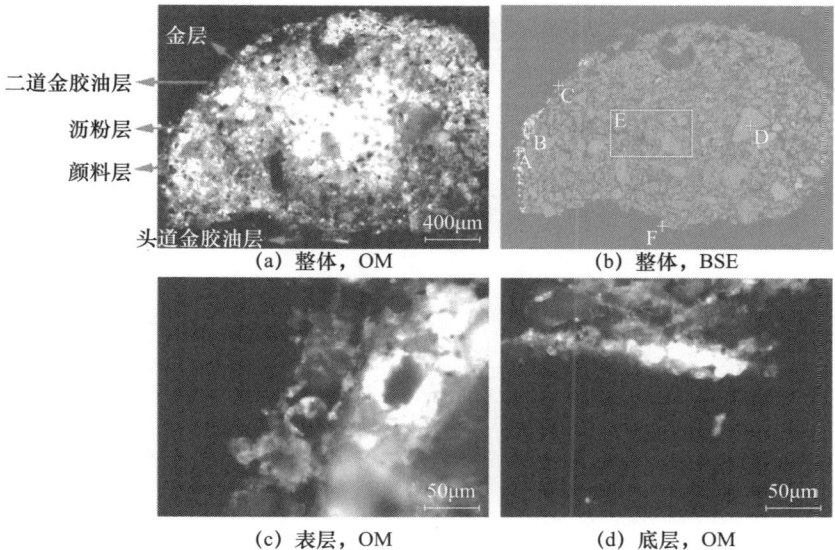

图 5　沥粉贴金彩画剖面显微形貌

表 3　沥粉贴金彩画剖面 SEM-EDS 测试结果　　　　单位：wt%

		C	O	Na	Mg	Al	Si	Cl	Ag	K	Ca	Fe	Cu	Au
颜料层	A	5.78	6.49	0	0	0	0	18.78	0	0	0	0	68.95	0
金层	B	39.79	5.64	0	0.53	0.55	1.88	0.63	0.71	0.60	6.14	0	4.29	39.25
二道金胶油层	C	18.66	6.68	0	1.51	6.77	18.69	0	0	5.11	4.88	37.69	0	0
沥粉层	D	9.54	20.84	5.54	0	15.33	43.81	0	0	0	4.95	0	0	0
	E	32.48	17.93	1.01	1.59	6.48	27.38	0	0	2.41	5.43	5.30	0	0
头道金胶油层	F	61.02	12.07	0	0.47	5.83	13.80	0	0	3.06	0.00	3.76	0	0

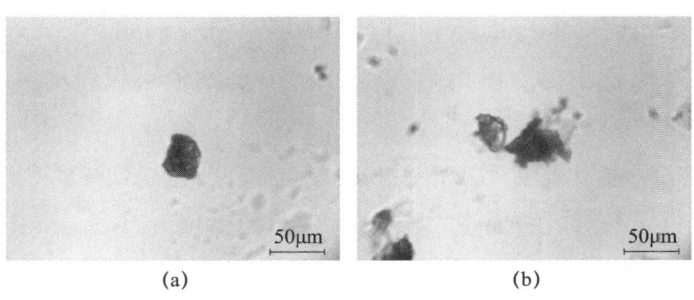

图 6　沥粉贴金彩画表面绿色显色颜料颗粒偏光显微形貌

表4　沥粉贴金彩画表面绿色显色颜料颗粒偏光显微测试结果

名称	颗粒大小	形状	折射率	具体描述
绿色颜料	20~40μm	颗粒堆积状晶体，晶体边缘不清晰	>1.74	由20~40μm的绿色晶体组成，边缘不清晰，呈颗粒堆积状

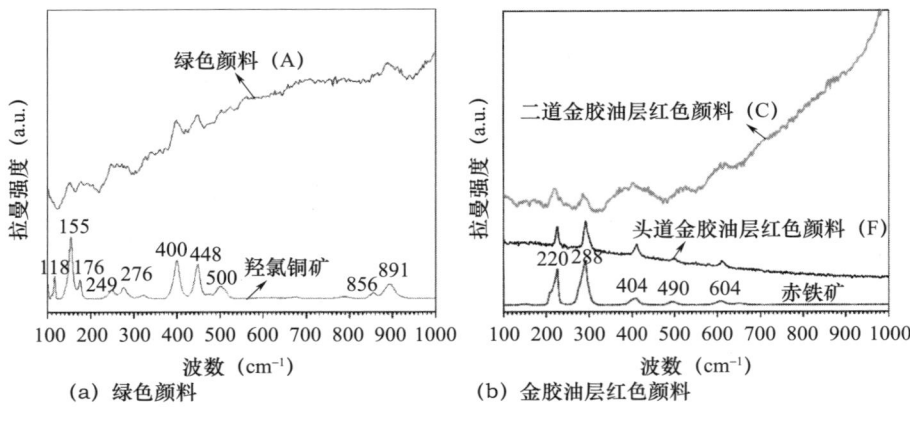

(a) 绿色颜料　　　　(b) 金胶油层红色颜料

图7　沥粉贴金彩画颜料的拉曼光谱测试结果

由沥粉贴金彩画剖面显微形貌图可见，最外层为厚度约50μm的绿色颜料层，接着为金箔层，金箔底部有一层厚度约15μm的红色金胶油层，沥粉层最厚处约为1600μm，沥粉层底部还有一层厚度约15μm的红色颜料层，推测其制作工艺可能为：在制作好的地仗基础上，先用红色颜料描出贴金图案，然后沥粉，沥粉后表面打金胶，最后再贴金箔，金箔贴好后再涂刷周边青绿彩画。其中青色彩画为石青[14]，绿色显色颜料由20~40μm的绿色晶体组成，边缘不清晰，呈颗粒堆积状（图6），折射率大于1.74，为传统矿物颜料天然氯铜矿的矿物特征；[15] 绿色颜料层主要含Cu、Cl，且该绿色颜料颗粒物拉曼光谱与羟氯铜矿（Botallackite）吻合[图7（a）]，因此推测该绿色颜料颗粒物主要为氯铜矿[$Cu_2Cl(OH)_3$]。金层仅保留Au和Ag元素，经计算发现Au含量约为98%（wt%），贴金采用的金箔为98%金含量的库金；金胶油层含Fe、Si、Al、K、Ca、Mg，拉曼光谱测试结果也表明红色颜料与赤铁矿（Hematite）吻合[图7（b）]，因此金胶油层含赤铁矿（Fe_2O_3）；沥粉层含Si、Al、Na、Ca[图5（b）中点D和区域E]，因此推测其主要成分可能为白土；底层红色颜料层含 Si、Al、Fe、K，拉曼光谱测试结果也表明红色颜料与赤铁矿吻合，因此底层红色颜料层也含赤铁矿（Fe_2O_3）等。

综上所述，南薰殿内檐贴金彩画制作工艺可能为：在制作完成的地仗层基础上，先在整体贴金图案表面打第一道金胶油（含赤铁矿），然后在图案轮廓线上沥粉，接着再在整体贴金图案表面（轮廓线）打第二道金胶油（含赤铁矿），最后在整体表面贴上库金箔。

四、结论

南薰殿内檐明代彩画蓝色颜料为石青，绿色颜料为天然氯铜矿，金层采用 96%~98% 金含量的库金箔。彩画整体制作工艺为：先用白土制作一层单批灰地仗层；接着打含赤铁矿的第一道金胶油，在沥粉纹饰处沥粉，然后在贴金图案整体表面涂刷含赤铁矿、朱砂颜料的金胶油层，贴库金箔；最后再涂刷青绿颜料。

参考文献

[1] 徐怡涛. 明清北京官式建筑角科斗拱形制分期研究——兼论故宫午门及奉先殿角科斗拱形制年代 [J]. 故宫博物院院刊，2013（1）：6-23，156.

[2] 杨珍. 清宫遗事撷拾 [C]// 故宫博物院. 明清宫廷史学术研讨会论文集：第 1 辑. 北京，紫禁城出版社，2011.

[3] 函请转份恒茂厂商修理南薰殿原有帝王牌位等项以复旧观由附：南薰殿宝蕴楼等修缮工程说明书 [A]. 北京：故宫博物院档案室馆藏，1937.

[4] 胡南斯. 北京紫禁城南薰殿建筑形制与修缮设计研究 [D]. 北京：清华大学，2014.

[5] 夏寅，周铁，张志军. 偏光显微粉末法在秦俑、汉阳陵颜料鉴定中的应用 [J]. 文物保护与考古科学，2004，16（4）：32-35，70.

[6] 夏寅，王伟锋，刘林西，等. 甘肃省天水伏羲庙壁画颜料显微分析 [J].

文物保护与考古科学，2011（2）：18-24.

[7] 夏寅，吴双成，崔圣宽，等 . 山东危山西汉墓出土陶器彩绘颜料研究 [J]. 文物保护与考古科学，2008，20（2）：13-19，76.

[8] 马赞峰，李最雄，苏伯民，等 . 偏光显微镜在壁画颜料分析中的应用 [J]. 敦煌研究，2002，74（4）：33-37，111-113.

[9] 张驰 . 川渝地区明清家具装饰的沥粉贴金工艺研究 [J]. 包装工程，2010，31（14）：135-138.

[10] 张亚洁，张康宁 . 略论宋金山西寺观壁画中沥粉贴金工艺的兴起 [J]. 山西档案，2012（6）：19-21.

[11] 朱向东，朱华俊 . 山西古建筑装饰中金饰工艺的初步研究 [J]. 文物世界，2008（6）：36-38，42.

[12] 李雅梅 . 巴蜀地区明代壁画中贴金技法探析 [J]. 美术观察，2014（5）：86-87.

[13] 边精一 . 中国古建筑油漆彩画 [M]. 北京：中国建材工业出版社，2013：37-42.

[14] 李静，吴玉清，王菊琳 . 故宫南薰殿明代蓝色彩画检测及分析 [J]. 城市建设理论研究（电子版），2019（17）：184-185.

[15] 李蔓，夏寅，于群力，等 . 四川广元千佛崖石窟绿色颜料分析研究 [J]. 文物保护与考古科学，2014（2）：22-27.

故宫古建筑大门及下槛的预防性保护措施初探

——以铜饰保护为例

冯欣然*

摘 要：故宫古建筑的木门，共计有多少个，又到底有多少类、多少型、多少式，至今还没有统计，但是可以说，其形制基本包含了大式建筑的所有类别。由于木门是古建筑的主要组成和重要部位，在古建筑的保护中，木门也就成为不可忽视的重要内容。对于古建筑，尤其是展示、开放的古建筑，木门的保护、修缮不可或缺。对木门做好预防性保护，也是我们维护保养工程的重要组成部分，非常必要。本文通过对木门构件铜饰保护的研究、分析、实施、总结，对其做好预防性保护进行了初步探讨。

关键词：形制；下槛；包铜；预防性

一、故宫古建筑大门的类别与形制

故宫，又名紫禁城，是一座巨大的皇家宫殿，坐落于北京

---

* 故宫博物院工程师。

中轴线上,历经明清两朝二十四位皇帝的统治,守护着每一位君主。故宫始建于明永乐四年(1406年),是世界上现存规模最大、保存最完整的以砖木结构为主的古代宫殿建筑群。

故宫宫殿建筑群中,拥有大大小小过万个门,造型不同,功能也不同。按照使用部位的不同,分为宫殿大门、院落大门和侧门;按照等级的不同,分为实踏门、攒边门、撒带门、屏门。[1]

(一)实踏门的形制特征

实踏门是各种板门中形制最高、体量最大、防卫性最强的大门,是用厚木板拼装起来的实心镜面大门,用于太和门、午门等建筑。

实踏门多用作城门、宫门和较大的重装大门,根据等级正位宫门之上还会有门钉装饰。

(二)攒边门的形制特征

攒边门用途比较广,多用作府邸、宅院门等。

攒边门大边、上下抹头截面与抱框相同。腰抹头与门插关看面为大边看面的3/5。抹头两端做透榫,门面板厚为门边厚的1/3,企口缝或错口缝拼板,通过腰抹头穿带的方式,与大边、上下抹头装在一起。用于宫殿院落。

(三)撒带门的形制特征

撒带门等级偏低,多用作各种如意门。

撒带门只有门轴大边,没有对称大边和上下抹头,门轴大边截面与抱框相同。腰抹头与大小门插关看面为门轴大边看面的3/5。抹头一端做透榫,门面板厚通常在3.33cm左右,企口缝或错口缝拼板,通过腰抹头穿带的方式,与门轴大边及大小门插关拼装在一起。

(四)屏门的形制特征

屏门是一种薄板门,多用作宅院型内垂花门、月亮门、小随墙隔断门和一些较小的院内随墙什锦门。

屏门一般为薄板门，门厚应根据门的大小控制在1.2寸[1]左右，选择企口缝或错口缝拼板，板门中段分成若干份错位对头穿明带，门上下两端拍抹头封头，抹头看面为门宽的1/10。

故宫内的宫殿较多，等级不同、大门的结构部位（图1）不同、尺寸也不相同，故门角、下槛的尺寸规格大不相同。古时下槛的高度象征着身份地位，愈有身份及地位的人员，其居处的门槛的高度愈高。下槛是门框下端的横木，有些下槛的材质为石质。故宫内的门大多都设有下槛。下槛是建筑中大门的一种装置，为的是区分内外、缓冲步伐、阻挡外力，还能挡风防尘防水，又可把各类爬虫拒之门外。

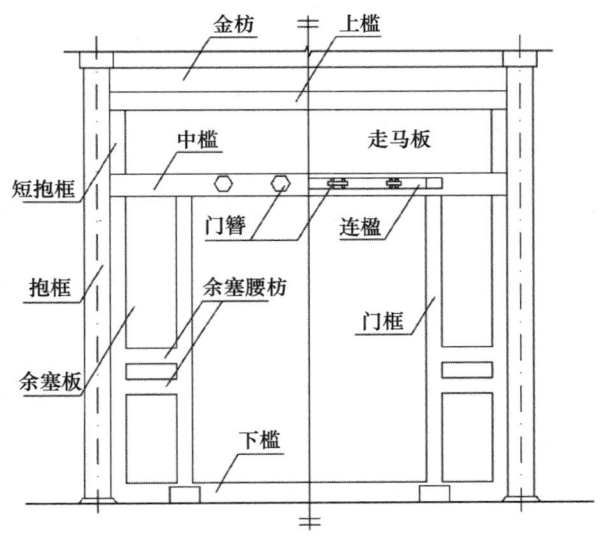

图1　大门槛框部位名称

据历史记载，末代皇帝溥仪迷上了自行车，可是宫里重门叠户，每过一道院落大门都要被门槛所阻。他就下令把这些下槛都锯了。锯下来的下槛两端做了榫头，左右的残根上凿了卯眼，晚上关门就可以把下槛装回去。所以故宫内下槛也分为固定下槛和可移动下槛。

---

[1] 1英寸=2.54cm，1尺时=3.33cm。

二、故宫古建筑大门及下槛铜饰保护的作用和意义

（一）预防性保护的作用和意义

国内学者在建筑遗产预防性保护理论与方法等领域展开了相关研究工作。吴美萍进行了建筑遗产的预防性保护研究初探，指出建筑遗产的预防性保护作为一个新的概念，体现了一种新的保护理念[2]；王旭东基于风险管理理论、文化遗产监测预警体系提出了不可移动文物的预防性保护[3]；柯恩·范巴伦、戎卿文（译）提出历史性建筑的预防性保护[4]。

为了满足故宫的开放需要，在对下槛及门角进行保护的同时，不损坏、不改变其特征、价值。

（二）古建筑大门及下槛一般修缮做法

故宫占地面积 15 万 m^2，开放区域面积大，随着故宫游客数量的增多，固定下槛一般位于宫殿的正殿门或者随墙门处，经常有人踩踏，时间长了造成下槛油饰的开裂、空鼓、脱落，露出下槛的木基层，从而使下槛开裂、糟朽，造成一定的损坏。可移动下槛一般位于院落大门处，每日故宫开启和封闭大门，需拆装下槛，时间久了，两端的榫卯容易破损，门角与下槛容易产生碰撞，破坏了油饰，会影响到下槛木基层。

日常维护保养油饰的传统做法：

（1）下槛及大门包角油饰局部空鼓、剥离、脱落的，需找补地仗或穿磨油皮，刷一道章丹油，三道二朱色颜料光油。一道光油出亮。

（2）下槛及大门包角油饰脱落露木基层的，需做一麻五灰或一麻一布六灰地仗，刷一道章丹油，三道二朱色颜料光油。

一道光油出亮。

（三）铜饰保护措施的优点与意义

传统做法虽然能对大门及下槛做好本体保护，但面对易损部位，无法实现较长时间的保护。

为了使故宫古建筑大门及下槛得到保护，借鉴传统外檐隔扇安装铜面叶的方法，铜面叶起到了保护木构件的作用，同时也具有很强的装饰作用。在古建筑大门下角部和下槛这些易残损构件的油饰外表面采取增加铜饰的保护性措施，以包铜皮的方式进行铜饰保护。这些铜饰与大门整体观感协调一致，且根据需要随时可拆卸，具有可逆性和可识别性，是解决大门及下槛已残损部位病害问题的有效措施。

三、故宫古建筑大门及下槛铜饰预防性保护的技术措施

（一）现场勘察

笔者团队对下槛及门角进行了现场勘察，表1为部分大门的勘察情况。

表1 故宫古建筑部分大门的勘察情况

大门名称	包装部位	基层处理	备注
月华门	门扇底角、门槛		
隆福门	门扇底角、门槛		
端则门	门扇底角、门槛		
内右门	门扇底角、门槛	门扇底角整修、找补地仗、油饰	
近光右门	门扇底角	门扇底角整修、找补地仗、油饰	
长康右门	门扇底角		
琼苑西门	门扇底角	门扇底角整修、找补地仗、油饰	
遵义门	门扇底角、门槛	门扇底角整修、找补地仗、油饰	
咸和右门	门扇底角、门槛		

续表

大门名称	包装部位	基层处理	备注
广生右门	门扇底角、门槛	门扇底角整修，找补地仗、油饰	
大成右门	门扇底角、门槛		
纯祐门	门扇底角	门扇底角整修，找补地仗、油饰	
嘉祉门	门扇底角	门扇底角整修，找补地仗、油饰	
蠡斯门	门扇底角	门扇底角整修，找补地仗、油饰	
崇禧门	门扇底角	门扇底角整修，找补地仗、油饰	
长泰门	门扇底角、门槛	门扇底角、门槛整修，找补地仗、油饰	
百子门	门扇底角	门扇底角整修，找补地仗、油饰	
重华门	门槛	门槛整修，找补地仗、油饰	
重华门外东侧墙门	门槛	门槛整修，找补地仗、油饰	
漱芳斋戏台后院西南墙门	门槛	门槛整修，找补地仗、油饰	
千秋亭西侧墙门	门扇底角	门扇底角整修，找补地仗、油饰	
养心门	门扇底角、门槛	门扇底角、门槛整修，找补地仗、油饰	门槛现包有铜皮
养心门内屏门	门槛	门槛整修，找补地仗、油饰	
养心殿东墙门	门槛	门槛整修，找补地仗、油饰	
吉祥门	门扇底角、门槛	门扇底角、门槛整修，找补地仗、油饰	
内启祥门	门扇底角、门槛	门扇底角、门槛整修，找补地仗、油饰	
翊坤门	门扇底角、门槛	门扇底角整修，找补地仗、油饰	
翊坤门内影壁门	门槛		
长泰门内游廊	门槛	门槛整修，找补地仗、油饰	
储秀宫东西游廊	门槛	门槛整修，找补地仗、油饰	
储秀宫东西墙门	门槛	门槛整修，找补地仗、油饰	
丽景轩西墙门	门槛	门槛整修，找补地仗、油饰	
丽景轩西小院西墙门	门扇底角、门槛	门扇底角、整修，找补地仗、油饰	

续表

大门名称	包装部位	基层处理	备注
武英殿前檐明间门	门槛	门槛整修，找补地仗、油饰	
东华门南马道门	门槛	门槛整修，找补地仗、油饰	
景运门中门	门扇底角、门槛	门槛、门扇底角整修，找补地仗、油饰	
遂初堂门	门槛	门槛整修，找补地仗、油饰	
遂初堂东西配殿门	门槛	门槛整修，找补地仗、油饰	2个门槛

（二）设计方案

为了提高加工、制作铜门角及铜下槛的准确度，我们进行了现场测量。以下是部分大门门角及下槛的尺寸（图2、表2~表4）。

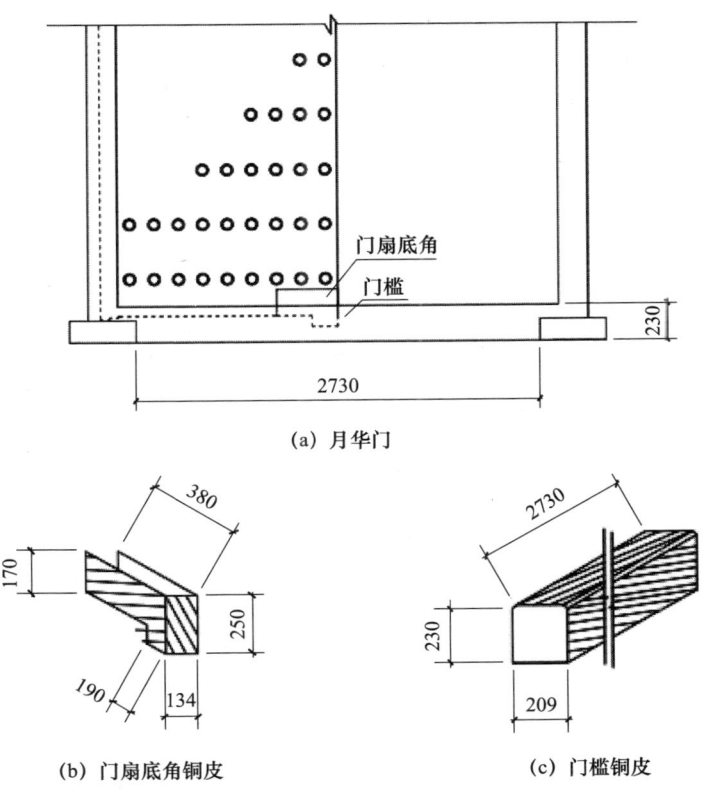

(a) 月华门

(b) 门扇底角铜皮　　　　　(c) 门槛铜皮

图2　月华门门扇底角和门槛铜皮尺寸（单位：mm）

表2 部分大门下槛和门角包铜情况　　　　　　　　　　　　单位：mm

名称	下槛包铜皮（长×宽×高）	铜皮包角（长×宽×门厚×数量）	门钉（直径×厚）	备注	现状照片
月华门	下槛已包铜皮	门角已包铜皮	缺失饰金Φ80×60门钉1个		
近光左门	2630×210×280 穿磨油皮、捉中灰找细灰，满做光油5道	门角已包铜皮	无缺失		
履和门	1900×180×200 穿磨油皮、捉中灰找细灰，满做光油5道	门角已包铜皮	无门钉等金属饰件	建议重做门扇油漆	
德阳门	2050×200×250 下槛缺失	门角已包铜皮	无门钉等金属饰件		

表3 部分大门下槛包铜皮分解尺寸和面积

名称	下槛包铜皮分解尺寸（cm）				面积（m²）
	长	宽	里高	外高	
近光左门	262.5	20.7	20.6	20.6	1.625
增瑞门	179.0	16.9	21.5	21.5	1.072
凤彩门	178.5	16.9	25.0	25.0	1.194
顺真门	333.5	25.6	26.0	26.0	2.588

续表

名称	下槛包铜皮分解尺寸（cm）				面积（m²）
	长	宽	里高	外高	
顺真门东旁门	280.5	26.0	22.0	25.5	2.062
顺真门西旁门	280.5	25.3	26.5	26.5	2.196
成安门	259.5	24.6	25.5	25.5	1.962
成安门东	196.5	24.8	26.0	26.0	1.509
成安门西	196.5	25.1	26.0	26.0	1.515
寿康门东夹道南门	150.0	14.4	21.0	21.0	0.846
华宫厨房外东门	155.0	12.5	15.5	15.5	0.674
履顺门	248.0	23.0	23.0	23.0	1.711
蹈和门	252.0	21.0	22.5	22.5	1.663

表 4 部分大门门角分解尺寸和面积

名称	门角分解尺寸（cm）						面积（m²）
	①	②	③	④	⑤	门厚	
慈荫楼北门	28.0	25.0	11.2	4.0	21.0	10.5	0.220
永康左门	34.0	27.0	14.6	5.7	21.3	14.6	0.311
长信门	39.0	24.8	15.7	6.1	18.7	15.7	0.329
长信门西旁门	28.0	25.5	18.3	6.6	17.9	11.8	0.233
长信门东旁门	28.5	21.6	16.0	6.4	15.2	12.0	0.212
慈宁门	40.0	28.5	18.8	4.5	24.0	13.2	0.362
慈宁门东旁门	36.0	25.5	23.8	4.0	21.5	13.5	0.323
慈宁门西旁门	37.0	26.5	27.0	6.5	20.0	15.4	0.363
慈宁门外西旁南墙门	28.0	25.0	15.1	6.5	18.5	10.6	0.222
慈宁门外西旁北墙门	28.0	25.0	12.0	10.3	14.7	8.9	0.187
寿康门	33.5	23.7	18.1	6.7	17.0	11.2	0.249
寿康门西旁门	28.0	25.0	10.3	5.0	20.0	7.8	0.191
徽音右门	34.0	23.2	16.0	4.3	18.9	14.6	0.233
慈宁宫东便门	28.0	25.0	16.0	8.0	17.0	9.7	0.212
慈宁宫西便门	28.0	25.0	16.0	8.0	17.0	10.1	0.216
永寿门	32.0	21.7	18.0	6.0	15.7	11.7	0.231
永寿宫东墙门	28.0	25.0	14.5	4.0	21.0	8.6	0.209
永寿宫西墙门	28.0	25.0	14.6	4.5	20.5	9.0	0.211
永寿宫后殿西墙门	28.0	25.0	10.0	8.6	16.4	6.4	0.165

续表

名称	门角分解尺寸（cm）						面积（m²）
	①	②	③	④	⑤	门厚	
永寿宫后殿东墙门	28.0	25.0	10.0	10.0	15.0	9.5	0.188
永寿宫西墙门	28.0	25.0	12.0	9.5	15.5	12.7	0.224
敷华门	28.0	25.0	16.5	10.0	15.0	10.9	0.220
咸熙门	28.0	25.0	13.5	6.5	18.5	13.1	0.241
翊坤宫西墙便门	27.0	20.0	18.7	8.0	12.0	8.1	0.164
重华门	24.5	22.0	13.8	6.5	15.5	11.5	0.189
翊坤门	56.0	12.7	18.5	4.7	8.0	12.5	0.232
集福门	33.5	20.0	17.5	5.5	14.5	12.4	0.229
承光门	39.0	23.0	19.6	6.5	16.5	13.7	0.297
延和门	35.0	21.0	17.2	5.5	15.5	11.4	0.235
皇极殿西墙门	28.0	25.0				10.0	0.246
皇极殿东墙门	28.0	25.0				9.8	0.244
中右门	49.0	21.2					0.104
中左门	50.5	22.5					0.114
后左门	50.0	24.5					0.123
后右门	49.0	20.7					0.101

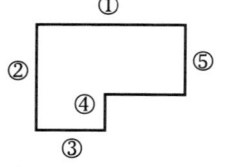
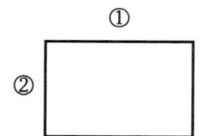

（三）材料选择与技术措施

为了更好地保护下槛及门角，笔者团队采用包铜皮方法对其进行更好的保护。为了整体统一，下槛采用 1.5mm 厚紫铜板（铜下槛）。紫铜软易弯折，在制作过程中，容易随构件的形状变行。

（1）拆除下槛上的铁环等铁件。有些大门下做了残疾人坡道，要先把坡道移开，才能进行下槛安装。

（2）对于下槛轻微变形的情况，铜皮与下槛离骨的间隙用木料镶补填实，安装后表面平整、棱角直顺，使铜皮能够与木构件结合紧密、牢固、美观。

（3）紫铜板质地较软，生产过程中会产生划痕，需多次反复打磨抛光，做保护层。

（4）下槛铜皮上面与两侧面间倒棱，用铜钉安装固定，恢复铁环等铁件（图3）。门角采用1.2mm厚紫铜板（铜护角）。

图3

门角铜皮的制作过程如下。

（1）拆除大门上的门蚰蚰、铁环等铁件。

（2）门角离地面距离较高（图4）时铜门角可直接安装。

（3）门角与铜护角间隙较大时，测量门与地面的高度，门扇底角离骨的间隙用木料镶补填实，安装后表面平整、棱角直顺。

（4）大门离地面距离较近（图5），要切割一部分底边，使铜护角能直接插入大门，用铜钉安装固定。

（5）门蚰蚰、门环等铁件恢复。

包铜皮材质选择有紫铜和黄铜，其中紫铜质地软、易弯折，制作过程中容易随构件形状加工成形，但生产过程中易产生划痕，需多次反复打磨抛光并做保护层。黄铜质地硬，不易弯折，在制作过程中随构件形状加工上较紫铜难度大，但质地坚硬不易产生划痕。实际施工中可根据下槛油饰颜色的新旧选择不同材质的铜皮制作，使下槛与整体建筑观感协调一致。

图 4　门角离地面较高　　图 5　门角离地面较近

四、以大门及下槛的铜饰保护措施谈古建筑预防性保护的意义

众所周知,古建筑保护以预防性保护为主,能满足开放的需求。日常预防性保护项目有屋顶瓦面及城墙墙面拔草、墙面刷浆、地面挖补等不同类别。下槛包铜皮方法也在很多公园大门使用,有国子监大门、景山公园大门、门头沟妙峰山大门等。

遵循《中华人民共和国文物保护法》最大限度地保留历史信息,坚持不改变文物原状的原则、最小干预原则。坚持"保护第一、加强管理、挖掘价值、有效利用、让文物活起来"的工作方针,下槛及门角包铜皮不破坏原有构件。铜饰保护了下槛及门角的真实性和完整性,可以将古建筑更好地保存下去。

参考文献

[1]　马炳坚. 中国古建筑木作营造技术 [M]. 北京:科学出版社,2003.

[2]　吴美萍. 中国建筑遗产的预防性保护研究 [M]. 南京:东南大学出版社,2014.

[3]　王旭东. 基于风险管理理论的莫高窟监测预警体系构建与预防性保护探索 [J]. 敦煌研究,2015(1):104-110.

[4]　柯恩·范巴伦,戎卿文(译). 历史性建筑的预防性保护 [J]. 中国文化遗产,2020(2):4-11.

关帝庙壁画保护揭取、回贴做法研究

艾 超*

摘 要：关帝庙前殿在实施异地迁移保护过程中，遇到的最大技术难题是古壁画的揭取、回贴。在壁画保护工程中，通过壁画勘察、分析和方案完善，以及制作揭取板、加固、切割、揭取、运输、回贴、修平等二十多道工序工艺的研究、实施，取得成功回贴的效果。

关键词：古壁画；颜料层；揭取；切割；回贴

关帝庙位于辽宁省兴城市围屏乡小塔子沟里的一条季节河的西岸。据 1926 年版兴城县志载："关帝庙：在五区北后屯村，距县城西七十里。清咸丰六年建，正殿三楹，前殿三楹，山门一楹。"现仅存前殿三间。在前殿外北墙上有水泥堆塑汉字"大满洲帝国关圣帝君庙康德十年修"十五字。可知前殿始建于咸丰六年，1943 年重修，现为县级文物保护单位。关帝庙迁建前正立面照片如图 1 所示。

---

* 沈阳故宫古建筑有限公司项目经理。

图1 关帝庙迁建前正立面照片

前殿为三开间、前后廊，明间面阔3.2m，西次间面阔3.4m，东次间面阔3.06m，通进深8.52m。建筑为两坡硬山屋顶无梁殿，从外观看为中国传统的硬山式屋顶，但其内部为拱券结构，拱券结构的顶棚代替了木构梁架（图2、图3）。室内墙面原为细麦壳泥打底，白灰浆照面，两侧山墙存有壁画（图4）。壁画用黑色粗边框分出区域，在内分别绘制三国故事《过五关斩六将》（西山墙）、《古城会》（东山墙）等。壁画绘制较为精细，在同一个故事内，通过山峦的分割表达故事的发展阶段，画面中马鬃、盔甲纹样清晰，人物表情动作生动，故事情节清晰。

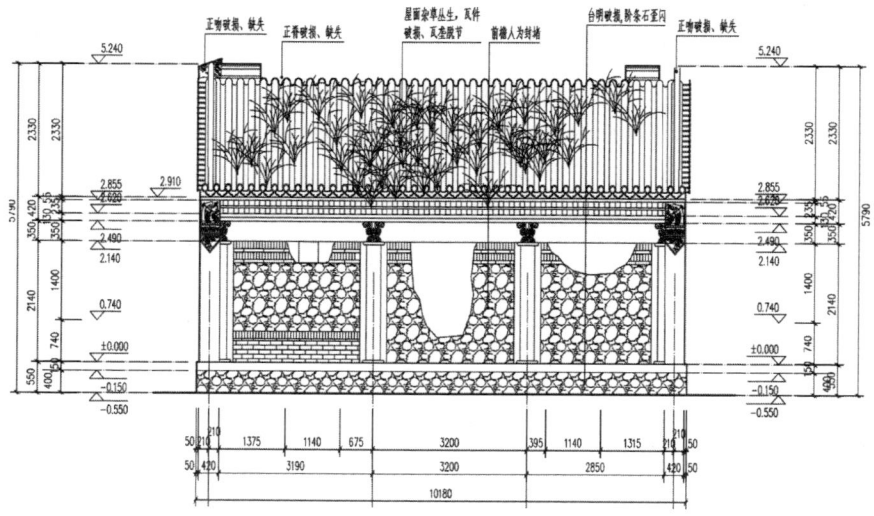

图2 关帝庙立面图（单位：mm）

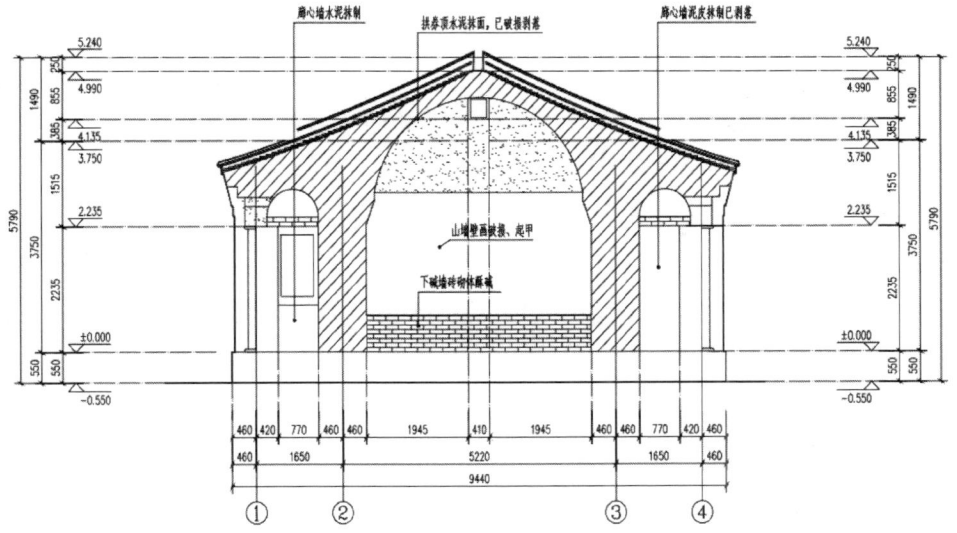

图 3　关帝庙剖面图（单位：mm）

图 4　关帝庙西山墙壁画

2023 年兴城兴建抽水蓄能工程，此建筑处在淹没区内，经省文物主管部门批准，决定对关帝庙前殿进行异地迁移保护。沈阳故宫古建筑有限公司的专业人员按搬迁方案进行现场勘察，勘察中发现，前殿搬迁的技术难度不高，但壁画的揭取、回贴是整个搬迁工程中的技术难点。在设计单位、施工单位、监理单位的密切配合下，沈阳故宫古建筑有限公司的工作人员圆满地完成了关帝庙前殿的整体搬迁工作，现将前殿壁画的揭取、回贴工作和技术总结如下。

常规的壁画揭取有两种形式。

其一，揭取颜料层。当地仗的硬度和颜料层的粘接力都不足以支持颜料层与地仗一起揭取，或地仗太薄，或希望揭取分量较轻的壁画，或壁画表面不是一个平面，如拱形顶壁画的画面凹凸不平时，皆宜采用此法。另外，当地仗层上还保留着底稿的痕迹时，此法是使之揭露出来的唯一方法，但揭取时需要极熟练的技巧，画面被揭取下来以后，安放在一个新的平面支架上时，它需要一个极其平坦而均匀的表面。壁画在使用此法揭取迁移之后，原来所特有的表面状态（如拱面、曲面等）就已失去，所以此法只有在绝对需要的情况下才应用。

其二，揭取颜料层和地仗层。当壁画不宜于只揭取颜料层时，把壁画的颜料层和地仗层一起揭取。使用此方法的要求是地仗层牢固地附着在颜料层上，地仗层与颜料层若附着不好在揭取时就会造成颜料层与地仗层脱离，从而造成严重的损伤。此方法一次揭取的面积不能像只揭颜料层时那么大，所以工艺操作速度一般较缓慢。

一、壁画的现场勘察

原建筑内墙均有壁画，南北墙体壁画已残损缺失，仅存痕迹，东西两山墙壁画保存基本完好，现存两山墙壁画高 2.3m、长 4m（含周边眉线）。

壁画绘制于内墙抹灰泥层上，灰泥层厚 2.5~3cm，分两层抹制，底层为滑秸泥，用于砖面找平，材料为黄土加白灰掺少量麦草；面层采用黄泥、沙土、白灰混合，内无拉结物，画面整体视觉平整。面层与基层黏接牢固，强度较好，但缺少韧性，较脆，无韧性材料如棉花、麻丝、羊毛等，只能依附在基层及墙体上，不能整体与基层分离。基层与青砖墙体黏接也较好，抹灰基层不能单独与墙体分离。壁画后侧墙体组砌方式为 5~8

行顺砌十字缝间隔一行满钉砖，单壁砖墙整体强度较高。

迁建前因屋面渗漏而致壁画画面多处受潮，造成画面局部酥碱、空鼓，另有多处破坏残洞、钉孔、刻字等，现存画面污垢、积尘较多，画面四周框线人为破坏严重。

二、揭取的主要措施

（一）确定壁画的揭取方案

传统壁画一般都是在麦秸泥层上涂抹白灰后再绘制。揭取壁画前，需要清洗加固，影响画面的裂缝要做临时的加固处理，并按照画面的内容编制编号记录、制图；再根据每块画块的大小制作相应的揭取板、揭取台，上面铺装厚1cm左右的棉絮、海绵等软垫层，并用底纸覆盖，粘牢四壁；揭取时，先将壁板立起来，靠近壁画，再于墙身外面将土坯层逐层拆下来，就这么一层一层地慢慢揭取，工作异常烦琐。

但鉴于壁画面层缺少韧性，较脆，画面白灰层整体效果不佳，采用上述两种做法不能完整地使壁画与墙体脱离，再加上异地搬迁的新址位于距旧址6km外的半山坡上，交通条件极差，在运输时很容易造成壁画的损伤。结合实际情况决定采用保留一壁砖墙与壁画同时揭取吊运。保留的砖墙内侧用现代工艺材料高延性混凝土进行加固，提高壁画所附墙面的整体强度，同时预埋间距为600mm的梅花状镀锌铁件，以备回贴时与新砌墙体拉结。揭取、吊装等所有工序为竖向施工，不得平放翻转，以更好地保证壁画完整。先揭取壁画，再拆迁建筑本体。

（二）确定建筑本体拆除与壁画揭取的施工顺序

迁建建筑的编号拆除在先与壁画揭取在先，各有优缺点。先拆建筑后揭取壁画的优点是技术简单，但缺点也很明显。若先拆建筑则必须搭设保护棚，保护棚防风雨效果较差，威胁壁画安全。先揭取壁画后拆除建筑的优点是可以原建筑做依托，减少风雨对壁画的损害；缺点则是技术复杂。壁画揭取前，需对主券进行支顶加固，并实时专人监测。结合现场实际情况，决定采取先揭取壁画后拆除建筑的方法。

（三）确定壁画揭取时的分块标准

根据画面人物、山水、树木等分布特点，以及对揭取后画面整体强度、质量、运输、回贴等情况的综合分析，决定将两山墙壁画竖向切割为两块，西山墙 1.87m×2m、1.65m×2m；东山墙 1.67m×2m、1.34m×2m。切割缝完全避开人物及主要画面。

三、揭取壁画

壁画揭取前，先做好精准测量、扫描、拍照等前期记录准备工作。

（一）壁画清理

用软毛刷、棉签、脱脂棉、竹签、吸耳球等，去除画面浮尘污垢，个别黏附物采用纯净水、酒精润湿软化，小心去除，使画面整洁干净（图5）。

图 5　壁画清理加固

（二）画面加固

个别起甲部位用聚乙烯醇回贴，酥粉部位用注射器注射至酥粉层内，画面表面里层用宣纸保护，外贴棉纱布。

（三）制揭取板

揭取板用上等五合板背衬红松木方、泡沫软垫、隔离塑料布制作，规格比画面每边小 5~8mm，便于安装时调整接缝平整度，使画面对齐，竖向垂直，横向水平。

（四）壁画切割

按方案避开人物、山水树木竖向垂直画线，拆除保留以外墙体，对保留的一壁砖墙进行高延性混凝土加固，待高延性混凝土达到设计强度后，再用手工锯切割保留墙体对应的画面（图6）。

图6　壁画切割

（五）安装揭取面板

把揭取面板与画面贴紧贴实，焊制加固。吊运用外侧钢架与揭取面板连接牢固，对整体揭取板钢架进行防脱落、防倾覆支顶加固。

(六)拆除壁画后侧墙体

保留壁画内侧一壁砖墙,自上而下拆除外侧墙体,拆除时设专人跟踪观测,发现有不稳定或影响画面情况马上停拆,加固后再继续进行(图7)。

图7 拆除并加固壁画后墙体

(七)后侧墙体修平加固

修平壁画后侧砖面,用高压气体吹净灰尘、残渣,封堵所有透向画面的孔隙,防止润水透湿画面。用毛刷小心润湿砖墙,用高延性混凝土进行加固,预埋镀锌拉结件,以便回贴时与新砌墙体拉结。

(八)画面内侧加固

在保留的砖墙外侧制作加固钢架,与壁面外侧钢架用螺栓紧固,底部、上部用角钢焊接成一体,形成整体吊运钢架。

(九)吊卸、运输、保存

因吊车无法进入现场,故采用挖掘机吊装带两点吊装法,在多方位监护下，先使吊装带受力，小心切断壁画下部与墙体的连接，吊升平稳分离后，以最小距离旋转下落至地面，再平稳运至保护棚址落地支护（图8）。将四块壁画下部、上部焊接，连成一体，两端四角与地面做45°钢构支撑，封好防护棚顶和墙面，做好通风。

图8 壁画吊装、运输

四、壁画回贴安装

在壁画回贴前，先检查壁画下部新砌墙体强度。

（一）壁画的回贴

标记好水平观测点、竖向落位点，多人合作吊装壁画。第一步，确定竖向位置；第二步，调好水平度；第三步，调好壁画画面与青砖表面距离（抹灰厚度）；第四步，进行壁画画面垂直调整；第五步，进行支顶稳固；第六步，填实壁画画面底部与墙体接触部分；第七步，封堵连接两块壁画间切割缝，使之形成一体（图9）。

图 9　壁画回贴

（二）砌筑壁画后侧墙体

壁画回贴后，砌筑壁画后侧墙体，边砌筑边灌浆，保证壁画与墙体结合严密，将预埋拉结件砌在新砌墙体内，增强壁画与新砌墙体的拉结。

（三）在做好壁画画面保护前提下砌筑壁画及券顶墙体

封护好壁画上部，防止砌筑灰浆和杂物污染壁画画面，完成画面上部墙体、屋面砖券及瓦面施工。

五、画面修复

完成壁画外室内装饰装修后，拆卸揭取面板，拆卸防倾覆支撑，切割吊运钢架，拆卸揭取板，然后进行画面修复（图10、图11）。首先清理画面残留物、脱胶，按揭取前分析结果采用原壁画底层颜色的熟土麻刀泥，用纯净水做灰泥比、泥沙比、水灰比配比试验；确保修复泥与原画面泥质相同。修复画面周边、切割缝、局部缺损部位。填补、修补时要确保平整，结合严密。施工过程中要实时观测，及时赶压，解决因收缩不均而引起的开裂问题。填补的修复泥干燥后，补画周边眉线，缺失画面按方案要求素面补齐。

图10　壁画修复（一）

图11　壁画修复（二）

六、创新与心得

关帝庙工程2023年7月17日进场勘察、留取影像资料，画面泥取样检测、选土熟化，画面里侧砖墙组砌方式考察，查阅相关资料，与甲方、设计方、监理方共同研究制订揭取方案，按揭取方案组织施工并按实际情况做合理调整，含主体拆卸复建，历时4个月时间圆满完成了迁建工程和壁画揭取复原工程。

壁画揭取、修复、回贴复原对沈阳故宫古建筑有限公司是新课题新挑战，对笔者本人也是一次新挑战。文物维修工程每个项目都是新课题，无论是用材还是砌筑抹灰、瓦面、地仗油饰等施工工艺，在壁画绘画上都各有特色。

在相关各方的共同努力下，沈阳故宫古建筑有限公司圆满完成了本次文物工程的修复工作，也使殿内壁画及文物本体得以完整保留，尽可能多地留下了珍贵的历史信息，对于本次修复工作，笔者总结以下四点，与各位同仁分享、共勉。

（1）采用壁画后带一壁砖的揭取方法，确保壁画揭取安全。

本工程壁画底泥虽强度尚可，但因面层中无棉花、麻丝、羊毛类等拉结物，画面整体韧性较差。若按一般揭取方法，则需切割成多块，很难保证画面完好无破损。同时，还将面临揭取前画面封护、揭取后壁画背补强，以及回贴后三防、与新砌墙体连接、复原后脱胶，画面切割缝修复等诸多难题。为规避施工中诸多不利因素，将壁画损伤降低到最小程度，本次采用壁画后带一壁砖的揭取方法，解决了整体强度问题，这也是本次工程的创新之处。

（2）采用新材料高延性混凝土加固画面后侧砖墙。

采用新材料高延性混凝土加固画面后侧砖墙，拆卸完后侧墙体后壁画原位不动，用高延性混凝土加固，吊卸、运输、存放均为竖向，由揭取到回贴全过程竖向，避免加固时画面平放和多次翻转对壁画的损伤风险。如此既能增加画面整体强度，又能防止画面后背补平、加固过程中受潮引起粉化风险，用砖墙替代加固画框增加了整体强度，省略了画框材料烘干、制作、安装等工序，使画框回贴变成墙画一体，提高壁画整体的耐久性。

（3）回贴时，画面后侧与新砌墙体采用灌浆和铁件拉结方法。

回贴时画面后侧与新砌墙体通过灌浆和拉结铁件拉结，使画面与新砌墙体很好地结合成一体，避免了利用画框回贴时的木框防腐、防虫、通风等问题，悬挂铁件防锈等问题，后续条件、温湿度变化引起的画框变形等问题。

本次采用的方法比之常规做法，画面分块少、切割缝少，对画面伤害相对也少，避免了揭取地仗层与颜料层时对壁画造成的损伤，省略了壁画揭取后背面灰层和泥层的修复以及脱胶等诸多工序。

在壁画修缮过程中，无论是原位、就地还是异地、迁移等，揭取回贴都是壁画保护不可缺少的步骤和工艺，本文结合实际做了探讨性的总结，与各位同仁分享，有待同行指正。

智库在文物保护领域发挥的作用和发展展望

张子燕[*]

摘　要：智库，作为政策研究与咨询机构，在社会运转与行业发展中具有不可替代的地位。文物保护作为文化传承的重要环节，智库在其中扮演着关键角色。本文着重探讨智库在文物保护领域的关键作用以及其未来发展走向。当前，在文物保护领域，智库充当着政府职能部门的得力助手，以研究咨询机构的身份，在行业内发挥着多方面的重要职能。智库能对文物保护路径进行研判，促使政策之间相互融通，推动跨学科的深度协作，对相关事务进行协调监管，并有效处理竞合关系。通过整合多学科的资源，智库能够优化政策制定与执行，助力文物保护行业朝着规范化方向发展。然而，新兴技术的蓬勃发展以及社会发展对文物保护提出的新要求，都给智库带来了新的挑战与机遇。为适应新的发展形势，未来的智库需着力加强社会认同机制的建设。同时，积极应用大数据与人工智能技术，充分发挥这些技术在文物保护中的优势。此外，智库还应大力推动跨学科合作创新，以此提升政策的前瞻

---

[*] 中国古迹遗址保护协会。

性和对行业变化的适应性，持续为文物保护事业提供强有力的战略支持，让文物保护在新时代背景下焕发出新的活力。

关键词： 智库；文物保护；跨学科合作

一、引言

智库一般是指一类服务于政策研究、分析和建议的机构，又被叫作智囊团或思想库。[1] 关于智库的起源问题，或者说世界上第一家智库诞生于何时何地目前学界尚无一定论断。[2] 这样的结果，应与各国学者对于智库的判定标准不同有关。在广义的概念中，我们普遍认为，智库的萌芽期自人类产生聚落式生活习性后就已经开始了。彼时的社会劳动效率低下，为顺应自然环境的变迁，同时进一步提升团队协作效率，人们形成了分工合作的生产生活模式。此时在聚落中决策者应运而生，智库则是决策者身边的谏言者，为决策者做出决策提供各方面的知识储备和必要信息。随着社会制度的发展，自奴隶社会转变为封建社会后，智囊团开始真正以"库"的形式存在，在人数、规模和涉及的领域方面进一步发展。如战国时期各国公子都会豢养"士"（门客或幕僚），"士"可以被认为是我国有史以来出现得最早的，形成组织规模的智库。而后随着时代的发展，至朱元璋时期正式设立了服务于统治者的参政议政机构——内阁。虽内阁首辅大臣和次辅大臣的品级不过是各部尚书、侍郎，但这3~5个人手中掌握的国家权力不逊于丞相，如拥有票拟权和批红权（明朝中后期由宦官执掌）。故此不难看出，我国古代的智库主要有以下几个特点：一是普遍服务于政权规则制定者（皇帝、诸侯王或部落领袖等）；二是逐渐形成了团体，各司其职；三是均在某一个时代产生了较大的历史影响。

现代智库被普遍认为出现于20世纪的西方社会，由政府委托社会非营利性组织进行社会热点问题分析、研判和梳理工作。[3] 此后伴随着世界经济社会的迅猛发展，全球化时代来临，人们对于智库的需求日益增长。我国年度软科机构统计调查报告显示，我国的智库数量在进入21世纪以来增长迅猛，现已高居世界第二的位置。可以预见的是，随着我国社会生产生活方式的不断变化，社会生产力水平进一步跃迁，我国的智库行业会进一步发展。

文物是十分宝贵的历史资源，是理清中华民族历史发展脉络的伟大见证，更是践行文化强国战略的物质依据。由于文物有着不可再生的基本性质，从业人员在介入保护文物时必须十分谨慎。可以预见的是，每一件珍贵的文物灭失，背后都有一段珍贵的历史记忆无法被后人知晓。故此，自中华人民共和国成立以来，一辈又一辈的文物保护从业人员，在实践中探索行业潜在发展规律，形成了一套具有中国特色的文物保护路线，其中智库承担了不可或缺的功能。早在中华人民共和国成立之初，由周恩来总理牵头，先后就划定全国重点文物保护单位、颁布《中华人民共和国文物保护法》等重点工程成立专班，此时出现的智库多以邀请制的形式临时存在。随着行业态势的变化和发展，至2006年文化部公布《世界文化遗产保护管理办法》[4]，其中单位相关表述证实了专家库将在此后以制度的形式长期存在。2008年为进一步推动我国不可移动文物保护事业的良序发展，国家文物局发布《关于推荐全国重点文物保护工程专家库专家的通知》[5]，形成了一直沿用至今的专家意见制。

综上所述，智库在现今的文物保护工作中十分重要，上到国家相关政策的征询、核定和发布，下至地方文物保护工程项目的审批验收，都需要智库提供行业智慧。但随着新理念、新技术和新方法的不断涌现，行业态势已经出现了颠覆性的转变。这使得行业智库必须适应新的发展潮流，做出必要的转变和提升，以继续满足行业发展的需要。

二、智库在文物保护领域发挥的作用

（一）"变"与"定"的路径研判

智库在政府机关起草行政规章、管理办法和行业规范等规范性文件时，通常扮演着中立者的角色，真实客观地搜集、整理和反映社会的真实情况。通常在文件起草的论证阶段，智库团队会由基层管理人员、资深从业人员和行业专家构成，通过分析研判，提议形成详尽的文件精神。在文件精神确立后，由智库团队搜集整理文件的起草背景、理论依据和现实依据，同时还需就文件涉及的受众群体进行广泛调研，分析研判文件的普及性和适用性，最终整合成为一份翔实的调研分析报告。在文件征求社会意见阶段，智库主要负责监控社会舆论，记录市场反馈。根据社会反馈和意见，进一步组织分析优化文件内容。综上所述，智库在政府机关发布规范性文件的过程中，承担了路径研判的功能，依托自身机构下沉的优势，更好地协助政府机关接收市场反馈。

（二）"上"与"下"的融会贯通

在一份行业规范性文件公布后，通常会设置一个过渡期或社会反应期。如国家文物局在 2021 年发布的《国家文物局关于文物保护工程资质管理制度改革的通知》的相关保障措施中规定，文件公布后将设置新旧政策的过渡期，过渡期截至 2023 年底。而智库在这一阶段承担着文件精神传递者的功能，在做好政策咨询工作的同时，保障新的文件精神能够完整有效地传达。在此期间智库通常会协助文件发布部门编制文件答记者问，其中会从文件的起草精神、起草背景、涉及范围、保障措施和未来计划等几个方面展开。同时为保障政策性文件落地，各级智库机构将会协同组织培训工作。

（三）"点""线""面"的串联过渡

文物保护行业是较为复合，且需要高严谨度的行业。在文物分类中，文物分为可移动文物和不可移动文物。可移动文物又可细分为陶瓷器类、金属器类、竹木类、纸张类、骨类等；不可移动文物又可分为古建筑、近现代重要史迹及代表性建筑、石窟寺及石刻等。若想通盘做好这些文物的保护工作，则必须涉及多学科、多领域的深入配合。故此，智库在助力行业发展的过程中，通常需要协同多个不同行业的专家团队，共同分析处理问题。如故宫博物院曾在某建筑局部修缮过程中发现，殿内的主承重柱出现一定程度的糟朽，通过外观观察无法判断糟朽程度。针对这一问题，故宫博物院邀请了北京林业大学、北京科技大学和北京大学等多个国内著名高校的资深专家，使用科学检测分析技术，结合化学、林学、动物学（昆虫）、建筑学等多学科知识，最终形成了安全可靠的文物保护方案。综上所述，智库在实际文物保护工作中，能够充分利用交叉学科优势，解决行业难题。

（四）"放"与"管"的有机协调

2016年国务院发布了"简政放权、放管结合、优化服务"的政策，简称为"放管服"。随即各省（自治区、直辖市）文旅局（厅）响应政策号召，开始推行本省（自治区、直辖市）内的"放管服"政策。智库在其中发挥了保证政策落地的作用，让"放"合理和彻底，让"管"科学和有效。"放"指的是简政放权，智库机构在其中主要发挥协助政府部门分析优化审批流程、促进信息共享平台建立以及加强行业从业人员培训三方面的作用。"管"指的是优化监管方式，智库机构能够灵活地运用现代科技手段，完善管理部门的管理体系并提升管理水平。同时借助意见收集手段，及时收集处理群众或企业提出的意见和建议，帮助管理部门优化程序改善服务质量。

（五）"竞"与"合"的和合理协调

竞合关系在近年来一直是企业发展无法逾越的热点话题，如何处理好企业间的竞合关系，促进行业良序发展也逐渐成为智库机构研究的重点议题。竞合关系从字面意义上看是矛盾的，其矛盾点在于竞争在过去必然意味着对立。但一味地对立则会产生恶性竞争的负面影响，如无休止的成本压缩、价格战或偷工减料等。此时，"合"就是制约竞争恶性发展的必要因素。竞合关系建立的基础是行业主管部门建立和制定公平的竞争规则，同时适当地鼓励良性竞争，禁止恶意竞争的出现，由此方可促进整个行业态势稳定发展。

智库在处理行业发展中的竞合关系协调问题时，承担了搭建信息交流平台、为企业提供服务支持、推动行业研究和产业升级三个职能。其一，在信息交流平台搭建上，智库机构通过定期举办行业技术服务培训，为企业提供相互学习和交流的平台。其二，在为企业提供服务支持方面，智库机构通过建立信息共享平台和设立咨询部门的形式，为基层企业提供相关咨询服务。其三，在行业产业升级方面，智库机构普遍具有全局视野和国际视野，对于新技术和新理论的敏锐度较高，能够先于市场做出反应。

三、未来发展展望

（一）建立社会认同机制

智库机构作为一个非营利性的研究组织，在功能上要求突出其中立性、公正性和客观性。根据相关研究发现，目前我国的智库机构主要有政府机构背景智库机构和民间组织背景智库机构两种类型。其中得益于21世纪以来我国经济的飞速发展，多数政府机构在北京的智库机构多处于良性运转中，资金来源较为稳定，产出成果较多。但民间组织背景的智库机构受限于服务类型，在收入来源上多依靠企业投资和社会捐款，运行现状参差不齐。基于以上内容，笔者认为，在未来服务于文物保护领域的智库机构，应有行业权威机构牵头进行社会认同普及工作，以提高基层民间智库的社会认可度，丰富其收入渠道，保障智库机构的独立性和客观性。

（二）积极接纳新兴技术

近年来大数据、数字化和人工智能逐渐成为未来人类社会发展的大趋势，伴随着新兴技术的诞生和迭代，智库机构必须及时提升认知水平，尽可能快地尝试并适应新技术背后的运行模式。借助大数据和人工智能手段，对大量复杂的底层数据进行模拟和分析，为政策制定和咨询服务提供坚实的理论依据。

（三）主动开展跨学科合作

未来智库机构的覆盖领域必然不是单一的，或可以将单一覆盖领域的智库机构看作一个点，未来的新型智库机构则是将这些点连接成线或者面的组织。未来新型智库通过跨学科合作，融入多个学科的基本理论和研究方法，在问题解决中提供更加全面复合的解决方案。同时在鼓励跨学科发展的过程中，新型智库应积极发展学科融合的创新方法，以有助于推动前沿研究的发展。

四、结论

过去，智库机构的存在为保障行业秩序的稳定性发挥了重要作用。这些智库不仅提供了高质量的研究和分析成果，还通过政策建议和战略指导，在多个关键领域促进了行业的良性运转。然而，近年来国际秩序发生了显著变化，这不仅体现在政治和经济格局的调整上，还包括能源结构的再平衡，以及全球环境问题的愈发突出。在这种背景下，智库机构需要更深入地理解和把握社会和市场动态，以提供更具前瞻性的建议。同时仍需紧跟技术发展的脚步，理清政策变化的基本趋势，为行业提供实用且可操作的战略咨询。

综上所述，面对客观因素的不断变化，智库机构必须不断地进行自我革新，进一步优化运作模式，以便继续为行业的良性发展建言献策。

参考文献

[1] 井晓华. 咨询领域特色新型智库建设的思考与建议 [J]. 中国工程咨询，2024（8）：58-61.

[2] 徐晓虎，陈圻. 智库发展历程及前景展望 [J]. 中国科技论坛，2012（7）：63-68.

[3] 王佳宁，张晓月. 智库的起源、历程及趋势 [J]. 重庆社会科学，2012（10）：102-109.

[4] 世界文化遗产保护管理办法 [J]. 中华人民共和国国务院公报，2007（28）：26-27.

[5] 国家文物局. 关于推荐全国重点文物保护工程专家库专家的通知 [EB/OL].（2008-04-09）[2024-08-20].http：//www.ncha.gov.cn/art/2008/4/9/art_722_111735.html.

文物保护工程的现场管理概述

崔 晨[*]

摘 要：本文概述了文物保护工程的现场管理，分析、探讨了文物保护工程当前面临的形势以及现状，结合文物保护施工现场管理的主要内容，文物建筑在保护与管理过程中遇到的主要问题，以及新时代文物保护的要求，阐述了工程管理的具体要求，旨在为文物保护工程领域提供有益的参考与借鉴。

关键词：文物保护工程；施工现场管理；管理要求

一、文物保护工程面临的形势与现状

（一）从业人员现状

施工项目负责人（亦称项目经理）在文物保护项目的施工管理中占据着核心地位，不仅是项目的直接执行者和具体责任人，还代表公司履行各项职责，影响维修项目的最终成果，也决定着项目的经济效益，在一定程度上反映了公司的管理水平。

---

[*] 北京城建亚泰建设集团有限公司副总经理、高级工程师。

随着国家对文物保护工程的管理的完善，文物保护工程领域从业人员专业资质管理制度也愈发健全。自 2015 年起，中国古迹遗址保护协会开始承担组织国家文物保护工程领域专业资格考试的工作，对从业人员的资格进行认定，逐渐在行业中形成只有具有文物保护工程责任工程师资格，才可以在文物保护工程施工中担任项目负责人的局面。

据统计，截至 2024 年 12 月，全国有近 500 家（497 家）文物保护工程资质单位。文物保护机构从业人员总数将达到 19.5 万人，其中文物保护工程领域有 2.7 万人，已有超过 4300 人获取执业资格，包括 1800 余名责任设计师、2300 余名责任工程师和 280 余名责任监理师。

（二）文物保护工程现状

随着国家对文化遗产保护工作的日益重视，文物保护单位数量呈现快速增长态势。据统计，我国拥有 76 万多处不可移动文物，其中全国重点文物保护单位达 5058 处；世界遗产总数达到 59 项，其中包括 40 项世界文化遗产、15 项世界自然遗产和 4 项世界文化与自然双重遗产，绝大多数已获保护修缮。这些文物保护单位的类型丰富多样，不仅涵盖了传统的古建筑、石窟寺等，近年来，还扩展到了工业遗产、文化路线、红色旅游线路以及乡土文化遗产等多个领域。

国家自 2002 年起正式将文物领域的保护工程从建设工程系列中分离出来，文物保护工作开始走上更加专业化、独立化的道路。随着文物保护工程领域的不断发展，文物保护工程领域取得了显著的进展，国家相继出台了一系列相关的法律法规和管理办法，如《文物保护工程管理办法》《文物保护工程施工资质管理办法（试行）》等，为文物保护工程的实施提供了坚实的法律支撑，古建筑定额等各类技术标准和规范不断完善，各项管理办法也已形成，使得规范管理逐渐步入正轨。

（三）文物保护工程面临的机遇

当前，文物保护工程领域迎来了重要机遇。国家加大了文物事业的投入，2022—2024年，每年国家文物保护资金预算均为63.8亿元，主要用于文物维修保护、安防、考古等支出。这一经费的稳定投入为文物保护工程的实施提供了有力的资金保障。

同时，文物保护工程队伍不断壮大，施工能力不断增强，大大提升了工程整体管理能力。

二、文物保护施工现场管理的主要内容

文物保护施工现场管理涵盖多个内容，主要包括程序管理、质量管理、进度管理、造价管理、安全管理、资料管理。

程序管理：要保证文物保护工程的合法合规，包括立项、审批、方案设计、施工、施工过程监督、建后验收等多个环节，确保文物保护活动的开展与国家法律法规的要求相一致。

质量管理：施工作业质量必须严格按照设计要求和规范标准执行。物资的采购、使用、加工等各个环节，都必须有严格的质量保证措施，确保物资全部达到文物保护要求。

进度管理：工期计划的制订必须科学合理，确保文物保护施工项目的顺利实施。要求管理人员了解每一项施工工艺的操作步骤及相互间的关系，比如，制订计划时要考虑到古建筑传统工艺受季节影响大，除木作受影响较小外，石、瓦、油、画各作均受冬季低温影响无法进行现场施工，瓦、石作只能进行预制加工，油、画作低温时应停止施工。除受季节影响外，地仗、油饰传统工艺施工周期长，也是制约工期目标实现的因素。因此，进度管理是保障项目顺利实施的前提。

造价管理：主要涉及项目预算、施工过程中的成本控制以及项目结算等方面。通过合理的造价管理，保证工程在有限的资金内达到最好的修复效果。

安全管理：是文物保护施工现场管理不可或缺的一部分。施工管理要严格遵守安全规范，确保施工现场的人员和设备安全。同时，还需要考虑到文物本身的安全，避免在施工过程中对文物造成损害。

资料管理：施工过程资料应涵盖从施工开始到竣工验收全过程，是对修缮部位、使用材料等方面的详细记录，可以为今后合理使用和重新编制修缮计划提供重要依据。

三、文物保护、管理面临的主要问题

在文物保护工程持续发展过程中，我们尽管取得了诸多显著成就，但仍面临着一系列问题和不足。

（一）个别地方重大修、轻保养

在文物保护与管理中，个别地方出现一种"重大修、轻保养"的不良倾向。对日常保养工作视而不见，认为小问题无关紧要，导致小问题被拖延或忽视。同时，面对文物建筑可能遭遇的小规模风险，未能及时采取措施防止损害扩大。甚至，一些地区还常常忽视对文物建筑潜在隐患的定期排查，导致许多本可预防的问题逐渐累积，最终演变为难以逆转的损害。

（二）前期调查与勘察不到位，设计深度不够

前期调查与勘察不足：前期调查与勘察是文物保护工程的基础性工作，其目的是全面、准确地了解文物建筑的现状、历史背景、结构特点及潜在的问题。然而，部分项目的前期调查与勘察工作并不深入，有时因非客观原因（如时间紧迫、资金不足、人员短缺等）而流于形式。这种不够深入的前期调查与勘察，可能导致对文物建筑实际情况的了解不足，给后续的施工和保护工作带来了隐患。例如，在北方设计单位主导的项目

中，对南方文物修复采用一麻五灰做法，都是由于依赖固有的思维而未能进行深入勘察。

设计深度欠缺：设计方案对文物建筑的具体问题缺乏有针对性的解决方案，或者解决方案过于笼统、缺乏可操作性；大面积施工时，没有根据不同部位给出有针对性的修缮措施，而是以百分比统一概括。这种设计深度的欠缺，加大了施工过程中的判定难度，甚至影响到工程的整体质量和效果。例如，在进行建筑整体油饰彩画修缮工程施工时，若不能根据不同部位制订差异化的施工方案，而仅仅依据百分比进行修缮，可能会使得原本状况良好的部位与损坏严重的部位被同等对待，从而引发修缮失误。

（三）文物保护工程施工材料的质量难以保证

材料质量保障问题：文物保护工程所使用的材料质量参差不齐，部分材料的质量难以得到有效保障，影响了工程的整体质量和保护效果。随着时代的变迁，许多传统材料的制作工艺已经失传，或者因资源枯竭而无法再生，导致这些材料在现代文物保护工程中的使用受到限制。另外，随着环保意识和科技现代化的增强，传统材料的加工方式也在发生着变化，因现代加工方式在实践中还在不断探索，材料的质量可能还未达到最高水平。同时，在追求经济效益的市场环境中，一些不法商家可能会以简化工艺、降低质量为代价来降低成本，从而获取更高的利润，这导致市场上出现了大量质量不合格的材料。

（四）施工管理和施工队伍的水平参差不齐

在文物保护工程的施工管理与施工队伍方面，也存在着差异性。这种差异性不仅体现在施工队伍的专业技能和经验水平上，也体现在现场技术管理方面。

比如，部分项目在施工现场缺乏必要的技术支持和指导，由于技术保证不到位，施工技术管理人员在遇到技术难题时往往难以得到及时、有效的解决方案；一些施工队伍的文物保护操作技能可能不够专业，且没有经过系统性培训。或者施工中忽视地域性的差异，例如，安排北方的工匠去修复南方的文物建筑，而让南方的工匠负责北方文物建筑的修缮，可能导致施工技术上的不适应，给修缮工作带来偏差或错误。

（五）对原则的理解存在随意性，不能正确引导施工

目前在原则理解上存在随意性、不稳定性，这种情况的出现，有可能因为经济利益的驱使，利益使得相关人员偏离原则。另外，有些是肤浅的认识，造成了文物保护工作中原则理解上的混乱。例如，有些人有好意地添加，以为为了古建筑好，改点什么、增加点什么会更好，比如浆里除有糯米浆外，还加入了冰糖。同样地，虽然使用现代材料可能会使古建筑更坚固，但也不能盲目地用到古建筑维修上。比如，石比砖硬，钢比铁强，麻比草韧，漆比油亮等，但不能以表面上好的代替次的，而失去古建筑的真实性。

（六）工程资料问题突出，工作流于形式

在文物保护工程的验收中发现，资料管理问题较为突出。技术资料的缺失或格式的不一致，造成了查找困难。有些地方资料的收集与整理工作表面化、流于形式，无法真实展现建筑的修缮技术以及修缮内容。由于缺乏统一的管理规范和系统性的培训指导，各地在资料管理上表现出明显的差异性，工程竣工报告的编写没有针对性，导致一些文物保护工程在施工完成后，常因资料不完善而难以通过验收。

（七）技术成果不明显，工程争优气氛没有形成

目前，文物保护工程在实施过程中，由于缺乏有效的激励和竞争机制，技术成果并不突出，缺少争优氛围，难以给行业树立标杆，形成示范。

四、新时代文物保护工程的管理要求

（一）树立正确的文物保护理念，注重日常保养

文物保护意识是保护观念的直接反映。在文物保护工作中，我们必须坚守一系列基本原则，以确保文物的真实性和完整性得到传承。

首先，不改变文物原状的原则是文物保护的核心理念，在进行保护或修缮工作时，应尽量避免对文物造成不必要的改变或破坏，以保留其原始的历史信息和价值。其次，完整性原则。文物不仅是一个独立的个体，还与其所在环境、历史背景等紧密相连构成整体。在保护文物时，我们必须注重其整体性的保护。再次，可识别性原则，要求我们在进行修缮或保护工作时，修缮措施和修缮材料具有可识别性，以便未来进行进一步的保护和研究。最后，可逆性原则，要求我们尽量采用可逆性方法和技术，以便在必要时能够恢复文物的原始状态。

除了坚守这些基本原则外，加强日常养护也是确保文物真实性与完整性的重要手段。日常养护包括对文物的定期检查、清洁、维护等工作，旨在日常及时发现并处理文物存在的问题，防止小问题演变成大问题，延长文物的使用寿命，减少因自然侵蚀和人为破坏而造成的损失。

（二）提升勘察、施工管理水平，科学引导施工

前期调查与勘察工作，要加强对设计团队的专业培训，提升其文物保护意识和设计能力。前期勘察应注重深入了解建筑的历史沿革、周边环境、地域特性以及民族特色等多方面信息，探究建筑的构造细节、病害的成因及形成过程，以便针对文物建筑的具体问题提出有针对性的解决方案，避免解决方案过于笼统、缺乏可操作性。充分考虑到建筑各部位的特点与损坏程度，对各部位给出有针对性的修缮方案，以更好地指导施工的

开展。

施工过程中，要坚守文物保护的基本原则，不盲目使用现代材料替代传统材料，也不盲目添加方案以外的技术手段，更好地维护古建筑的真实性和完整性。对于传统材料的把控，要研究制定传统材料的市场准入标准，并传承和发展传统材料的加工技艺，确保材料的加工质量和性能。

同时，强化对施工队伍的专业技能培训，提升其文物保护意识与操作技能，注重地域性差异，保证施工技术与当地建筑的适应性，提升文物保护工程的整体质量与保护效果。

提升文物保护工程技术资料的管理水平，规范技术资料的收集、整理、归档和保管要求，确保资料的完整性、准确性和一致性。加强系统性的培训指导，提升对技术资料的重视程度，确保真实反映和记录文物修缮过程。

（三）严谨的组织工作体现控制能力

文物修缮工程主要涉及一些特点：工程容易出现不可预见情况，往往导致改变修缮工程做法，增加工程量，更是影响工期目标实现的重要因素。因此，为确保总工期，在保证质量、遵循文物古建筑修缮规律的原则下，采取适当措施，降低对工期的影响。

1. 缩短定案程序

当发现修缮项目与设计不符时，及时通知监理、设计单位，督促设计单位尽快到现场实地勘察，同时为设计勘察定案提供便利。在此基础上，施工单位项目经理及时做出反应，灵活调整施工部署，妥善安排工序，降低对工程的影响。

2. 提升预见能力

遇不可预见情况，依据修缮变更预案迅速调整施工部署，缩短材料供应周期，确保资源及时到位，包括人力、架木、材料、机具、临时用电及运输等方面的重新配置，以保障变更项目各项工作的落实。

（四）规范的程序操作体现科学管理的作风

从招投标阶段起，建立健全文物保护工程的监管体系，对建筑材料及设备严格检验，同时，对施工质量进行全程把控，包括建立检验制度、严格管理工序、详细记录隐蔽工程质量检查。在发现需变更的问题时，应按照文物保护工程管理办法执行变更或洽商程序。这一系列规范的程序操作，不仅体现了科学管理的作风，也确保了文物保护工程实施过程中的质量和安全。

（五）缜密的管理内容体现文物保护的责任感

由于文物保护工程有一众所周知的规律，即古建筑勘察的局限性，古建筑有的部位不能进行勘察，也不能进行破坏性勘察。

不能进行破坏性勘察的原因很多：构架隐蔽、使用功能（展厅、居住）限制、屋顶不能揭瓦、方案审批的周期较长等。因此，维修的内容有很多不确定性。所以，除施工前的深入细致探查外，在施工中，需要随进性的探查。比如，椽望糟朽程度和部位。木构的糟朽数量、部位和程度，或多或少，几乎都与方案的工程量存在差异。因此，不能自作主张，更不能让一线的工人处置。应对发现的情况随时召集监理、设计、施工各方进行及时的研究，并提出处理意见。

施工单位要详细领会图纸、细致地进行现场的再勘察，对设计做好充分的技术准备。施工操作中发现遗址或物体，对发现的问题和不足要及时指出，甚至提出建议，这也反映了管理者技术水平，体现了文物保护的责任感。

（六）提升文物保护水平，激发争优创新氛围

适当增加全国及地方性的评优活动，通过表彰和奖励优秀工程，在行业内外广泛展示与推广，利用网络平台、媒体宣传

等多种渠道，提升公众对文物保护工程的认知与兴趣。举办文物保护工程论坛、研讨会、技术交流会等，为从业者提供分享经验、探讨问题的机会。增加奖励机制，对优秀项目及其团队给予物质与精神双重奖励，激发从业人员的工作积极性，营造浓厚的争优氛围。

在国家文物局"十四五"期间发展目标的指引下，我们深刻认识到，文物保护工程的发展不应只局限于工程数量的增长，而应更加注重管理质量水平，尤其是施工管理方，作为实现这一目标的关键角色，需具备科学的管理理念、深厚的知识储备、丰富的技术经验，以及艰苦奋斗、无私奉献、理性思考的精神。我们相信，在中国社会主义新时代的发展阶段，通过不懈努力，会有更为完善的管理策略被应用到文物保护工程现场施工管理当中。

解读"平安故宫、学术故宫、国保永存、传承永续"

——以故宫古建筑整体维修保护工程为例

唐静姝[*]

摘　要：故宫古建筑作为中华传统文化的瑰宝，承载着厚重的历史记忆与文化价值。故宫博物院于2001年底开启的故宫古建筑整体维修保护工程，堪称中华人民共和国成立以来规模最大的明清官式古建筑保护工程，被视作"百年大修工程"。二十年间，国内文化遗产保护理念发生深刻变革，在此背景下，故宫百年大修也历经多个阶段的转变。从抢救性修缮阶段起步，逐步发展到常规性修缮阶段，进而迈入研究性、预防性保护与常规性修缮并行的新阶段。本文旨在系统梳理故宫百年大修的目的与意义，详细阐述各阶段的修缮概况，深入剖析其特点，为记录与传承故宫百年大修事业贡献绵薄之力，进一步推动对故宫古建筑文化遗产价值的挖掘与保护。

关键词：平安故宫；故宫古建筑整体维修保护工程；百年大修

---

[*] 故宫博物院副研究馆员。

一、前言

"历史文化遗产承载着中华民族的基因和血脉,不仅属于我们这一代人,也属于子孙万代。"故宫作为第一批全国重点文物保护单位以及世界遗产地,是我国现存规模最大、保存最完整的古代宫殿建筑群。习近平总书记指出,故宫是了解中国历史文化不可或缺的窗口。

封建王朝时期,紫禁城作为明清两朝皇权的象征,共经历过五次大修。1912年,清王朝的覆灭标志着封建专制制度的终结。古建筑修缮虽不再以服务统治阶级或者迎合文人政客为目的,但保护古建筑的朴素情怀还是流淌在人民的血液中。近现代以来,中华人民共和国成立前的古建筑保护受时局所困,以梁思成、林徽因为首的古建人做得更多的是记录和保护古建免于战火。中华人民共和国成立后,古建筑修缮工作陆续开展。北京故宫作为世界上现存规模最大、保存最完整的明清官式古建筑群,其保护也经历了重重变革,分别在中华人民共和国成立初期、1974年、2002年进行了三次维修。从中华人民共和国成立初的"清理整修"到2002年后的"古建大修",故宫的古建筑保护理念在守正与创新的辩证统一体中不断变化。

二、故宫百年大修的目的与意义

2001年11月19日,时任中共中央政治局常委、国务院副总理李岚清视察故宫博物院并主持会议,研究故宫古建筑维修和文物保护有关问题。会议议定,"做好故宫古建筑的维修保护。要遵循文物保护和维修的原则,恢复和保持故宫整体布局和个体结构的原貌,同时积极审慎地采用高新技术的手段和成果,并注意与传统工艺技术相结合,对故宫古建筑进行整体维修保护。维修保护工程既要按传统工艺要求,又要积极采用现代技术、工艺和材料保护和维修确保建筑质量；要参考文献、绘画、图片等史料努力使维修保护后的故宫重新'康乾盛世'风貌。维修保护工程采取分期进行，边维修保护边轮流开放的作业方式。通过维修实现对故宫古建筑和文物的有效保护。"（国务院办公厅《关于研究故宫古建筑维修和文物保护有关问题的会议纪要》）会议还对做好故宫古建筑的合理利用、加强古建筑的科学管理等问题做出了决定。[1]

自2002年以来，新时期的文物建筑保护和利用随着新政策的到来而缓缓拉开大幕。故宫作为世界文化遗产和全国重点文物保护单位，必须得到完整保护和整体维修。为了后世，要尽可能完整地保持和恢复这一珍贵文化遗产的历史原貌，尽可能真实地保存故宫的文物价值，达到使故宫重现盛世皇宫庄严、肃穆、辉煌的面貌的目标，使之在建设社会主义文明、发展中华先进文化中发挥重要作用。根据国家文物局批复的《故宫保护总体规划大纲（2003—2020年）》，故宫大修需完成"保护故宫整体布局，彻底整治故宫内外环境""保护故宫的文物建筑""系统改善和配置基础设施""合理安排文物建筑利用功能""提高展陈艺术品味与改善文物展陈及保存环境"这五方面的任务，以期达到"保护为主、抢救第一、合理利用、加强管理"的目的。[2]

故宫古建筑整体维修保护工程，自2002年1月开始启动。以武英殿建筑群修缮工程为试点，于2003年正式展开为期十余载的"百年大修工程"。故宫的修缮是一项保护古建筑使其延年益寿的经常性任务（图1）。[3]

---

[1] 故宫博物院. 武英殿 [M]. 北京：紫禁城出版社，2011：3.

[2] 张克贵. 故宫全面保护整体维修工程简论 [M]// 张克贵. 中国文物建筑研究与保护（第一辑）. 北京：中国建材工业出版社，2022年：1-24.

[3] 何映宇. 丹宸永固：故宫的历次重修 [N]. 新民周刊，2020-09-28（28）.

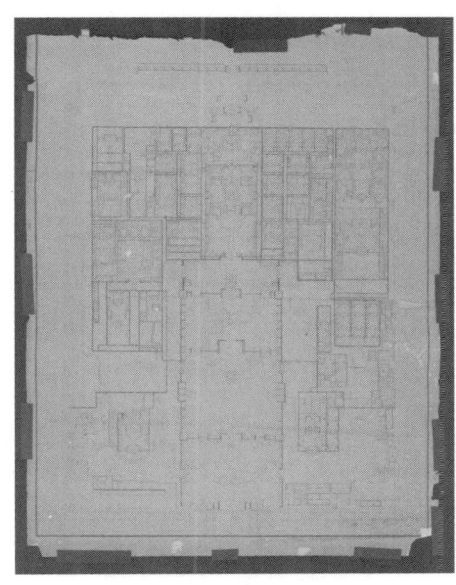

图 1　故宫博物院 20 世纪 50 年代平面图

为了适应大修工程的需要，故宫博物院改革了工程管理体系，设立了新的机构，建立了新的规章制度及程序。经院长办公会批准执行的有《故宫博物院工程招标管理办法（暂行）》《故宫博物院古建筑工程专用材料招标采购办法（暂行）》《修缮工程档案资料采集、保管、归档工作管理办法》。不断建立健全的工程管理制度为大修持续推进提供了制度保障，这主要包括推行院内多部门协同管理的"大甲方"制度；执行甲方采购主要古建筑材料的制度；执行国家关于政府采购和招投标的法律规定；参照现代建设工程管理的成功经验，引进工程监理机制；做好施工记录及工程文件档案的整理。

为了对工程决策提供咨询，对有关故宫保护的重大问题进行论证，故宫博物院特聘了规划、考古、古建筑、文物保护、宫廷历史、博物馆学及管理等方面的专家，组建故宫修缮工程专家咨询委员会，为工程决策提供科学的论证和咨询。同时，工程指挥办公室聘请全国在古建筑保护维修方面有丰富工作经验的专家组建了技术质量顾问组，对工程技术、质量方面的具体问题进行把关。[1]

1　故宫博物院. 武英殿 [M]. 北京：紫禁城出版社，2011：51-52.

为了保证工程材料的质量，主要建筑材料由甲方采购定制。根据古建筑修缮用材料的特点，规定木材、青砖、瓦件、石材、外墙涂料、金箔等六类主要材料实行甲方采购制。材料采购采取邀请招标的方式。为了实行甲方供料制，故宫博物院成立了专门的材料管理机构（工程管理处下属材料科），负责古建筑材料的采购供应。采用择优订货和定制生产两种控制方式。前者是在广泛进行厂商信誉、产品质量调查的基础上，组织专家对厂商提供的产品进行质量综合评审，确定厂家后，签订供货合同。后者是针对故宫需要却没有相应生产厂家的材料，通过选择资质优良、生产相似或相近产品的厂家按故宫对产品的要求进行试验，由故宫检验质量，签订供货合同。[1]

材料进货流程如图 2 所示。

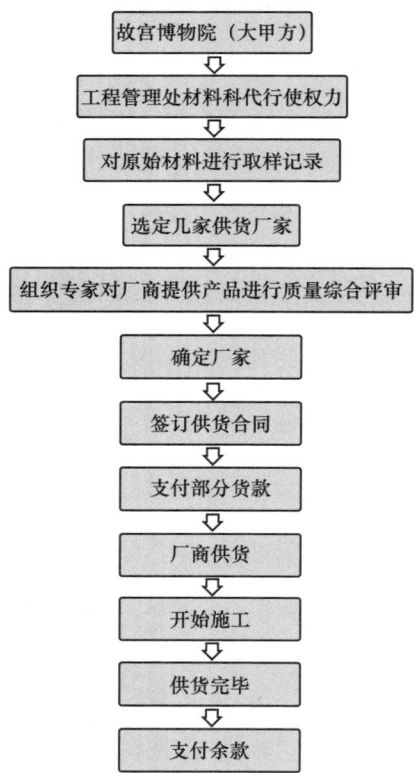

图 2　材料进货流程

---

[1] 故宫博物院. 钦安殿 [M]. 北京：故宫出版社，2014：42.

三、百年大修的第一阶段——抢救性修缮阶段

2002—2008年，为了重现古建筑的历史风貌，故宫古建大修开启了重点殿座抢救性修缮的初级阶段。经过2003年1月至2004年6月一年多的各项筹备，包括委托设计、审批、施工单位招标等，具备了大规模修缮的条件。2004年6月，故宫博物院举行午门开工仪式，标志着故宫百年大修工程的开端。这一阶段以修整故宫南北中轴线上的古建筑群为核心，先将西路的武英殿定为试点工程，后将午门修缮工程作为开端，又陆续完成对中路的太和门、太和殿、前三殿东庑西庑、后三宫东庑西庑、钦安殿、神武门和西路慈宁宫、寿康宫以及位于故宫外西北侧的御史衙门等区域的修缮。现将重点工程列举如下。

（一）武英殿修缮（试点）工程

武英殿初为明代所建，清同治八年（1869年）毁于火，烧毁正殿、后殿、宫门、东配殿、浴德堂等共37间。同年重建。光绪二十七年（1901年）武英殿遭雷火再次被焚，烧毁正殿、后殿、西配殿、浴德堂等共31间。光绪二十八年（1902年）重建，光绪三十三年（1907年）建成。位于故宫内外朝太和门西侧。面阔5间，进深3间，黄琉璃瓦歇山式顶，南向，周以石栏，前出月台与丹陛相连，直通武英门，后殿曰敬思殿，有东西配殿曰凝道殿、焕章殿，并左右廊房共63间。东北有恒寿斋，西北为浴德堂，前后殿及左右廊房皆为贮存书籍之处。明初为斋居、召见大臣之地，设有待诏，择能画者居之，后移文华殿；明代亦曾为皇后千秋命妇朝贺之地。明末农民起义领袖李自成，曾即位于武英殿。清入关之后为多尔衮办事之所；康熙年间开武英殿书局，为词臣纂辑之地；乾隆以后，武英殿为专司校勘、刻印经史子集各书之处，书品甚高，谓之殿本。道光二十年（1840年）以后刊书甚少，仅存其名。此殿建筑保存

完好。[1]

武英殿修缮（试点）工程，修缮面积达到4647m^2，工程于2002年10月开工，于2005年8月竣工。在2002年10月17日举行开工仪式（图3），之后开始进行各项深入的准备工作和为前殿搭盖保护棚，2003年春季正式开始土木工程，至2003年11月底，完成武英门、敬思殿、凝道殿、焕章殿、浴德堂等处大木落架、拨正、挑顶大修及瓦顶墙体维修等土木工程。2004年完成武英殿土木工程，实施油饰、彩画、地面及基础设施等后续工程（图4），最终通过了单位工程验收，基础工程验收，主体工程验收，屋面工程验收，油饰、彩画工程验收，地面工程验收及隐蔽工程验收。经工程综合验收，各分部分项工程质量评定优良率达83.3%，观感质量评定得分率达93.6%，工程质量达到优良，符合设计要求和国家有关施工规范和验收规范，满足使用功能。2005年8月27日，武英殿维修工程竣工暨"盛世文治——清宫典籍文化展"开幕仪式在武英殿举行。历经半个多世纪，武英殿以崭新的面貌再次向公众开放。[2]

图3　故宫修缮工程武英殿区开工仪式会场

1　万依.故宫辞典（增订本）[M].北京：故宫出版社，2016：19.
2　故宫博物院.武英殿[M].北京：紫禁城出版社，2011：52-58.

图 4　武英殿匾额修缮前后对比照片

（二）太和殿维修工程

太和殿，俗称"金銮殿"，位于故宫南北主轴线的显要位置，系外朝三大殿之正殿，规格最高，体量最大，是明清两代皇帝即位，万寿、元旦、冬至庆贺及大朝会、筵宴、命将出征等重大典礼之活动场所。始建于明永乐十八年（1420年），初名奉天殿。永乐十九年（1421年）四月毁于雷火；明正统六年（1441年）重建成。嘉靖三十六年（1557年）又毁于雷火，三十八年（1559年）十月十日重建，四十一年（1562年）九月建成，改称皇极殿。万历二十五年（1597年）六月归极门（即清熙和门）遭火，延烧皇极殿等，四十三年（1615年）重建；天启五年（1625年）重修。清顺治二年（1645年）改称今名，并重修，康熙八年（1669年）重修，康熙十八年（1679年）十二月初三日毁于火，三十四年（1695年）重建；乾隆三十年（1765年）重修。至今保存完好。殿坐落于周以白石栏板的三重汉白玉台基之上，通高 35.05m，前出廊面阔连廊 11 间，通长 63.96m。进深 5 间，为 37.17m。建筑面积 2377m^2，前檐中辟 5 门，后檐中辟 3 门，金扉金锁窗，重檐庑殿顶，覆以黄琉璃瓦。上檐斗拱单翘三昂九踩，下檐斗拱单翘重昂七踩。檐脊角兽为十数，是房脊装饰等级最高之孤例。殿内明间沥粉金漆云龙金柱 6 根，高 12.7m，直径 1m，正中金漆雕龙宝座台，宝座上方金龙衔珠藻井。天花、梁枋、内外檐彩画为和玺彩画，建筑规模、装饰等级均为现存中国古建筑之首。殿前三层台阶共列鼎式炉 18 座，丹陛之上左右各列铜龟、铜鹤、左日晷、右嘉量（图 5）。[1]

图 5　修缮前太和殿全景

太和殿维修工程修缮面积达到 2381m^2，2004 年 5 月对太和殿展开勘察设计工作。太和殿维修方案于 2005 年 10 月提交专家组审核，根据 2005 年 10 月 31 日故宫太和殿维修设计方案专家论证会的主要意见，以及国家文物局、北京市文物局关于"太和殿维修应以排除安全隐患，进一步对太和殿进行勘察，在确保文物原建安全、完整的前提下，必要时可适度揭露检查"的批复精神，在原勘察的基础上，对存在安全隐患的部位进行了慎重的揭露检查，根据揭露检查结果，严格依据各项文物法规，以排除安全隐患、"祛病延年"为目标，进行了保护维修。

此次保护维修是对太和殿的全面维修保护。维修在不改变建筑原状的前提下，使其尽可能地保存原有的历史面貌、历史信息。这一原则体现在从维修前的勘察测绘到制定设计方案，再到施工的全过程中。维修工程于 2007 年 4 月开工，于 2010 年 3 月竣工。建筑残损情况如下：建筑梁架结构局部下沉，东西推山扶柁木构件与童柱连接的榫卯部位下沉，造成其承托的上部推山梁架普遍下沉，造成安全隐患；椽望有不同程度糟朽，

---

[1] 万依. 故宫辞典 [M]. 北京：故宫出版社，2016：7.

斗拱变形、下沉，但整体基本稳定；须弥座、垂带象眼、踏跺等均有不同程度的鼓闪走错、残缺，踏跺石、角柱石等开裂、表层劣化、片状剥落；油饰彩画部分，通过勘测发现，外檐彩画地仗局部空鼓、龟裂，彩画颜色及金箔普遍退色，内檐彩画保存基本完好；内外檐下架地仗油饰龟裂，局部空鼓，油皮退色；同时发现，1959年绘制外檐彩画时，纹饰排列错误，此次修缮将恢复历史原貌（图6）。[1]

图6　大修后太和殿三台全景

这一阶段，故宫的百年大修任务初见成果，为了重现清代紫禁城的历史面貌，故宫着重对南北中轴线上的殿座进行修缮，修缮兼顾成果与效率，这亦是对2008年北京新时代的献礼。不同于以往传统的修缮管理模式，这一阶段的修缮工程具有"半传统、半现代"的特点，故宫的古建人在原有丰富的修缮实操经验基础上，开始了对现代工程管理制度的探索和学习，在国家文物局和故宫博物院的双重管理下，设立"大甲方"机制，建立专家咨询委员会，确保故宫百年大修工程质量。

四、百年大修的第二阶段——常规性修缮阶段

2009—2014年，随着中轴线的整修逐渐完成，大高玄殿区

---

[1] 张克贵，崔瑾. 太和殿三百年[M]. 北京：科学出版社，2015：195-235.

域回归，故宫古建大修进入了常规性修缮的第二阶段。为了保证故宫的开放，古建筑修缮的重心从南北中轴线转移到开放路线上，逐步修缮中轴线东西两侧路的古建筑殿座。不仅完成了对中路的端门、午门的修缮，还完成了对东路的东华门、上驷院、毓庆宫、宁寿宫花园（符望阁区）和西路的南大库、宝蕴楼、慈宁宫花园、永寿宫、建福宫、英华殿以及故宫外的大高玄殿等区域的修缮。现将重点工程列举如下。

宝蕴楼地处紫禁城西南隅，位于西华门内，武英殿西，南熏殿北。该处建筑在宝蕴楼兴建之前，明朝为紫禁城尚膳监、大庖厨的所在地；清朝先后被用为尚衣监、咸安宫，并一直延续到清末。1914年，古物陈列所成立。同年在原咸安宫基础之上建造文物库房——宝蕴楼，翌年竣工。该楼依据西洋建筑的式样设计，仍以南侧的咸安门为中轴线，采用封闭的周边式布局，在北、东、西三面各建一座砖木混合结构的二层楼房，下部还有半截露明的地下室。其中以北楼为主，体量最大，东西两楼相峙，左右对称。三楼均采用大块的成砖砌筑，墙身外饰水泥饰块并整体涂红色，屋顶是高耸的四坡式屋顶，铺绿色的牛舌瓦。宝蕴楼中西合璧的建筑形制和装饰特征在故宫的古建筑群中独树一帜。同时，作为我国近代博物馆史上第一座专门用于保存藏品的大型文物库房，宝蕴楼具有重要的历史、艺术和建筑价值（图7）。

图7 大修前宝蕴楼正立面

根据现状勘察情况进行分析，咸安门及宝蕴楼建筑主体结构安全稳定，现状良好，但在屋顶瓦面、木椽望板、大木构架、墙体墙面、油饰彩画、门窗装修、地面散水等方面存在不同程度的残损和隐患。咸安门修缮主要是对屋面、地面、油饰、彩画等残损严重并影响文物安全的部位进行维修保护。宝蕴楼修缮主要是对屋面、防水、落水、散水、油饰等残损严重的部位进行维修保护。同时对院落进行综合整治，拆除后加后改的构筑物，恢复宝蕴楼原建筑格局，并完善排水系统，排除隐患。2014年2月24日完成宝蕴楼修缮工程开工注册登记，2014年3月7日正式开工，2015年9月25日完成现场竣工验收，历时567d，12月29日完成竣工备案，正式通过竣工验收。[1]

　　虽然宝蕴楼体量不大，但是该工程的重点和难点有别于故宫其他传统古建筑的修缮保护工作，出现了一些新的工作特点。

　　第一，宝蕴楼修缮工程是故宫内首次修缮西洋风格建筑的工程。宝蕴楼本身的结构与做法不同于故宫传统官式建筑。因此，对于宝蕴楼院落这种包含完全不同风格和类型的两组建筑的情况，需要在设计和施工阶段具体问题具体分析，对症下药，分别用不同的材料、工艺来区别对待。由于近现代建筑的维修工作在故宫内较少或规模较小，因此这次修缮工程，对故宫文物建筑保护工作来说，也是一次宝贵的经验积累。

　　第二，宝蕴楼修缮工程在故宫内首创了修缮工程与考古深查协作配合的新模式。施工时，在中华民国时修建院落地面的管道路线勘察中，发现了早期建筑遗存，随即由故宫研究所展开考古发掘工作，最终取得了一系列考古成果，为今天了解宝蕴楼的历史增添了重要的学术资料。在考古发掘过程中，宝蕴楼修缮工程并没有成为考古工作的阻碍，而是两者相互协作配合，在工程管理中统一调度，开创了故宫考古工作的新模式（图8）。

---

1 故宫博物院.宝蕴楼：故宫古建筑保护工程实录[M].北京：故宫出版社，2020：148.

图 8 宝蕴楼区域考古发掘现场

第三，宝蕴楼修缮工程是故宫内开启的研究性修缮工程的雏形。随着国内外文化遗产交流、保护和研究的不断深入，文化遗产保护理念得到了长足的发展和丰富。宝蕴楼修缮工程施工过程中体现了这种保护理念的进步，包括对原有建筑的重要历史信息采用科学手段提取、记录；利用三维激光扫描技术进行精细测绘；特别是考虑到宝蕴楼有异于故宫传统建筑工艺的特殊性，该工程又主动对相应的建筑材料进行试验分析研究，以提取其材料、工艺、做法方面的重要信息，用于了解和还原当时的建筑历史，不仅取得了良好的修缮效果和丰富的研究成果，也为之后的研究性修缮保护工程提供了宝贵的工作经验。

第四，宝蕴楼修缮工程是故宫将古建筑的修缮保护与展示利用相结合的成功实践。修缮工程自设计、论证之初，就紧紧围绕展览陈列大纲对宝蕴楼的定位与需求，在修缮保护方案中融合了规划中的展览陈列功能设计方案，在修缮及展览陈列交叉施工中密切协作，对现场遇到的问题及时消化、论证并配合调整，在满足展览陈列使用需求的同时，也符合最小化干预与最大化可逆的原则，避免了修缮施工与展览陈列施工割裂所导致的对文物建筑本体造成二次破坏的情况，宝蕴楼修缮工程可以说取得了良好的效果和宝贵的经验。[1]

这一阶段，古建大修的任务逐步完成，故宫的古建筑修缮引入了"保护遗产地"的理念，秉持着不改变文物原状物和最小干预的原则，逐渐完成对以开放区域为主的古建筑殿座的修缮。这一阶段的修缮工程已经具备了现代化工程管理的特点，随着遗产保护理念的深化，修缮的概念渐渐从修缮工程发展为不可移动文物保护项目。在工程管理和专业理念上，"大甲方"机制有了长足的发展。在工程管理方面，管理流程得到创新性的发展，施工安全管理亦引起充分重视。在专业理念方面，古建筑本身的历史信息得到正视。在施工过程中，"在修缮中研究、在研究中修缮"的思想从宝蕴楼修缮工程中萌发。工程通过引入现代化技术措施尽最大可能搜集古建筑及附属构件上的历史信息，为古建筑研究保留原始资料，为设计提供定案，为施工提供参考。

五、百年大修的第三阶段——常规性修缮与研究性、预防性保护阶段

2015—2024年，随着大规模的古建筑修缮逐渐完成，皇史宬回归到故宫博物院，故宫古建大修开始向研究性、保护性转型，进入古建大修的第三阶段。这一阶段是文物建筑修缮的转型之时，也是古建大修的收官之战。在这一阶段，故宫不仅继续完成了常规性的不可移动文物保护项目（文物建筑修缮），如中路的端门北广场地面，东路的筒子河围房、南三所西所、景祺阁北小院、鸟枪三处，以及西路的南熏殿、西华门城楼、西河沿地面、慈宁宫花园东跨院、延庆殿、长春宫等处，还不断学习最新的遗产地保护理念，结合本土实践经验，深入探究研

---

1 故宫博物院.宝蕴楼：故宫古建筑保护工程实录[M].北京：故宫出版社，2020：1.

究与修缮的关系，开展了不可移动文物研究性保护项目，选定了宁寿宫花园研究性保护项目、养心殿研究性保护项目、大高玄殿研究性保护项目、故宫城墙研究性保护项目。在这四项研究性保护项目中，养心殿是宫殿建筑，宁寿宫花园是园林建筑，大高玄殿是宗教建筑，故宫城墙是防御建筑，这是一个极具故宫特色的古建筑组合。此外，随着国内对不可移动文物保护理念的继承与发展，还产生了对不可移动文物预防性保护的探索。

研究性保护项目主要修缮情况如下。

此次故宫城墙修缮采用整体分段落修缮方式，从西城墙起逐步向南北两侧修缮，相继开展了故宫西城墙修缮工程和故宫城墙（西南段）修缮工程两项工程，修缮长度共计1244.18延米。西城墙于2016年11月开工（图9），于2019年8月竣工。西南段城墙于2022年7月开工。墙体修缮措施包括支顶加固、剔凿挖补、拆安归位、零星添配、打点刷浆、局部修整、择砌、局部拆砌、拆砌等。[1]

图9 故宫城墙修缮工程开工仪式

---

1 谢锡庆.中国古建筑的病症实例分析与处理[J].基建管理优化，2002（4）：12.

西城墙修缮工程在修缮面层墙的过程中，尝试了多种修缮方法，将"木作工艺"用于剔凿断裂处丁砖，引入"暗丁""扒锯"的工艺做法，对城墙修缮进行了创新性的工艺探索。同时在城墙修缮前、中、后全过程中，经过科学的点位选取，对城墙进行三维激光扫描和影像记录，全过程的测绘记录满足了各阶段的修缮保护要求。该工程中采用的修缮工艺，是通过对调整做法的可行性进行分析后，对具体问题进行具体分析的结果。在最小干预的原则下，最大限度发挥匠人主观能动性，通过不同修缮工艺的比对，既可以保证工程质量，又可以达到良好的修缮效果，发掘适合城墙修缮的工艺。但是，任何尝试都需要时间来检验。此工程修缮工艺虽然是在借鉴了部分故宫外城墙修缮方法的基础上，再进行了其他修缮工艺的融合，但是因工程所涉及段落仅233m，所述城墙修缮工艺仅涉及所修段落产生的病害，可为城墙其他段落的修缮提供参考。

（一）宁寿宫花园保护项目

宁寿宫花园俗称乾隆花园，清乾隆三十七年（1772年）改建宁寿宫时添建。位于宁寿宫后西路，是一个南北长超160m，东西宽不足40m，占地约6000m²的花园。全园由南至北分为4个景区。花园正门衍祺门，内为第一景区，古华轩居中，左右辅有禊赏亭、露台、旭辉庭、抑斋等；古华轩北为垂花门，门内即第二景区，主座遂初堂，坐北面南，配房、廊房相接，为典型的住宅式院落，很像普通的民居；遂初堂后为第三景区，院中以山为主景，环山西面建有延趣楼，东有三友轩，北有萃赏楼；楼后为第四景区，符望阁位于此院中心，为全园最高建筑，前有碧螺亭，西南有云光楼，西有玉粹轩，西北有竹香馆，北为倦勤斋，东南为颐和轩，东与景祺阁相望。全园共有建筑20余座，依南北两段轴线布置。衍祺门至耸秀亭位于南部轴线，萃赏楼至符望阁为北部轴线，北部轴线向东移3m。北部建筑多仿建福宫花园而建，其中符望阁仿建福宫花园的延春阁、倦勤斋仿敬胜斋、竹香馆仿碧琳馆、玉粹轩仿凝晖堂、云光楼仿静室、耸秀亭仿积翠亭等。今花园内建筑完好，部分景区已开放。[1]

宁寿宫花园区域的修缮工作是由多部门、多层次配合推进的。早在2003年3月，故宫博物院和美国世界建筑文物保护基金会（WMF）合作开展了宁寿宫花园保护项目的试点工作。位于宁寿宫花园最后一进院的倦勤斋，其内檐装修修复工程的启动，标志着故宫博物院拉开了和西方文物保护机构开展大规模建筑遗产保护工作的帷幕。2006年12月，《乾隆遗珍：故宫博物院宁寿宫花园历史研究与文物保护规划》出版。2008年11月倦勤斋试点项目竣工。2010年12月，故宫博物院与WMF合作成立了家具与内檐装修保护培训中心，开展面向故宫博物院乃至全国文物保护专业领域的人才培养。

宁寿宫花园项目成立的中美两国专家项目组中，中方在古建筑本体修缮、书画类文物检测与修复、家具类文物修复和清代宫廷历史陈列等方面具有多年的实操经验，美方在壁画修复、纸张保护、科学检测、环境研究、预防性保护等领域具有先进的理论和方法，双方共同建立了以价值认知为基础，以诊断-试验-应用-评估为手段的工作模式。[2]

在经过了合作探索后，故宫分别在2013年和2017年对符望阁区和古华轩区、遂初堂区、萃赏楼区进行了修缮。其中，宁寿宫花园（符望阁区）保护修复工程于2013年3月开工，于2014年6月竣工，修缮面积达到1295.9m^2。

而宁寿宫花园（古华轩区、遂初堂区、萃赏楼区）保护维修工程于2017年6月开工，于2020年12月竣工，修缮面积达4133m^2。宁寿宫花园这一区建筑主体结构保存较为完好。在屋面、装修、石活、台基、地面、墙面、油饰彩画等方面存在不同程度的残损。屋面局部漏雨，瓦面局部夹陇灰、捉节灰酥松脱落，局部瓦件残损、缺失。部分琉璃构件掉釉、残坏或缺失。

---

[1] 万依.故宫辞典[M].北京：故宫出版社，2016：57.

[2] 魏瑞瑞，钱钰.故宫乾隆花园研究性保护项目运行机制研究[J].中国文物科学研究，2022（3）：23-30.

石质踏跺、垂带走闪、开裂，个别栏板望柱断裂。墙面抹灰大面积空鼓、部分脱落。青砖地面坑洼不平，砖体大部分破碎、残缺。下架油饰地仗部分开裂、空鼓、脱落。根据现场勘查情况，此次工程维修的性质确定为"在日常保养基础上对出现险情的建筑局部使用防护加固和原状整修"。该工程的维修范围确定为宁寿宫花园衍琪门外西小院，衍琪门外东值房，第一进院落古华轩区（图10），第二进院落遂初堂区（图11），第三进院落萃赏楼区（图12），第四进院落中的碧螺亭及周边假山、石桥、部分院落地面（图13），涉及的维修工程内容确定为"土木部分：屋顶瓦面、大木构件、椽望、斗口、外檐装修、墙体墙面、台基、地面、室外石桥及室外陈设、院落排水；油饰彩画部分：地仗及彩画除尘、局部加固、局部随旧修补、局部保留历史价值重要的彩画、重做或找补局部地仗、按照原状重做局部彩画，局部重做油饰，局部重做裱糊"。通过对宁寿宫花园这一区的建筑进行土木与油饰彩画部分的修缮，对花园的院落墙面、地面、室外陈设、室外石桥进行修补与整理，清除花园内的杂草，疏通院落内的排水沟，使得宁寿宫花园的建筑本体更加稳定与安全、花园的院落环境得到治理与整饬，极大地改善与提升了花园的环境效果与美感价值，发挥了建筑应有的建筑使用功能，达到了使文物建筑"祛病疗伤""延年益寿"的修缮目的，恢复了宁寿宫花园原有的历史风貌与建筑环境，体现了宁寿宫花园建筑的完整性与真实性，与周边建筑群落达到建筑布局的统一与协调，为宁寿宫花园后续的开放、研究与利用提供了一个更加舒适、干净与稳固的环境。

(a) 修缮前　　　　　　　　(b) 修缮后

图10　第一进院落古华轩修缮前后对比图（安菲摄）

　　　　(a) 修缮前　　　　　　　　　　(b) 修缮后

图 11　第二进院落遂初堂修缮前后对比图（安菲摄）

　　　　(a) 修缮前　　　　　　　　　　(b) 修缮后

图 12　第三进院落萃赏楼修缮前后对比图（安菲摄）

　　　　(a) 修缮前　　　　　　　　　　(b) 修缮后

图 13　第四进院落碧螺亭修缮前后对比图（安菲摄）

　　在此次宁寿宫花园（古华轩区、遂初堂区、萃赏楼区）的修缮过程中，故宫博物院以数字化信息采集的方式，记录了宁寿宫花园的残损现状、展开的修缮工程及后续的日常保养工作。同时，在传统的勘察与测绘基础上，引入三维扫描技术进行数字化信息采集，借助三维扫描形成的记录与测绘成果进一步开展有效的整理与分析工作，以期更全面、更准确地掌握宁寿宫花园这一区建筑的保存现状及历史信息，为后续的古建筑维护工程及相关研究工作提供科学的资料依据。

传统的文物建筑测绘主要是以人工测量为主，测量成果多属于"法式"测绘，获取的几何信息大多是二维的和局部的，其成果的真实性、完整性、全面性、准确性不足，且测量周期较长，需要耗费较多的人工，不仅难以满足保护修缮工程的需要，而且无法满足科学研究和现状完整记录的需求。基于此，宁寿宫花园三维激光扫描项目的主要内容是对园内整体区域进行三维激光扫描等工作，目的是将当代先进的三维激光扫描技术与摄影测量以及计算机技术等多技术多学科融合，以获取建构筑物及园林景观环境的三维几何、色彩纹理、残损病害等全信息（图14）。同时，该项目还采取了跟踪保护修缮工程过程及竣工后动态采集的方式，以利于文物信息的过程记录、比对和校验等。

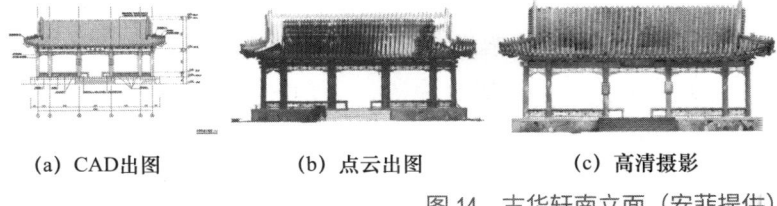

(a) CAD出图　　(b) 点云出图　　(c) 高清摄影

图14　古华轩南立面（安菲提供）

宁寿宫花园是清代皇家庭院的典范，其建筑形式多样、山石植被各异，此次三维激光扫描为日后文物建筑保护记录工作提供了宝贵经验。宁寿宫花园在进行三维激光扫描作业时，将三维激光扫描、摄影测量、点云及图像处理、数据融合等先进技术结合，探索了文物建筑保护修缮全过程三维高精度矢量数据的采集、动态分析、科学研究等保护技术，形成了较系统的应用方法。其中，三维激光扫描、动态跟踪保护修缮过程并获取过程中彩色三维数据，以及竣工前后的三维对比分析等创新方法，为文物建筑保护提供了借鉴与参考。这些数字化工作的开展必将对保护修缮、科学研究、安全监控，以及文物建筑数字化保护的实现具有重大价值，对引领该领域科技的发展，提升保护工作的科学水平具有极其重要的意义。[1]

（二）养心殿研究性保护项目

养心殿位于内廷西路养心门内，面南，明代所建。清沿明旧，稍有增葺。院落南北长约63m，东西宽约80m，占地5000m^2，建筑10余座，房屋160余间。南北三进院，第一进院遵义门至养心门外，为太监值房。第二进院为正殿养心殿所在地，东西有配殿。第三进院为后寝宫及东西围房，多为后、妃、嫔等临时居住之室。北宫墙东西辟有两小门。东曰吉祥，西曰如意。正殿南向，面阔3间，通面阔36m，进深3间，通进深12m。后檐明间有短廊与后殿相接，为工字形平面，前檐檐柱位，每间各加方形间柱两根，外形看又似9间。黄琉璃瓦歇山式顶，前明间、西次间及西梢间接卷棚式抱厦，东次间及东梢间开敞。明间依檐柱分3门，正中开间稍大，其余各间均设槛墙，上为玻璃窗，方格支窗。后檐明间正中辟门，两次间各辟玻璃方窗两个。殿内明间顶部天花正中设浑金蟠龙藻井，下正中设地平宝座，上悬雍正御笔"中正仁和"匾。宝座后设屏，屏两侧各开一门，左曰恬澈，右曰安敦。门通穿堂，可达后寝殿。北墙设书格，东西安板墙壁与两次间相隔，墙南侧各开一门，通东西暖阁。暖阁或板、或屏、或碧纱橱隔为数室，东次间与东梢间相通，亦称东暖阁，原有室额曰勤政亲贤，西梢间前为三希堂，后为无倦斋、长春书屋和仙楼；西墙稍北辟门，西接耳殿曰梅坞。清顺治帝曾在此殿居住并卒于此。康熙时将此作为内廷造办处，亦称养心殿造办处。雍正即位后始作为皇帝寝宫，亦为皇帝处理日常政务及接见大臣之所。同治、光绪初年为慈安、慈禧两太后垂帘听政处，溥仪退位后亦居此（图15）。[2]

---

[1] 安菲. 以宁寿宫花园为例初探三维扫描在古建筑数字化记录中的作用[J]. 环球人文地理，2024（2）：153-155.

[2] 万依. 故宫辞典（增订本）[M]. 北京：故宫出版社，2016：63.

图 15　养心殿区鸟瞰

养心殿研究性保护项目于 2015 年 12 月启动。实施故宫古建筑研究性保护项目的意义在于，完整理解故宫古建筑价值，以"价值评估、技艺传承、人才培养、机制创新"为核心，以"最大限度保留古建筑的历史信息、不改变古建筑的文物原状"为原则，以全面记录与价值研究、培养优秀维修保护匠师、建立古建筑材料基地、探索保护运行机制、实现整体规划控制为基本目标，依靠专家体系和社会力量支持，真正将官式古建筑营造技艺传承下去，探索适合故宫古建筑维修保护与技艺传承之路，为中国文物建筑的保护与研究提供典型范例。[1]

养心殿研究性保护项目首次提出了"全面的研究性保护项目"的概念，将研究精神、专家指导、人才培养的理念贯穿始终。在项目实施过程中，要达到八个"全过程"，即实现全过程的科学记录、实现全过程的学术研究、实现全过程的专家参与、实现全过程的人才培养、实现全过程的材料保障、实现全过程的项目管理、实现全过程的公众参与、实现全过程的成果展示。[2]

---

1 单霁翔.留住传统建筑的精髓——写在养心殿研究性保护项目开工之际[N].人民日报（海外版），2018-09-21（07）.

2 单霁翔.建立故宫古建筑研究性保护机制的思考——以养心殿研究性保护项目为例[J].紫禁城，2016（12）：12-30.

这一阶段，故宫百年大修的历史任务基本完成，故宫遗产地保护的理念已经深化，从常规的不可移动文物保护项目提升到研究性保护项目和预防性保护工程。研究性保护项目作为这一阶段的修缮重点，在摸索中建立起研究性保护项目的有效机制，全面提升了古建筑修缮质量和竣工后合理利用水平。从保护项目的角度出发，研究性保护的理念经历了从萌发到深化的历程，而预防性保护仍处于探索阶段。研究性保护的理念在宝蕴楼修缮项目中萌芽，考古学的理论与古建筑修缮的实践相结合，将建筑考古运用到古建筑修缮中，开始了对古建筑原有构件的分析、对古建筑修缮材料的分析、对修建及修缮相关历史档案的查询。研究性保护的理念在大高玄殿项目中得以发展，将考古学的方法用到古建筑修缮的研判当中，利用层位学分析确定同一类古建筑构件的层位叠压关系（如彩画、裱糊），利用类型学分析确定同一类古建筑构件的时代特征及造型流变（如斗拱、彩画），再通过二重证据法将历史文献与古建筑实物相结合，以明确历次古建筑修缮的内容。故宫城墙系列工程作为首个单项类研究性保护项目，使得研究性保护的理念有了专项性的突破。由于城墙无法在修缮中"落架勘察"，因此对城墙外部的遗产监测和对内部的科技探伤显得尤为重要。

通过多学科、多方位的交叉研究，研究性保护的理念在宁寿宫花园项目中得以成形，借助多学科合作，汇集社会力量，形成以价值评估为核心，恢复传统工艺、建设传统材料基地、培养相关专业人才为主要内容的工作目标。而研究性保护理念的深化以"全面的研究性保护项目"的概念首次在养心殿项目中被提出。

故宫百年大修践行着平安故宫与学术故宫的使命，在实践与探索中前行，不断提升着修缮与保护历史文化遗产的理念，守护着中华民族精神生生不息的根脉。

古建筑保护修缮工程面临之挑战

刘红超[*]

摘　要：本文简要记述了中国古建筑保护的发展历程，详细阐述了现今古建筑保护修缮工程面临的诸多困难挑战。针对人才匮乏、材料紧缺、资金及市场萎缩、理论与实践不匹配等问题分析了成因并尝试解决。得出的结论是，由市场主导过渡到行政主导才是根本解决以上问题的关键。

关键词：古建筑保护；人才匮乏；材料紧缺；资金及市场萎缩；理论与实践不匹配

古建筑是历史留存的建筑物，反映特定时代的营造技艺、文化观念与空间形态。其形制、材料、工艺等均带有鲜明的历史断代特征——在中国历史分期中，通常以1840年鸦片战争为界，区分古代与现代建筑体系。这些建筑承载着丰富的历史文化信息，是研究当时建筑技术、艺术风格与社会文化的重要载体。即使未被官方认定为文物，古建筑仍可能因历史性、艺术性或稀缺性而具备保护价值。在列入文物保护单位前，经文物部门认定需保护的案例，可依据《中华人民共和国文物保护法》

---

[*] 故宫博物院工程管理处高级工程师。

等相关条例启动抢救性保护机制。

中国古建筑在世界上形成了独特的建筑体系，在世界古代建筑史中占据了重要的地位。但以往人们更重视其使用价值，仅仅将其看作可居住可使用的房屋，因此对其研究保护并不重视，更不系统。

20世纪30年代，中国营造学社致力于古建筑文献的发掘和考订。以刘敦桢、梁思成两位学贯中西的先生为代表，一批有学识的学者致力于对中国古建筑的研究与保护，逐步形成了学术研究体系，并取得了丰硕成果，为我国之后开展古建筑保护打下了坚实基础。也因此在中国建筑界有"南刘北梁"之说。

但在中华人民共和国成立初期，国家一穷二白且百废待兴，无力顾及对古建筑的保护。同时为了初步实现工业化，在城市里大量建厂，吸引上千万人入城做工，因此开展了一场轰轰烈烈的城市大建设大改造活动。20世纪50年代，对古建筑的大规模拆除开始蔓延，大量古城墙及牌楼不复存留。

20世纪60—70年代，大多数古建筑疏于维护，大量古建筑作为房屋使用而被改造破坏，只有少部分重要古建筑得到维修保护。20世纪80年代，国家开始改革开放，国力增长，逐渐加大对古建筑的关注。1982年11月19日第五届全国人民代表大会常务委员会第二十五次会议通过《中华人民共和国文物保护法》，加强对文物的保护，继承中华民族优秀的历史文化遗产，促进科学研究工作，进行爱国主义和革命传统教育，建设社会主义精神文明和物质文明。其中，界定古文化遗址、古墓葬、古建筑、石窟寺、石刻、壁画、近代现代重要史迹和代表性建筑等为不可移动文物，根据它们的历史、艺术、科学价值，可以分别确定为全国重点文物保护单位，省级文物保护单位，市、县级文物保护单位。1985中国加入《世界遗产公约》。

对古建筑的保护可分为研究和实践两类。20世纪80—90年代，研究工作得以不断加强，成果显著，并逐渐形成不可移动文物保护的思想体系和维修古建筑需遵循原材料、原形制、原工艺、原做法原则，以及不改变文物原状和最小干预原则等指导理念。并且通过加入《世界遗产公约》,加强与国际接轨,引入世界文化遗产保护的先进理念。但困于财力有限,对古建筑保护的实践(即文物建筑维修工程)还是不足且力有不及的。因而长时期采取的是"抢救为主""重点修缮"的保护模式。

2000年以后,国力充盈,国家开始加大对古建筑保护的投入。2001年11月,国务院副总理李岚清代表国务院确定了故宫整体维修的历史任务,并指出这是国家的大事。由此组织制定了《故宫保护总体规划大纲(2003—2020)》,并得到了国家文物局的批复。大纲确定了"整体保护,全面维修"的保护原则。据此,故宫于2003年开始了历经十数年的古建大修。以故宫古建大修为起始标志,在国家政策财力的巨大投入下,全国开始了一场延续十数年的古建筑修缮热潮。这是一场有史以来规模最大的对古建筑的保护实践。其特点是规模大、范围广、资金足,且以古建筑保护维修工程为主体,引入了现代工程管理模式。其间,取得了显著成果:无数珍贵的古建筑因得到修缮而得以保存;积累了大量古建筑保护实践的经验;提高了人们对古建筑的保护意识;提高了古建筑保护的研究水平;锻炼培养出了大批量的专业技术人才;有效地延续及挖掘了传统施工工艺技术。

然而,随着社会生活的发展变化,古建筑保护修缮工程现在面临着诸多的困难,也即挑战,主要是人才匮乏、材料紧缺、资金及市场萎、理念与实践不匹配。

一、人才匮乏

从事古建筑保护的人员大体可分为两类:研究型人才和实践型人才。

研究型人才主要从事理论学术研究与教学,多存在于大专院校和科研院所。他们大都是受过高等教育的知识分子,是学者。基于国家的重视,每年有大量大学生投身古建筑保护相关研究领域。因此，研究型人才在现在并不匮乏。

实践型人才主要从事与古建筑保护修缮工程相关的具体工作，多存在于管理单位、设计单位、施工单位、监理单位。他们又分为两类：管理人员和实操人员。管理人员是工程组织管理者、设计师、监理工程师等负责管理岗位的人；实操人员是真正动手实操的技师和技术工人，是工匠。现在，实践型人才非常匮乏，面临着人才断档和人员老化的困境。

（一）人才匮乏成因分析

2000年以后，党中央、国务院高度重视，逐步完善相关法律法规，制定了大量扶持优惠政策，每年投入巨额资金专门用于全国文物建筑的保护。各级地方政府为了搞活经济发展旅游，也非常支持文物建筑的保护修缮。从而在全国范围内形成了古建筑修缮热潮，将原本体量很小的古建筑修缮市场大大扩容，吸引了无数人员涌入。管理单位、设计单位、监理单位、施工单位都拥有着充足的专业人才。这些实践型人才并不是凭空产生的，他们来源于两个方面：一是国有企业和事业单位的员工；二是农民和民间匠人。

管理人员多是原国有制企事业单位多年培养的人才，在20世纪90年代国企改制中外流入社会，后在市场火热时被大量组建的民营企业吸纳，从事古建筑修缮工程的相关技术管理工作。以北京为例，参与古建筑保护工程的各家施工单位、监理单位，它们的技术骨干几乎均出身自北京市第二房屋修建工程公司、北京市园林古建工程公司、北京市房管局等几家大型国有企事业单位。这些专业人员在原国企中经过多年培养锻炼，多是实操工匠出身，拥有着高超的专业技能和丰富的实践经验，从原来的工匠身份转变为负责技术的管理者，他们是称职的专业人才。这些人员数量众多，充分满足了当时古建筑修缮市场的需求。但二十多年过去，他们大多过了退休年龄，纷纷脱离了工作岗位，而众多企业并没有自行培养充足的专业人才接替，造成了现在的人才断档。也就是说，当年众多民营企业吃国企的人才红利，现在吃光了。原来的国有企事业单位承担着国家任务和社会责任，会不断吸纳人员，培养锻炼人才，使用人才，可以做到吐故纳新，拥有完备的人才培养机制。现在的民营企业大多遵循市场规则，奉行拿来主义，挖掘现成的人才为其所用，不会花时间下大力气培养自己的人才。所以说，人才断档是必然的，它是整个市场人才培养机制崩溃和缺失造成的。

实操人员是具体干活的工人。改革开放前，既有国企的工人又有民间的工匠。改革开放后，国企的工人纷纷转变成了管理者，实操人员就仅剩民间的工匠，他们是民间手艺人，是掌握古建筑营造技术的工匠，是入城务工的农民工。他们数量众多且吃苦耐劳，完全满足了古建筑修缮市场的需求。他们的技术来自民间手艺人的技艺传承，并通过大量古建筑修缮工程得以提升。他们的人才培养是师带徒的方式，自发而不成规模且不确定，非常受市场影响。市场火热时，从业者众，人才稠密；市场冷清时，从业者寡，人才稀缺。中国经济的增长吃的是国家人口红利；同理，我们的古建筑修缮市场吃的是农民工的人口红利，现在吃光了。现在从业的实操人员平均年龄接近五十岁，三十岁以下的青壮年工人稀缺，面临人员老化、后继乏人的困境。如何不断吸引年轻人入行，如何培养技术工人并将人留住是解决问题的核心关键。

（二）解决人才匮乏的设想

管理人员的人才断档是整个市场人才培养机制崩溃和缺失造成的，所以就需要重新建立与现时代相匹配的培养机制。

古建筑保护修缮工程所涉及的管理人员应当具备几项素质：了解中国古建筑，熟悉行业相应政策法规，精通一到数种古建筑行当的工艺技术和操作流程以及质量检验标准。这些管理人员虽然不用亲自动手操作，但要能够指导工匠实操。

对此类人才的培养可从两方面展开。一方面是吸纳大专院校的毕业生入职进行长期定向培养。这种方式的优点是人员充足且源源不断，知识水平高，学东西快；缺点是他们入行就是管理岗位，根本不可能像工人那样扎实地学习技术并开展实践，从而缺乏实操经验。另一方面是不断吸纳工匠中的优秀人才进入管理岗位并帮助他们提高理论水平。这种方式的优点是人员技术水平高，完全能够指导工人实操保障施工质量，并且打开了工人上升通道；缺点是文化水平不高，理论学识欠缺。可安排年龄大的人作为技术指导和教师，负责对工人进行技能培训，完成技艺传承。安排年轻人进行理论知识的学习，逐渐成为技术管理的骨干。

通过这两方面源源不断吸纳人员并进行有针对性的培养和锻炼，应该能够解决人才匮乏的问题。其中的关键是用人单位一定要给予这些管理人员充分的待遇保障，解决他们的后顾之忧，这样才能够吸引人才、培养人才、留住人才。

（三）解决人员老化的设想

随着时代发展，以及社会老龄化，现在的年轻人更倾向于轻松体面、收入高的工作。入城务工的年轻人即便是送快递、跑外买，也不愿意从事建筑工人这样又脏又累的体力劳动。所以整个古建筑修缮行业工人年龄老化是必然的，它是时代发展引发的，是市场萎缩造成的，是无法得以根本性解决的。

虽然无法根本性解决，但是可以改善。提高古建筑修缮行业工人的收入，令古建筑修缮市场比别的劳动力市场更有吸引力。具体的实施构想在本文"资金及市场萎缩"中阐述。

二、材料紧缺

古建筑修缮行业涉及的材料主要有木材、青砖、青瓦、琉璃瓦、石材、金箔、颜料光油、大漆、血料、桐油、石灰、黄土等。它们大体分为两类，一类是木材、石材、桐油等自然产生的自然材料；另一类是砖瓦、光油等经人工加工制作的加工材料。

现今古建筑修缮行业涉及的主要材料呈现出自然材料部分缺失、加工材料质量下降的现象。

（一）自然材料紧缺成因分析

自然材料部分缺失主要体现在木材缺失上。众所周知，中国传统古建筑是木结构建筑，对木材的使用是巨量的。经过上千年的开采使用，我国可用于古建筑的常用木材已近枯竭，仅剩的一些森林资源也被国家立法保护而禁止采伐。中国传统古建筑所用木材大多是楠木、樟木、落叶松、云杉、侧柏、桧柏、油松、红松等。清代中后期，楠木等贵重木材就已经缺少，一些高等级宫殿建筑的营造就被迫拆卸老建筑旧料以挪用，或通过拼攒的方式减小木材径级。中华人民共和国成立后，高等级木材更是稀缺，在修缮工程中不得不采用常见的松木，或从国外购买进口木材。几十年过去，随着各国对木材资源的重视，从国外购买变得困难，早先多是从东南亚国家采购，后从俄罗斯进口，现在是在非洲采买。今后会越来越难购买到合适的材料，且价格会非常高。

青灰是瓦作的常用辅料，是煤窑的伴生矿，多处于浅地表层，在人工开采的小煤窑里很容易获得。但随着国家规范采煤业，大量关停小煤窑，造成青灰的缺乏。

黄土在古建筑修缮中以及砖瓦烧制中被大量使用，但随着国家重视农田及保护生态环境，制定的政策造成合格的黄土的获取变得不容易且成本上涨。

彩画中使用的一些传统矿石颜料，因为材料稀少，成本高昂，现在也很难在修缮工程中大量使用。

（二）加工材料质量下降成因分析

青砖、青瓦、琉璃瓦是古建筑修缮中用得最多的材料。其制作工艺都很好地传承了下来，设备设施也很好地改进了，但整个市场出现了产品质量下降和数量减少的局面。分析其成因，不外乎两点：原材料缺乏和生产厂家减少。

砖瓦烧制中被大量使用的黏土，随着国家重视农田及保护生态环境，制定的政策造成合格黄土的获取变得不容易且成本上涨，使得一些厂家未严格按照标准采用合格的黏土进行加工，造成砖瓦的质量不佳。

砖瓦烧制中有烟尘排放，近些年国家高度重视碳排放，制定了严格的相关政策，使得生产成本大大提高，最终造成许多生产厂家退出了该市场。现在留存的砖瓦生产厂家数量不及十几年前的一半，自然就令市场上青砖、青瓦、琉璃瓦的数量大大减少。

自然材料紧缺问题，是无法解决的。只能优先保障国家级保护项目使用合适的材料。

对于加工材料质量下降且数量减少的问题，只能够通过政府扶持来加以解决。加工材料所产生的一切问题都源自生产厂家。生产厂家之所以产生问题都源自市场竞争，它们要赢利，它们要生存。现在是市场萎缩，成本上涨，赢利困难。这些问题靠市场自我调节来解决是根本不可能的。必须要靠政府引导，进行专项扶持。

在众多生产古建筑材料的厂家中进行筛选，选出有规模、有工艺传承、有市场口碑的厂家。对这些厂家下达年度生产任务，令其每年制作出一定量的质量优良的产品。同时对这些厂家进行扶持，帮助解决原材料和生产中的政策困扰。最后还要规定相应的古建筑修缮工程用材必须从这些厂家中采购，且每一件出厂产品均有一定的政府补贴。企业获得政府扶持的资质是每年复核的，且有清退机制。

这样，政府通过"给政策、给市场、给资金"的方式扶持一批优秀企业，让它们茁壮成长，慢慢占领古建筑材料市场，反哺市场，最终实现良币驱逐劣币。

三、资金及市场萎缩

任何市场都受供需关系制约，需求多才有可能扩张市场；

也受该领域吸引入的资金量制约,资金量越大市场才会越繁盛。古建筑修缮市场是一个特殊且小众的市场。古建筑是特殊的:它不同于普通的民用住房,具有文物建筑属性。按照我国文物保护法规定,被确定为各级文物保护单位的古建筑被重点保护,对其的使用和维护须经严格的审批。全国大多数文物建筑属于国有,使得对古建筑进行修缮投入的资金也大多来源于政府投入。总而言之,古建筑修缮市场的需求和资金投入主体是政府主导的。随着国家在文物保护领域加大投入,造就了该市场的繁荣。

(一)市场萎缩的成因分析

在公有制时期,整个国家实施的是计划经济,根本就不存在市场经济,就更不存在古建筑修缮市场。随着国家改革开放,市场化进程开始推进,众多民生领域实现了市场化,且展现出了强大的生命力,实现了搞活经济繁荣市场的目的。但古建筑修缮市场是在20世纪90年代后期才慢慢形成并在21世纪初开始进入十数年的繁盛期的。现在,随着国家经济下行,政府在文物保护领域的投入减少,整个古建筑修缮市场萎缩就是一个必然现象。该问题无法根本解决,但市场萎缩状况可以通过一些措施加以缓解。

(二)关于缓解措施的建议

对投入古建筑修缮市场的资金进行开源节流;对该领域的市场竞争进行干预,确保良币驱逐劣币。

(1)在政府资金有限的情况下,对资金的使用更需要审慎。减少文物建筑整体修缮项目,加大日常维护方面的投入。

(2)鼓励民间资本的介入。促进一些基金会对重点文保项目进行资金扶持;促进一些有实力的企业与文物保护单位的管理方进行长期合作,以增加古建筑保护方面资金的投入。

(3)加强文物保护领域企业相关资质的审核,确保真正有实力的企业参与重要的修缮项目,并从中赢利,占据市场,实现自身的良性循环。同时也要淘汰那些劣质企业，从而避免它们对古建筑市场的干扰和对该领域资金的浪费。

（4）有计划有步骤地缩减整个古建筑修缮市场的体量。通过减少修缮项目，提高企业准入门槛，令大批不够优秀的企业和人员离开该领域。同时通过集中资金投入重点修缮项目，扶持优秀企业和提高该领域从业人员报酬，也就是通过高标准高回报的方式将真正有能力的人才留住。让整个市场虽然缩小，但变得更加规范和高效。

（5）存留的企业需要担负起培养专业人才的任务，也要担负起传承古建筑修缮技艺的任务。

四、理论与实践不匹配

我国对文物建筑保护越来越重视，越来越同国际接轨，随着对世界文化遗产的重视，我国大量引入相关的保护理念并用于指导文物建筑的保护。

但是近些年发现，我们的文物建筑保护理念提升得迅猛，由此展开的研究以及据此制定的相关管理策略在执行层面出现了偏差。这意味着在我国的文物建筑保护领域出现了理论与实践不匹配现象。

（一）成因分析

1. 理念差异

现在政府制定政策主要遵循的是世界文化遗产保护的相关理念。这些理念是我们照搬过来的，它源自西方文化，内核是西方哲学，它同西方的文物保护实践相匹配。但是它同我们传袭千年的传统文化、东方哲学思维有着很多差异。在我国上层面的领导、专家、学者能够接受国际先进理念，但是下层面的实操从业者未能完成观念的转变。这两个层面人员思想理念的差异就会造成理论与实践的不匹配。

2. 理想与现实的差距

世界文化遗产保护的相关理念很好，它是西方发达国家经过许多年的实践摸索和大力投入，不断改进完善才形成的一套完备体系。这个体系的实现需要四个方面的支撑要素：国民普遍的价值认同、充足的专业人才、完备的配套法律、充足的资金投入。有了这些支撑要素，世界文化遗产保护就会发挥很好的作用。

但是我们仅仅是看到了它所发挥出的积极作用，就以此作为理想目标，忽略了我国现实情况，我国并没有支撑该体系的四个要素。所以在现阶段，我们很难跨越理想与现实的距离。

（二）改进建议

西方建筑史上好东西肯定要拿来为我所用，但不必机械地全盘照搬，应当考虑我国的实际情况进行适应性的调整。在世界文化遗产保护领域，我国既要有大国担当，成为遵循国际公约的表率；又要结合实际，发挥文化自信，在国际上发出自己的声音，在世界文化遗产保护领域成为引导者和规则的制定者。

具体到我国的古建筑保护领域，希望政府的政策引导更能够考虑现实社会情况，更加务实；在执行层面要不断加大宣传教育和管理力度，夯实基础。

五、结论

我国的文物建筑保护在不断地发展和完善，但随着社会的发展，也不断地面对新的挑战。古建筑修缮市场是一个小众且特殊的市场，仅仅依托它自身运行的调整改善来克服前文所述的诸多困难挑战是不可能的。分析成因，找出解决的思路，由市场主导过渡到行政主导才是根本解决以上问题的关键。

以南薰殿斗拱为例浅谈三维激光扫描在古建筑数据提取及残损分析中的实践价值

李 静[*]

摘 要：南薰殿是北京故宫内为数不多的明代建筑之一，具有重要的历史、文化和艺术价值。受自然环境和人为影响，南薰殿木构件产生了一定程度的病害。本文以南薰殿斗拱为研究对象，借助三维激光扫描仪，实现了南薰殿斗拱点云数据的精准采集，进行数据加工处理后可提取出各斗拱的形制、尺寸等信息，并可直观获得构件的外倾、歪闪等病害的残损分析结果。研究结果表明，该技术可为南薰殿保护修缮工程提供坚实的数据基础，在古建筑保护领域具有较高的推广和借鉴价值。

关键词：南薰殿；斗拱；三维激光扫描；残损分析

---

[*] 故宫博物院副研究馆员。

一、引言

三维激光扫描技术作为一种非接触式的信息记录方式，用于文物保护领域时，既可以获取信息，同时还可以避免人为接触对文物造成的损伤，在大量文物中进行应用。[1-4]三维激光扫描点云模型提供的尺寸信息具有数据量大、精度高的优点，有效弥补了传统手工测量效率与精度较低的缺陷，能够更加完整、准确、快速地记录建筑现状，有效地保存大量历史信息，并且能够实现整个工作过程的可逆性，从而大大提高测绘工作的科学性和准确性。[5-6]其次，高清晰摄影技术已越来越多地应用于文物保护工作中，数字正摄影像图可作为文物现状调查基础资料，也是文物现状保留及保护的重要手段。针对同一器物的不同角度进行高清摄影，并基于多投影基准面进行纹理映射来生成高精度数字正摄影像图，还可以减少传统单个投影面产生的图像投影变形，提高数字正摄影像图的精度和逼真度，有效地还原古建筑内檐装饰装修部分的细节历史信息。

南薰殿位于故宫外朝西路，武英殿西南，为一座独立院落，现仅存正殿，配殿已无存；正殿面阔五间，进深三间，黄琉璃瓦单檐歇山顶，大部分构件极有可能为明代原构，[7-9]对其进行详细的数据采集和深度挖掘，具有重要的研究意义。因此，本文旨在基于三维激光扫描技术获取古建筑的丰富点云数据，并在此基础上对古建筑各构件进行精细三维建模，以实现对古建筑进行数字化保护的目标。

二、三维激光扫描工作内容

（一）三维点云采集

采用型号为 S70 的 FARO focus 三维激光扫描仪（扫描仪精

度 ±1mm）进行中距离扫描。

（二）纹理数据采集

采用高清摄像机多角度地拍摄南薰殿建筑本体，获得高清晰照片和高分辨率纹理信息。对于需要精细表现的细节部位，适当增加拍摄距离和角度，尽可能获得更多信息。

（三）数据预处理

为得到干净整洁、位置正确的点云，以便及时查漏补缺，防止出现漏扫的情况，需进行点云配准和去噪，然后进行点云拼接，形成原始数据库。通过原始数据可以"测量"建筑的相关数据，获取建筑的现状信息。

（四）三维建模

结合三维激光扫描点云和彩色纹理数据，对建筑进行精细三维建模，便于图件制作和建筑三维立体数字化展示。

（五）制作图件

在建成的三维模型基础上生成建筑的鸟瞰图、剖面图、俯视图、正摄影像图等，可根据需要，生成梁架切片、斗拱切片、立柱切片等。

三、数据提取及残损分析

（一）斗拱形制

1. 平身科

南薰殿平身科为五踩单翘单昂，前后檐明间各六攒、东西次间各四攒、梢间各两攒，两山面明间各四攒、次间各一攒，共计四十八攒。

南薰殿平身科斗拱第一层为大斗，斗有䫜，平面呈长方形；第二层为正心瓜拱和翘；第三层是正心万拱、外拽瓜拱、里拽瓜拱、头昂；第四层为外拽万拱、外拽厢拱、耍头。拱端头卷杀，外拽瓜拱、外拽万拱及厢拱拱眼边抹大曲面棱，正心瓜拱、正心万拱的拱眼做磨地平处理。平身科斗拱皆为单翘单昂，昂身自十八斗平出一段再斜下，两侧不做扒腮，昂底隐刻华头子，昂嘴呈"⌒"形。昂身凤凰台为下倾的斜面，昂面有䫜。每个昂身向外伸出的长度、向下的倾斜度不一致。利用三维激光扫描点云可以较清楚地看出每个平身科的形制，尤其是局部细节，亦可通过切换视图角度，观察平身科出跳构件（图1）。

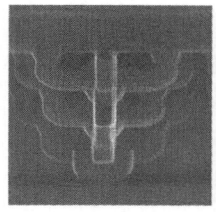 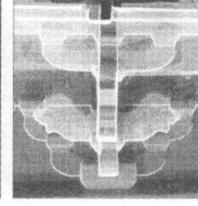 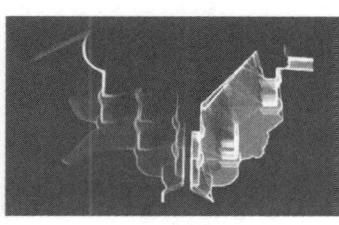

(a) 正视图（外檐）　　(b) 正视图（内檐）　　(c) 侧视图

图1　南薰殿明间平身科斗拱点云图

2. 柱头科

南薰殿柱头科为五踩单翘单昂，前后檐各四攒，两山面各两攒，共计十二攒，分为檐面与山面两种（图2）。柱头科第一层为大斗，斗有䫜，其中前后檐的大斗平面呈长方形，两山面的大斗平面呈凸字形。柱头科外檐第一跳为翘，第二跳为昂，昂上为梁头隐刻的翘，挑尖梁出头由十八斗直接承托，昂身无隐刻华头子，做成扒腮，昂嘴呈"⌒"形。檐面与山面柱头科形制不同，其中檐面柱头科内檐里拽瓜拱做成三福云形式，用丁头拱承托七架梁；山面柱头科内檐做法与平身科相同，里拽瓜拱亦做成三福云形式，隐刻上昂，后尾做成六分头，下附菊花头，无麻叶头。

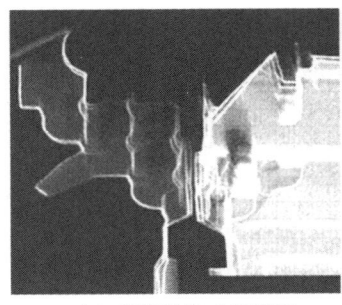
(a) 前檐整体（右视图）

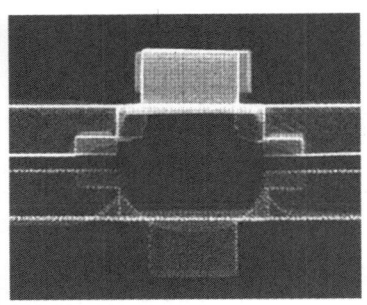
(b) 前檐大斗（平面图）

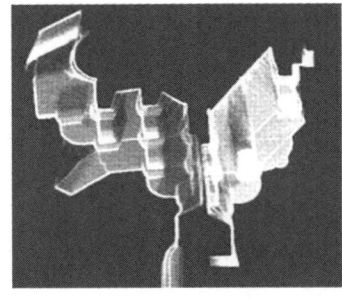
(c) 西山面整体（右视图）

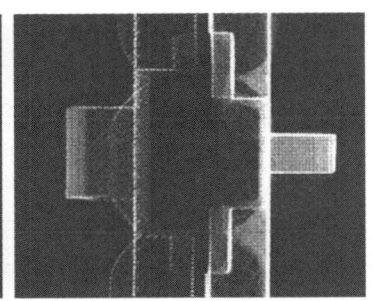
(d) 西山面大斗（平面图）

图 2　南薰殿柱头科斗拱点云图

  柱头科要承受梁头及檐端的质量，所以构件尺寸远大于平身科。柱头科的翘、昂等构件的宽度自下向上逐渐增大。这种做法与智化寺万佛阁柱头科做法相同，刘敦桢先生认为这种做法应是在丛密式斗科盛行以后出现的。[10] 檐面与山面构件配置不同应是受到南薰殿大木结构的影响。南薰殿采用七架梁直接伸出承托檩条的做法，为承托七架梁并且能与柱头科外檐出跳数保持一致，柱头科里跳采用了出跳拱附于梁底的做法。山面柱头科由于没有梁搭接在其上，故里跳与平身科保持一致。

3. 角科

  南薰殿角科位于建筑的角柱之上，共计四攒。角科檐面和山面为单翘单昂，斜角方向为单翘双昂。大斗平面为矩形，有明显的颤。厢拱做成鸳鸯交首拱。鸳鸯交首拱之下用小拱头承托，三才升没有完全咬合拱身。昂身不做扒腮，隐刻华头子，昂嘴为"⌒"形（图3）。

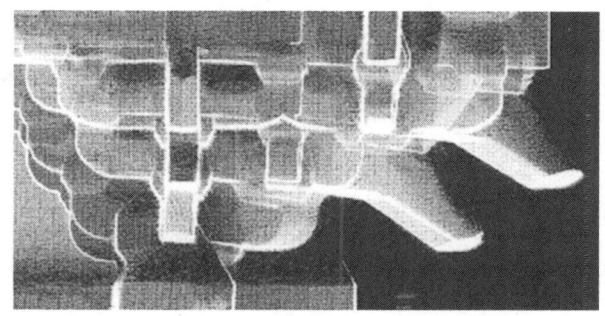

图 3 南薰殿东北角科斗拱点云图（右视图）

（二）斗拱尺寸

1. 平身科

（1）大斗。

南薰殿平身科大斗的宽度约为 242mm，高度约为 157mm，斗口约为 76mm，其中斗口变化幅度较小，宽度和高度波动更为明显；且檐面相对山面数据波动更为明显（图 4），推测是常年荷载以及外界自然环境作用造成了大斗高度的波动。

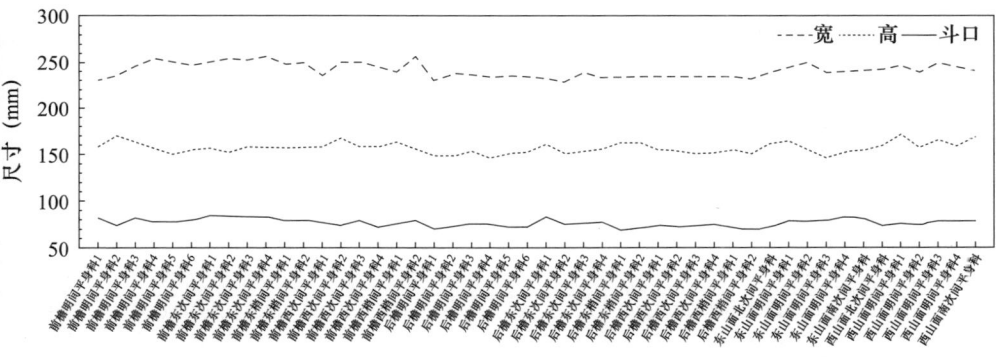

图 4 南薰殿平身科大斗尺寸图

（2）拱长。

南薰殿每攒平身科的拱长数据如图 5 所示，整体尺寸遵循万拱＞厢拱＞瓜拱的规律，正心瓜拱与外拽瓜拱、正心万拱与外拽万拱长度基本一致，不存在较大差异。万拱拱长约为 730mm，厢拱拱长约为 572mm，瓜拱拱长约为 500mm。拱长数据整体平稳，仅存在小范围波动，推测可能为制作过程中的误差，也可能为长期承重以及自然环境影响造成的。

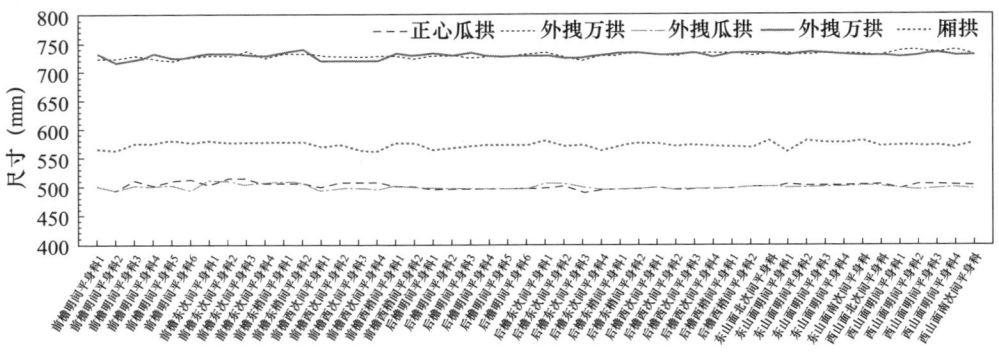

图 5 南薰殿平身科拱长尺寸图

（3）出跳。

南薰殿平身科每一跳出跳距离基本相同（图 6），为 220~230mm，两跳的跳高数据也基本相同，为 150~160mm。昂尖长为厢拱中线至昂尖的距离，为 250~260mm。其中南薰殿第二跳的数据波动较大，且各面平身科中后檐曲线波动最为明显，前檐与两山面相对比较平缓。

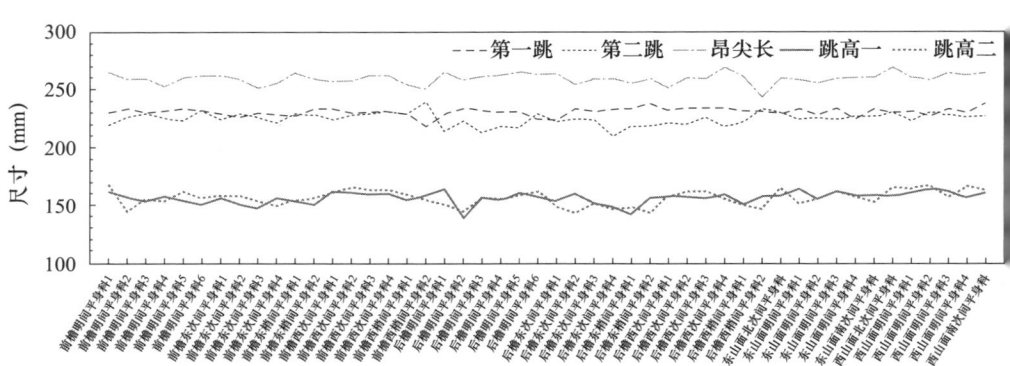

图 6 南薰殿平身科出跳尺寸图

2. 柱头科

（1）大斗。

南薰殿柱头科大斗尺寸如图 7 所示，大斗宽度为 350~370mm，其中后檐大斗宽度（340~350mm）明显小于前檐和两山面。大斗高度为 140~160mm，变化无明显规律。斗口宽度约为 200mm。

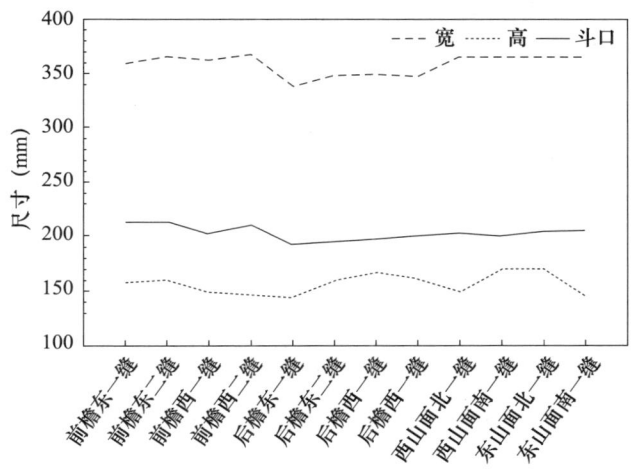

图 7　南薰殿柱头科大斗尺寸图

（2）拱长。

南薰殿柱头科拱长尺寸如图 8 所示，正心万拱与外拽万拱长度一致，约 730mm，厢拱长度除东山北一缝略短以外，其余各攒的长度基本在 600mm 左右。正心瓜拱长度约为 530mm，比外拽瓜拱略长 20~30mm。除万拱以外，柱头科其余拱长都要大于平身科。平身科拱长数据基本每攒都一致，波动不会太大，但柱头科拱长设置比平身科要更灵活，如前檐东二缝正心瓜拱、东山面北一缝厢拱、东山面南一缝正心瓜拱的数据明显与其他位置处柱头科不同。

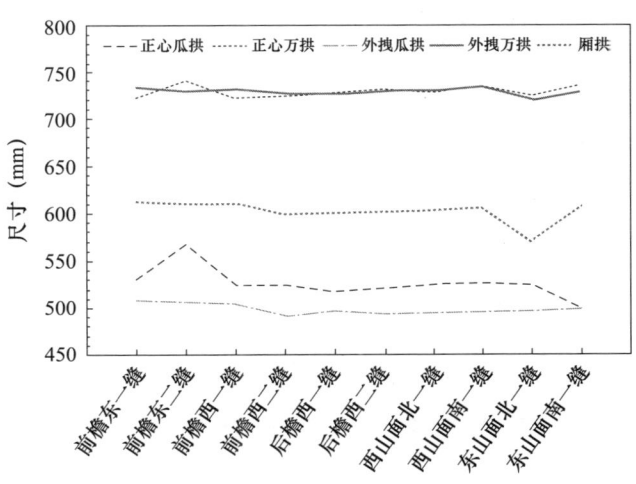

图 8　南薰殿柱头科拱长尺寸图

(3) 翘昂。

南薰殿柱头科翘、昂等构件的宽度自下向上逐渐增大，翘昂尺寸如图9所示。昂比头翘宽30mm左右，梁头下的翘宽度与梁头宽度一致，比昂宽约60mm。各项数据波动较明显，可能由柱头科构件偏移导致。

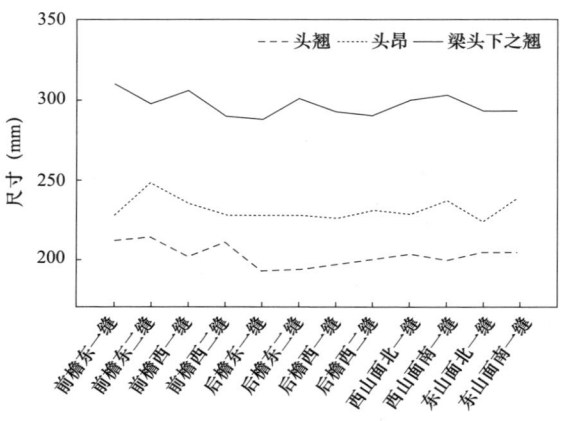

图9　南薰殿柱头科翘昂尺寸图

(4) 出跳。

受三维激光扫描条件限制，南薰殿柱头科部分构件点云比较稀疏，为便于测量，将昂伸出的长度以厢拱外皮到昂尖的距离为参考值，各出跳尺寸如图10所示。昂伸出的距离大于每一跳出跳的距离，檐面波动大于山面。两跳出跳的数据基本一致，但第二跳波动整体大于第一跳。

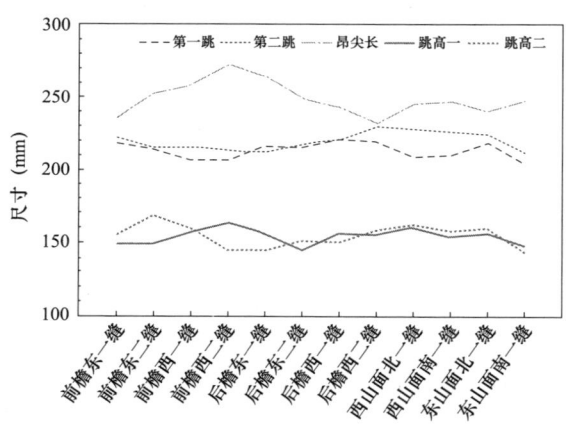

图10　南薰殿柱头科出跳尺寸图

3. 攒间距

南薰殿攒间距如图 11 所示，檐面均值为 794mm，前后檐攒间距基本一致，波动较小。东山面均值为 911mm，西山面均值为 915mm，两山的攒间距走向基本一致，南北次间小于明间。檐面与山面布置的斗拱攒数不同，攒间距也遵循各自的规律。

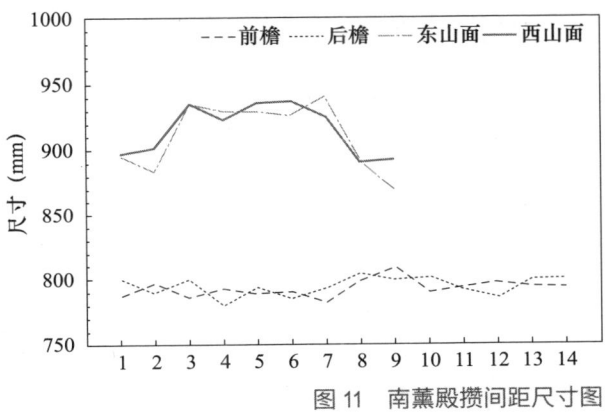

图 11　南薰殿攒间距尺寸图

（三）斗拱残损情况

斗拱层是屋架和柱网的过渡部分，具有承上启下、传导荷载的作用。斗拱层长期承重，集中受力，所以容易残损变形。斗拱的残损分析应包含构件个体及整体两方面的内容。

南薰殿斗拱构件现状较好，仅个别斗拱昂身劈裂（图12），其余无明显开裂、糟朽、错位，但拱身彩画脱落较严重。斗拱整体比较突出的问题主要表现为整体形变、外倾和歪闪。通过三维激光扫描点云图，可清晰看到每一攒斗拱的整体形变量。从斗拱的侧立面三维扫描点云中可以看出，个别斗拱存在外倾和歪闪现象（图 13 和图 14）。第二跳相对于第一跳向下倾倒的幅度更大，这与测量尺寸数据时第二跳数据波动大的现象是一致的。山面柱头科相对檐面外倾更明显，可能是因为山面柱头科用材较大，而内檐未施压梁头，内外质量不平衡所致。斗拱整体形变是因其长期受力而导致的，是不可避免的。南薰殿斗拱整体保存状况良好,且斗拱分布较密,整体形变幅度不大,不足以影响檐部构造稳定性。

图 12 南薰殿前檐西梢间西起第一攒平身科斗拱

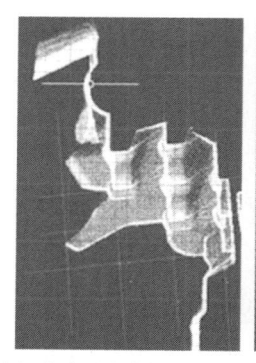 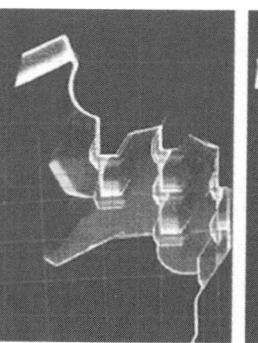 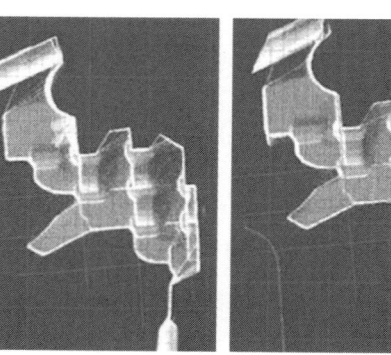

(a) 东山面北次间平身科1　(b) 后檐明间平身科3　(c) 东山面南一缝柱头科　(d) 西山面北一缝柱头科

图 13 南薰殿斗拱外倾现象

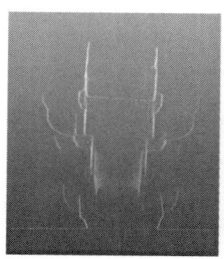

(a) 后檐东一缝柱头科　(b) 前檐西一缝柱头科

图 14 南薰殿斗拱歪闪现象

四、结论

利用三维激光扫描技术对南薰殿进行三维信息数据采集，获得了大量高精度数据，提供了南薰殿平身科、柱头科、角科斗拱各自的形制特征，并获得各平身科、柱头科的大斗、拱长、翘昂、出跳、攒间距等尺寸信息，为南薰殿斗拱的现状记录、残损检测、建筑尺度分析提供了科学的依据，弥补了传统手工测绘的不足。

参考文献

[1] 刘秀涵，张朋东. 基于三维激光扫描技术的古墓数字化保护方法 [J]. 测绘通报，2023（12）：174-177.

[2] 郑晓敏，沈健，祖文迪. 三维激光扫描在砖结构古墓葬数字化工程中的应用 [J]. 测绘通报，2020（S1）：192-194，209.

[3] 张训虎. 三维激光扫描在古建筑安全检测中的应用 [J]. 测绘通报，2020（S1）：155-158.

[4] 孙文潇，王健，刘春晓. 三维激光扫描在古建筑测绘中的应用 [J]. 测绘科学，2016，41（12）：297-301.

[5] 贾雪,刘超,徐炜,等. 海量点云数据的建筑物三维模型重建 [J]. 测绘科学，2019，44（4）：124-129，181.

[6] 索俊锋,刘勇,蒋志勇,等. 基于三维激光扫描点云数据的古建筑建模 [J]. 测绘科学，2017，42（3）：179-185.

[7] 曹晓丽，李静，余佳波. 故宫南薰殿古建筑研究性保护实践与进展 [J]. 故宫学刊，2020（1）：367-375.

[8] 李静，吴玉清，王菊琳. 故宫南薰殿明代蓝色彩画检测及分析 [J]. 城市建设理论研究（电子版），2019（17）：184-185.

[9] 黎晟. 清宫南薰殿图像考述 [J]. 南京艺术学院学报（美术与设计），2017（6）：68-76.

[10] 刘敦桢. 刘敦桢文集（一）[M]. 北京：中国建筑工业出版社，1982.

文物建筑迁移保护工程中拆卸前三维扫描技术应用的重点、难点与亮点分析

——以托巴水电站岩瓦牛氏老宅为例

周 怡* 王位宁**

摘 要：近年来，随着国家大型基础设施建设的开展，大量不可移动文物面临无法原址保护的困境。如何在迁移保护过程中尽可能少地丢失文物历史信息，确保复建工程按照"原材料、原形制、原工艺、原做法"的修复原则最大限度地进行还原，是文物迁移保护工程的重点内容。本文以托巴水电站岩瓦牛氏老宅迁移保护工程为研究对象，运用三维激光扫描技术进行数字化记录，通过详细分析三维数字化技术在其中应用的重点、难点与亮点，高精度、高效率、全面记录文物和文物原有的场所信息，为同类别不可移动文物的保护提供数字化保护方式上的借鉴和参考。

关键词：岩瓦牛氏老宅；文物保护；三维激光扫描技术；应用实践

---

* 云南省文物考古研究所文博馆员。
** 西安云图信息技术有限公司助理工程师。

一、引言

托巴水电站位于云南省迪庆藏族自治州维西傈僳族自治县中路乡境内，是澜沧江干流上游河段（云南省境内）规划的第四个梯级，其上游为里底梯级，下游与黄登梯级相衔接，电站正常蓄水位1735m。受托巴水电站建设淹没区影响，根据《云南省建设工程文物保护意见书》和审定的《澜沧江托巴水电站建设征地移民安置规划报告》，并经云南省人民政府批复同意，县级文物保护单位——岩瓦牛氏老宅因位于电站正常蓄水位以下，无法进行原址保护，故对其进行了迁移保护。

二、岩瓦牛氏老宅项目背景

岩瓦牛氏老宅2002年7月被公布为县级文物保护单位，依山而建，为清代纳西族民居建筑，平面布局为四合五天井，占地面积620.80m^2，建筑面积880.72m^2。房屋采用了纳西族传统民居常用的抬梁、穿斗混合的结构形式，形成台地式建筑，其厢房室内地面比倒座高半层，正房室内地面比厢房高半层，布局形式满足纳西族生产活动需要。

托巴水电站淹没区文物保护工作工期紧、要求高，为全面落实《"十四五"文物保护和科技创新规划》，根据《关于加强文物科技创新的意见》，立足新发展阶段、贯彻新发展理念、构建新发展格局，本次迁移保护工程运用三维激光扫描技术对岩瓦牛氏老宅进行高精度、高效率、全面的数字化记录，并针对文物价值较高的部分做局部精细化三维激光扫描，以科技赋能文物，确保在迁移保护工程中不丢失任何历史信息，尊重文物古迹的真实性、完整性，为后续文物复建、工程检查验收提供有效的数据支撑，确保复建工程能按照"原材料、原形制、原工艺、原做法"原则进行还原，对文物建筑进行更为精准、高效的保护。

三维激光扫描工作分为外业和内业两个阶段：外业针对文物建筑、院落以及周边环境进行三维激光扫描，并配合采用无人机空中倾斜摄影测量、高清摄影拍摄、360°全景采集、影像信息录制；内业对扫描点云进行三维贴图建模，形成正射影像图、CAD 实测图、360°全景图，制作动画视频以及工作宣传记录视频等。且本项目将进行两次三维激光扫描，拆卸搬迁前扫描一次，完成复建后再扫描一次，便于直观地对比复建工程效果、检查验收工程质量。

三、三维数据采集重点

云南岩瓦牛氏老宅建筑梁架及门窗装修雕刻繁复精美，由于老宅年代久远，空间布局紧凑，许多雕刻都隐藏在狭窄的角落或高处，导致数据采集工作存在较多盲区。根据现场条件，采用架站式扫描仪与手持扫描仪相配合的方式进行数据采集。

（一）选择适宜的扫描设备

经现场多方踏勘后，尽可能先选择可视范围较广的关键点位架设稳定的、拥有高精度的架站式扫描仪，捕捉建筑的整体结构和轮廓。通过调整设备的角度和高度，逐渐构建起岩瓦牛氏老宅的三维模型。对于隐藏在角落、高处以及架站式扫描仪显然无法触及的区域，运用手持扫描仪轻松地深入狭窄的空间中，操作过程中需控制平稳沿着雕刻的轮廓缓缓移动，设备的激光束在雕刻表面跳跃，捕捉着每一个细微的凹凸和纹理。

（二）减少外部因素的干扰

岩瓦牛氏老宅在数据采集阶段，光线与环境因素常干扰作业并影响采集结果。老宅周边环境复杂、光照多变，强光使墙面反光、阴影处细节丢失，数据多噪点且信息缺失。通过研究现场光照规律，选择光线柔和均匀的时段进行工作，减少反光并凸显细节，还使用遮阳板、反光板等辅助设备，置于屋檐、廊柱处调整角度，以提高细节辨识度，获更精准数据。采集后，使用专业软件多轮校验修正数据，以确保其准确性和完整性。

（三）价值元素的数据采集

岩瓦牛氏老宅的壁画和彩绘均为原状，由于年久失修，加上自然因素的侵蚀和人为因素的破坏，许多壁画和彩绘都出现了缺失、褪色、酥碱、污染等不同程度的残损现象，原始风貌模糊不清，给数据采集工作带来了一定难度。为了更全面地记录，本次采用无人机和手持相机相结合的方式，进行多方位的数据采集。无人机凭借其高空视角和灵活机动性，能够轻松捕捉到壁画和彩绘的整体布局和细节特征；而手持相机则能够深入建筑内部和角落，捕捉到难以被无人机触及的细节和纹理。同时，结合空地一体化的方法，通过无人机和地面设备的协同作业，实现了对壁画和彩绘的全方位、多角度的记录，这种采集方式不仅提高了数据的准确性和完整性，也为后期的数据处理和实景复原提供了坚实的基础。

（四）专业的图像处理技术

完成现场数据采集后，运用专业的图像处理技术，针对褪色且模糊不清的壁画进行了细致处理。以老宅中某一墙壁上的纹饰壁画为例，由于常年遭受风化侵蚀和杂物覆盖，其纹饰多处已变得模糊不清。我们首先借助先进的图像修复技术，通过特定算法精确识别并去除了纹饰表面的干扰元素，之后利用色彩增强和细节修复等手段，成功恢复了壁画及彩绘的原始风貌，使其展现得更加清晰、生动（图1）。

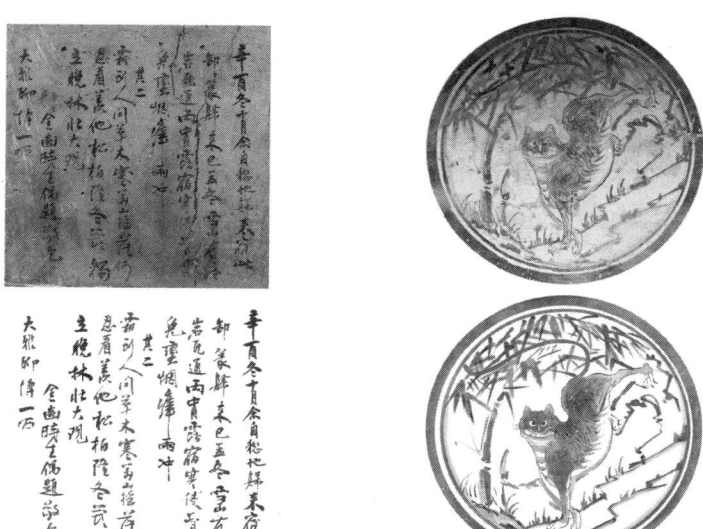

图1 岩瓦牛氏老宅壁画数字化修复前后对比

四、三维数据采集的实施难点

岩瓦牛氏老宅三维数字化采集项目在实施过程中面临着多个难点,涉及技术处理、实际操作以及文物保护三个层面。

(一)技术难点

(1)高精度数据的采集:岩瓦牛氏老宅的建筑结构复杂、细节丰富,要实现高精度的数据采集,需要采用激光扫描、摄影测量等现代测绘技术。这些技术在应用中会受到环境光照、物体表面反射性等因素的影响,处理不当会导致最终采集的数据不完整或失真。

(2)数据复杂性的处理:岩瓦牛氏老宅一旦被拆卸,真实的原始数据将不复存在,因此对三维数字化采集精度有着极为严苛的要求,需综合运用多种先进设备开展数据采集工作。这一举措直接致使采集所获取的数据规模颇为庞大,且数据来源广泛,多源数据之间的配准融合成为关键环节。与此同时,海量的点云数据需要进行去噪、精准配准以及优化等一系列精细处理，方能最终生成便于在后期深入研究中有效使用的三维模型。这一过程涉及复杂的算法和计算，对数据处理能力和数据处理设备均提出了更高要求。

（3）模型真实感的构建：内业岩瓦牛氏老宅三维模型构建进程中，如何有效保障模型的精细程度与高度真实感是一个难点。尤其是在对岩瓦牛氏老宅的纹理特质、色彩呈现以及材料质感等细微之处予以还原时，需要使用先进的纹理映射和渲染技术，以达成极具逼真度的视觉呈现效果。

（二）操作难点

（1）噪声数据处理和优化：岩瓦牛氏老宅由于位于托巴电站建设库区，周边大量民居已陆续搬空，留下大量建筑垃圾无人清理，扫描前的老宅处于一个狭窄、繁杂的环境中，周围还有树木、其他建筑或电线等障碍物，文物建筑内部也堆有大量的杂物。扫描过程中，由于系统本身和周围环境的干扰，产生繁多的噪声数据严重影响了三维建模的精确性，进而影响到岩瓦牛氏老宅数据化保护工作的质量，因此现场与扫描无关的障碍物需要在实际操作中进行妥善清理，不能随意扔弃和损坏。对于某些细节较多的结构，如老宅正房二层的檐口等，由于扫描角度的限制，无法获取到完整的点云数据，需要采用多种扫描方式或多次扫描，增加了操作的复杂性和工作量。

（2）仪器设备校准和使用：各类型数据采集设备均需要专业技术人员进行操作，并定期进行校准核验，以确保设备能够准确、稳定地采集数据。

（3）兼顾精度与效率：岩瓦牛氏老宅建筑规模中等，但雕花构件、壁画等建筑价值元素较多，为提高扫描精度，需要的扫描时间和数据处理量都会大幅提高。如何在保证精度的同时提高扫描效率，是数据采集过程中需要解决的难点。

（4）数据解读与利用：将扫描获取的原始数据转化为各类

型能够应用的信息,不仅需要相关的数据处理和分析技术,还需要古建筑结构、材料、工艺等方面的专业知识。目前这方面的专业人才相对不足。

(5)数据安全与存储:岩瓦牛氏老宅作为文物,其采集获取的大量数据资料需要妥善存储,建立完善的数据资源管理机制,以确保数据的安全,实现数据永久保存。

(三)保护难点

(1)文化遗产的脆弱性:岩瓦牛氏老宅属于不可再生的文化遗产,由于自然环境、年久失修等因素影响,存在酥碱、破损等不同程度的一旦接触就容易发生损坏的残损。在数据采集过程中,要采取保护措施,避免对老宅造成二次破坏。

(2)价值元素的精准表达:岩瓦牛氏老宅中保存了大量的原状历史信息和文化元素,如木雕、壁画、彩绘等细部特征,扫描过程中如果这些价值元素细节被忽略,在成果中便无法被清晰表达,因此需采用适当的技术和方法,确保这些文化元素的真实性和完整性。

(3)保护意识的提升:在进行三维数字化采集的过程中,需要相关工作人员对文物有全面的认识,善于捕捉到文物的价值元素,如此才能分清主次,更高效地采集到精准有用的数据信息。

本次数据采集工作克服以上难点,通过采用适宜的现代技术手段、加强实际操作能力培养、提升文化遗产保护意识等多方面的措施,确保项目的顺利实施和文化遗产的有效保护。

五、三维数据采集的工作亮点

岩瓦牛氏老宅三维数字化采集通过综合运用技术手段,创新文物保护技术,为后期保护、传承和利用等多个方面都带来了更多可能性。

（一）数据采集技术

1. 激光扫描技术的优化应用

（1）高分辨率与高精度扫描：岩瓦牛氏老宅包含了丰富的纹理和雕刻细节，激光扫描技术在此得到应用，它通过发射激光束并精准测量反射回来的时间，能够以极高的精度捕捉到这些微小细节。以岩瓦牛氏老宅正房的大门为例，门上的木雕花纹繁复精美，传统测量手段难以完整且精确地记录其形态。而激光扫描技术可以细致地获取每一处纹理的起伏、每一个雕刻线条的深度与宽度，实现了高分辨率的数据采集，使得构建出的三维模型能够真实地还原大门的原貌，甚至连木雕上最细微的纹理变化都能清晰呈现（图2）。

图2 岩瓦牛氏老宅倒座模型图

（2）非接触式测量：老宅墙体、木结构、木装修等因为年久失修且长期无人居住已残破不堪，激光扫描技术具有非接触式测量特性，通过接收激光束反射回来的信号，设备无须与墙体、木结构、木装修等脆弱部位表面直接接触，就能准确获取墙体表面的三维坐标。这一特性有效避免了传统测量方法中因接触可能造成的二次损害。例如，在测绘老宅壁画区域时，因为存在酥碱、开裂、脱落现象，若采用传统测量工具，稍有不慎就可能造成不可逆的刮擦、挤压等破坏。而激光扫描技术在不触碰壁画的前提下，成功地获取了壁画所在墙面的精确数据，确保了文物建筑的安全完整性，为老宅的保护工作消除了潜在的风险隐患。

（3）快速扫描与实时配准：三维激光扫描设备具备快速扫描的能力，能够在极短的时间内自动完成大量数据采集工作，减少人工干预造成的误差，提高工作效率。同时，项目还采用实时数据配准技术，在扫描过程中即时对数据进行预处理和优化，随时检查数据精度和完整性。

2. 多源数据融合策略

（1）多源设备数据融合互补：项目采用了架站式三维激光扫描、手持式三维激光扫描、摄影测量等多种数据采集技术，这些技术都具有各自独特的优势。如架站式三维激光扫描能够快速获取大空间几何信息，手持式三维激光扫描能够采集精细纹饰结构信息，而摄影测量则能够捕捉丰富的色彩和纹理信息。通过多源数据融合技术进行处理，充分发挥每项技术的优势，实现数据互补，提高数据质量。

（2）自动化融合算法：为了简化多源数据融合处理过程，项目采用自动化融合算法进行数据对齐和配准，实现数据无缝拼接，提高工作效率。

3. 数据采集的智能化

（1）智能路径规划：在数据采集过程中，采用了智能路径规划技术。通过算法分析岩瓦牛氏老宅的结构和布局，自动规划出最佳的扫描路径。例如，在扫描老宅主体建筑时，算法会根据建筑的平面形状、楼层分布以及内部空间的连通性，优先确定从主入口开始，沿着中轴线依次对各个厅堂进行扫描，然后再逐步扩展到厢房、后院等区域，老宅的每个建筑立面、地面以及景观元素都能完整地覆盖。

（2）自动化校准和对齐：通过预设的标定点和建筑特征信息，自动校准扫描设备的位置和姿态，保证采集到的数据在全局坐标系下保持一致。岩瓦牛氏老宅包含多个相对独立又彼此关联的建筑部分，如正房、厢房、后院花园等，当分别对正厅和厢房进行扫描后，由于建筑结构比较复杂，不同区域的数据拼接容易产生误差。自动对齐技术通过识别两个区域交界处的标定点和共同特征，如共用的墙体、相连的屋檐轮廓等，把来自不同扫描路径、不同角度的数据完美融合，有效避免了数据断层和错位问题的出现（图3）。

图3　岩瓦牛氏老宅点云模型高差标注

（二）自动化、高精度建模技术

传统的模型构建过程往往依赖大量的人工操作和手动调整，效率低下且容易出错，在处理岩瓦牛氏老宅的海量点云数据时，若依靠人工逐一筛选、配准，不仅耗时漫长，还难以确保数据处理的准确性与一致性。

岩瓦牛氏老宅三维数字化采集项目采用了自动化建模流程，显著提高了建模的效率和准确性。首先对原始三维数据进行自动化滤波处理，去除扫描噪点。分割步骤则可依据老宅不同的建筑结构，如正房、厢房、庭院等，将老宅的各个功能区域清晰地分离出来。配准处理确保了不同角度、不同设备采集的点云数据能够准确拼接，仿佛将老宅各个碎片精准地拼凑还原。经过这些步骤，初步的几何模型得以快速生成，极大地减少了人工干预，降低了建模的复杂性和错误率。

在模型构建过程中，对点云数据进行精细处理和分析以及高精度的拟合和插值，生成平滑且准确的模型表面，然后采用几何建模算法和技术，对初步构建的模型进行自动分析和优化，消除冗余数据、修复模型缺陷，确保模型在几何形态上与原始老宅保持一致，准确反映其结构特征和空间布局。比如老宅中某些因年久失修而出现的墙体轻微倾斜，模型能够准确呈现，为后续的修复研究提供可靠依据（图4）。

图 4　岩瓦牛氏老宅剖切模型

同时，还利用拓扑优化技术，对模型的内部结构进行合理简化，提高模型的渲染性能和视觉效果。为后续的虚拟现实展示和保护利用提供了更好的基础。

岩瓦牛氏老宅内部包含众多的梁架、斗拱等木构件，这些构件相互交错、连接，形成了复杂的力学结构体系。若在模型中完整地保留所有细节，会导致模型数据冗余，在进行虚拟现实展示或其他应用时，对计算机的运算能力和图形处理能力要求极高，甚至可能出现卡顿、加载缓慢等问题，影响展示效果和用户体验。

通过拓扑优化技术，能够依据构件的力学性能和在整体结构中的重要性，对岩瓦牛氏老宅模型的内部结构进行筛选和简化。对于一些在结构支撑中起次要作用且对外观视觉效果影响不大的细小连接部件或内部支撑结构，在不改变整体结构稳定性和外观形态特征的前提下，进行合理的合并或简化处理，模型的数据量显著减少，渲染性能得到大幅提升。优化后的模型可以快速地查看不同部位的结构细节，准确地定位可能存在问题的区域，也更便于文物保护专家进行结构分析、病害评估以及修复方案的制订。

(三)自适应、高分辨率纹理映射技术

岩瓦牛氏老宅许多细部内容都蕴含了丰富的历史信息,对于模型的完整性和真实性至关重要,因此,在扫描过程中采用高分辨率的相机、扫描设备和专业的拍摄技术。老宅有许多木制的门窗雕花,图案繁复,线条细腻,通过高分辨率的相机进行高清摄影,能够清晰地捕捉到木雕上的每一处雕刻细节,哪怕是最微小的花蕊、叶脉都能精准成像。并将其精确地融入模型中,这不仅增强了模型的视觉效果,还使得模型更加接近真实的老宅形态。

针对老宅表面复杂的材质和形态变化,项目团队开发了一套自适应纹理映射算法。该算法能够根据模型表面的几何特征自动调整纹理的映射方式和参数,确保纹理贴图的准确性和自然度。在处理岩瓦牛氏老宅屋顶的瓦片纹理映射时,由于瓦片呈曲面排列且相互之间有重叠与缝隙,传统的纹理映射方式可能会造成纹理拉伸或错位,使瓦片看起来不真实。而自适应纹理映射算法能够根据瓦片的几何特征,自动调整纹理的映射方式和参数,精确地计算瓦片的弧度、倾斜度以及相邻瓦片之间的空间关系,然后将瓦片纹理以最合适的比例、角度和位置映射到模型表面,确保每一片瓦片的纹理都自然流畅(图5)。

图5 岩瓦牛氏老宅瓦屋面模型展示

(四)智能优化处理技术

在数据处理过程中,运用了一系列智能优化算法,有效提升数据质量,减少冗余信息,为后续的模型构建和纹理映射提供数据基础。以岩瓦牛氏老宅的墙体扫描数据为例,原始数据中存在因光线反射或周围环境干扰产生的数据噪点,通过去噪滤波算法,能够精准识别并去除这些噪点,使墙体的真实轮廓和纹理清晰呈现。同时,还采用了大数据处理技术,包括分布式存储、并行计算等,提高数据处理效率。在构建岩瓦牛氏老宅的三维模型时,不同的计算节点可以分别处理老宅的不同建筑部分,再对处理结果进行整合。这种方式极大地提高了数据处理效率,原本可能需要长时间串行处理的任务,通过并行计算得以在短时间内完成,多个计算单元协同工作,即使某个节点出现故障,整体的数据处理进程也不会受到太大影响。

综上所述,岩瓦牛氏老宅三维数字化采集项目在数据采集、模型构建、纹理映射以及数据处理等方面都实现了技术创新,这些技术创新不仅提高了项目的实施效率和准确性,也为类似的文化遗产数字化保护项目提供了可借鉴的技术经验和解决方案。

六、结语与展望

(一)让保护更精准

通过三维数字化技术,能够在短时间内对岩瓦牛氏老宅进行高精度、高效率、全面的数字化记录,且不会对古建筑本体造成损害,并针对文物价值较高的部分做局部精细化三维扫描,确保在迁移保护工程过程中不丢失任何历史信息,这种数字化保护方式不仅克服了传统保护手段的限制,如物理损坏、环境变化等,还能够在不破坏原物的情况下,提高测绘结果的准确性和完整性,对文化遗产进行全方位的记录和展示,提高文物保护工程的行业标准,为后期复建工程提供精准的原始数据,提升文物保护工程技术应用水平。

(二)让保护更完备

岩瓦牛氏老宅是一处具有深厚历史底蕴的建筑遗产,承载着丰富的历史信息。一旦迁移保护被拆卸后,所有真实原始数据将不复存在,所以拆卸前必须全方位地进行记录,三维激光扫描数据作为一手原始数据资料,以数字化的形式进行存档,不仅可以实现不可移动文物的大数据管理,使这些珍贵的历史信息得以永久保存和传承,还可以为进一步深化文物保护成果的活化利用提供更多的可能性,如岩瓦牛氏老宅通过三维激光扫描数据生成的梁架分解视频,使老宅中的历史风貌和精美的雕刻、彩绘等传统艺术元素得以完整保留并呈现,在虚拟环境中进行展示,可以让观众直观地感受到其历史韵味和文化内涵,帮助公众更好地走进古建筑,认识古建筑,也为后续的文化研究和传承提供了宝贵的素材(图6)。

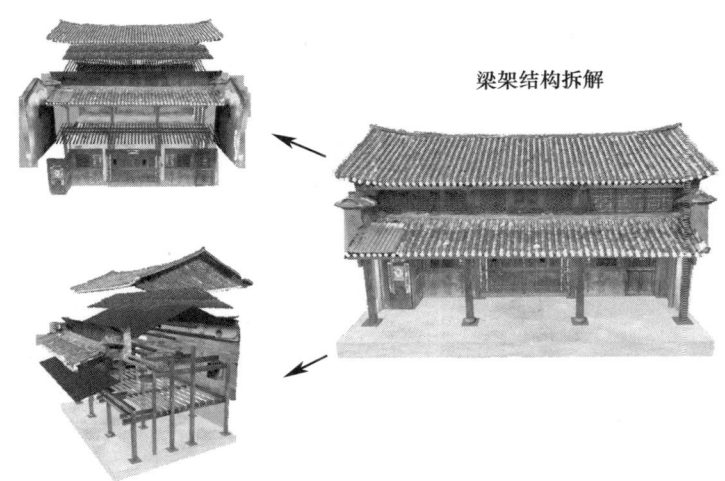

图6 梁架结构拆解示意

(三)让保护更深入

岩瓦牛氏老宅现状遗存则包括了空间、尺度、色彩、纹理、材料、工艺等历史信息，与传统人工测绘相比，三维激光扫描可以对以上信息进行量化分析，老宅的建筑形态、结构特征以及装饰细节得以精确捕捉，补充修正前期传统人工测绘数据的误差和盲区，利用数字化模型开展古建筑进一步的价值研究、保护修缮、展示利用的工作，也为古建筑修复人员、专家学者、古建筑爱好者等各领域提供丰富的数据支持，共同探讨古建筑保护问题。

参考文献

[1] 国家测绘局.测绘技术设计规定：CH/T 1004—2005[S].北京：测绘出版社，2006.

[2] 中华人民共和国住房和城乡建设部.城市测量规范：CJJ/T 8—2011[S].北京：中国计划出版社，2012.

[3] 国家市场监督管理总局，国家标准化管理委员会.数字航空摄影测量 空中三角测量规范：GB/T 23236—2024[S].北京：中国标准出版社，2024.

[4] 国家测绘局.低空数字航空摄影测量外业规范：CH/Z 3004—2010[S].北京：测绘出版社，2010.

[5] 国家测绘地理信息局.地面三维激光扫描作业技术规程：CH/Z 3017—2015[S].北京：测绘出版社，2015.

[6] 国家测绘地理信息局.古建筑测绘规范：CH/T 6005—2018[S].北京：测绘出版社，2018.

[7] 杨永.古建筑数字化保护关键技术研究[D].开封：河南大学，2010.

[8] 范张伟，邢昱.基于数字化技术的古建筑保护研究[J].北京测绘，2010，24（3）：18-21，35.

[9] 张洪吉，罗勇，裴尼松，等.基于三维激光扫描的古建筑文物三维数字化保护研究——以四川乐山庙大成殿为例[J].测绘与空间地理信息，2016，39（7）：42-44.

[10] 高华，黄剑锋.基于虚拟现实技术的"文化古建"数字化保护和研究[J].城市住宅，2020，27（6）：55-56.

[11] 马珂研，潘毅，靳俊山.古建筑数字化保护与推广[J].智能建筑与智慧

城市，2020（11）：139-140.

[12] 陈刚，赵思佳.三维激光扫描仪在古建筑数字化保护中的应用[J].北京测绘，2023，37（3）：381-385.

[13] 李永强，刘会云，冯梅，等.大型古建筑文物三维数字化保护研究——以白马寺齐云塔为例[J].河南理工大学学报（自然科学版），2012，31（2）：186-190.

[14] 黄黎明，桑文刚.基于多源数据融合古建筑三维重建技术的研究[J].测绘与空间地理信息，2023，46（1）：201-204.

[15] 何子建.三维激光扫描技术在古建筑测量中的应用[J].工程技术研究，2022，7（22）：221-223.

故宫博物院电气火灾监控系统工程实践（一）

张卫东 *

摘　要：《民用建筑电气设计标准》（GB 51348—2019）于 2020 年 8 月 1 日开始正式强制实施（原民规升级为国家标准），对电气火灾监控系统、消防设备电源监控系统的设计和安装场合有非常详细的强制性要求。本文分析了如何利用现代化技术服务于故宫博物院消防安全管理，并投入实践的案例。

关键词：古建筑；电气火灾监控；ZigBee；物联网

我国电气火灾一直呈现高发、多发态势，造成重大人员伤亡和财产损失，占比为各种火灾类型之首。国家消防局 2021 年统计数据显示，火灾发生的诱因中，电气火灾排名第一，占比高达 28.4%，较大以上火灾则有 1/3 是电气原因引起，且以电气线路故障居多，占电气火灾总数的近八成。《民用建筑电气设计标准》（GB 51348—2019）于 2020 年 8 月 1 日开始正式强制实施（原民规升级为国家标准），对电气火灾监控系统、消防设备电源监控系统的设计和安装场合做出非常详细的强制性要求。

---

* 故宫博物院高级工程师。

近十年来，全国共接报文物古建筑火灾超过 300 起，财产损失近 4000 万元。文物古建历经风雨，保存至今却付之一炬，让人扼腕叹息之余，唯有继续勤勉努力并辅以现代化技术手段，保护好我们的文化艺术宝藏。

一、故宫博物院电气火灾监控系统工程的建设意义

故宫是明清两代皇宫，为第一批列入《世界文化遗产名录》的保护单位，是世界现存规模最大、保存最完整的古代宫殿建筑群。同时，故宫是最富代表性的中华文化象征，其建筑及馆藏珍品凝聚了中华传统文化一脉相承的意识形态，并以巧夺天工的技艺，为全世界奉献出故宫这一无与伦比的旷世杰作。然而紫禁城的防火历来都是各朝各代的难题。

（1）故宫建筑以木质构架作为主要施工材料，耐火等级低，极易遭受火灾。古建筑结构形式导致内部热量不易散发，火灾发生后危害性大且难以施救。

（2）故宫古建筑木材表面多有油饰彩绘，屋内陈设多为木质家具，辅以字画织物装饰，均大大增加火灾发生概率。

（3）故宫古建筑大多为一系列单体建筑组合而成，建筑间彼此通过回廊连接，形成庞大建筑群，从而造成防火间距明显不足。

面对紫禁城的防火难题，历史上各朝统治者实行了严格的防火措施，探索出一条行之有效的消防体系，使得历次火灾均未对紫禁城造成根本性破坏。从古人的防火智慧中，我们已经可以窥见现代消防技术的初始形态，处处体现着中华文明的进步和科技的发展。

时间来到 21 世纪的今天，随着科学技术的飞速发展，消防体系快速迭代，日臻成熟，我们已经可以合理应用信息技术，整体掌控消防安全，通过大数据技术、云计算技术、数据整合

与分析技术等，提升消防工程工作的有效性。

目前，故宫在消防水系统、火灾自动报警系统、应急疏散系统、消防通信系统、消防广播系统、泡沫灭火系统、防火分隔设施等方面已经积累了丰富的使用及管理经验，然而，在电气火灾监控系统领域尚处于探索阶段。2019年伊始，故宫博物院挑选出部分重点用电安全区域，试点建设电气火灾监控系统，现就建设与使用过程中积累的经验做简单回顾。

二、故宫博物院电气火灾监控系统

在消防设施系统的定位中，电气火灾监控系统从本质上是立足预防的专门针对电气线路故障和涉电意外的前期预警系统，在事故发生前预警，做到从隐患的发现、分析、排除到控制。

（一）电气火灾发生的主要原因

电气火灾的故障成因中，电气线路和电气设备的漏电、过载、短路、接触不良等占90%以上。短路故障发生时线路电流在短时间内急剧上升，严重损坏电气线路和设备，进而引发火灾。当末端电气线路出现接触不良、电气连接松动、线路老化等异常情况时，会产生故障电弧，出现打火现象，当周围有可燃物时，极易引起火灾。

综上，故宫博物院电气火灾监控系统建设的目的在于选用合适的软硬件设备，捕捉电气火灾隐患并及时预警，协助管理部门采取有效手段确保故宫博物院用电安全。

（二）电气火灾监控系统的结构

电气火灾监控系统一般采用包括主站管理层、通信管理层和现场设备层的三层分布式结构（图1）。

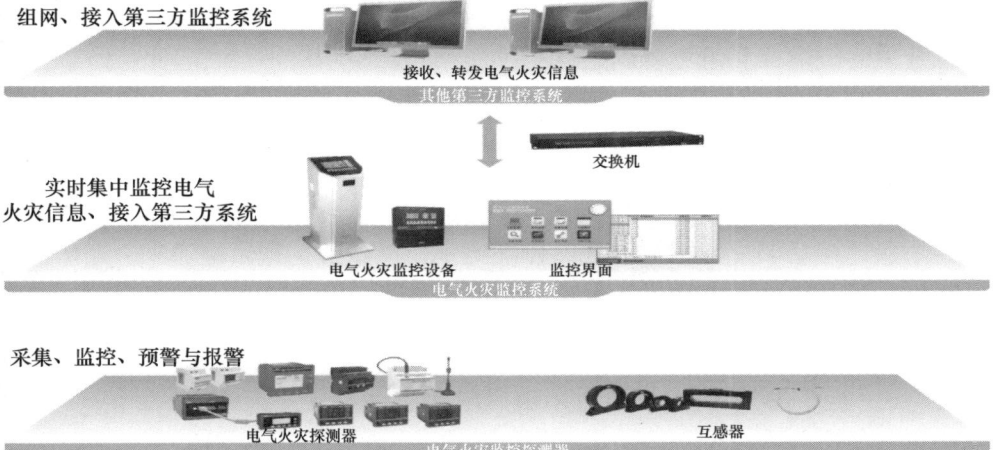

图 1　电气火灾监控系统结构示意图

（1）现场设备层为监控系统的最基本组成元素，主要用于连接网络中各电参量采集测量仪表以及保护装置等，现场设备层肩负着采集数据的重任，同时也是执行后台控制命令的终端元件。

（2）通信管理层主要由数据采集器、接口转换器件及总线网络等组成，是数据信息交换的桥梁，用于直接对现场转达上位机的各种控制命令，并负责对现场仪器仪表回送的数据信息进行采集、分类和存储等。

（3）主站管理层由电力系统管理软件和必要的硬件设备如计算机、打印机、不间断电源（UPS）等组成。通过数据传输协议读取现场各类数据信息，自动进行计算处理，以图形、数显、声音等方式反映现场的运行状况，并可接受管理人员的操作命令，实时发送并检测操作的执行状况，以保证供用电单位的正常工作。

（三）故宫博物院电气火灾监控系统的点位选择

电气火灾监控系统现场设备层的设备安装位置，需根据《民用建筑电气设计标准》（GB 51348—2019）对电气火灾监控系统、消防设备电源监控系统的设计和安装场合的强制性要求

"国家级文物保护单位、砖木或木结构重点古建筑的电源进线宜在总开关的下端口测量"以确定。

通过反复踏勘并综合考量用电负荷及重点防火情况，本次故宫电气火灾监控系统共确定130处用电设备较多、用电负载较大的点位作为监控对象，涵盖午门城楼总配电室，午门城楼东、西燕翅楼空调配电柜，神武门总配电室，文华殿，报告厅，东食堂，北食堂及全部院内文创商店和餐厅。

通过在以上点位的配电箱内安装剩余电流探测器及测温传感器，可动态监测相应点位实时用电风险，实现电气火灾的早期预防，避免电气火灾的发生。

其中，按照《火灾自动报警系统设计规范》（GB 50116—2013）对剩余电流式探测器的设置要求：将剩余电流探测器的报警阈值设置为500mA，温度探测器的报警阈值设置为80℃。当监测数据超出报警阈值时，现场探测器立即报警，提示电气火灾风险。

（四）故宫博物院电气火灾监控系统的建设难点

当电气火灾探测器报警后，如何将探测器现场采集的实时数据及报警信息传输至管理单元，保证相关管理人员及时获悉，是本次故宫博物院电气火灾监控系统的建设难点。

（1）故宫的一砖一瓦皆为文物，任何规模的施工均会给故宫建筑带来一定程度的危害，最大限度地减少管线施工给文物建筑带来的破坏，是本次故宫博物院电气火灾监控系统重点需要考虑的问题。

（2）本项目的工作界面广泛分布于院内各个建筑物中，采集的数据及报警信息若通过传统的有线传输方式则势必产生大范围的管线施工，给古建筑带来伤害的风险极大。采用无线信号传输方式，可规避管线施工，但需要结合故宫博物院实际情况，综合考量，拿出合适的解决方案。

目前，比较普及的无线物联网传输技术包括LoRa、ZigBee（WBee）、NB-IOT、5G等。

（1）NB-IOT 和 5G：NB-IoT 是 5G 的一部分，属于 5G 的标准授权频道。只有当 NB-IOT 等基础建设完整（图 2），5G 才有可能真正实现。然而截至 2019 年，故宫内无论是 GPRS 还是 4G、5G，整体信号都不佳，冰窖地区、东西六宫地区信号尤其微弱，故故宫博物院决定现阶段排除该技术方案。

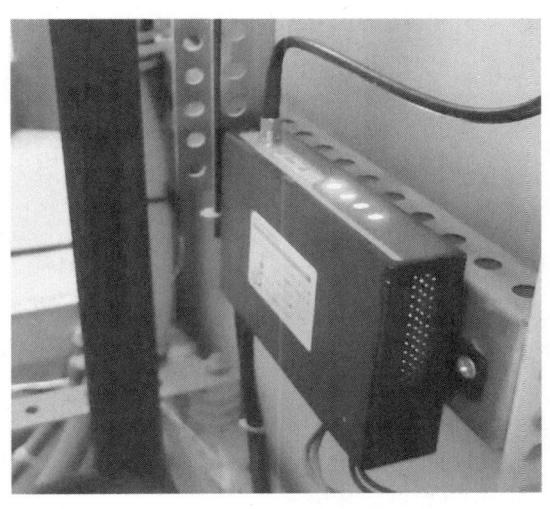

图 2　NB-IOT 信号设备

（2）LoRa 是一种低功耗广域网无线标准，在传输距离和功耗方面表现良好，相同的功耗下，比其他无线技术具有更长的传输距离。目前，LoRa 已在全球普及并逐渐应用于物联网。LoRa 的扩频技术，大大提升了 LoRa 无线通信的抗干扰能力，即使同时向主机发送相同频率的信号，这些信号也不会相互干扰，从而彻底解决无线信号通信易受干扰的难题。但是，LoRa 网络层和应用层由相同的根密钥和随机数生成，互不隔离。所以，存在比较高的数据隐私泄露和数据篡改风险。

（3）ZigBee 是一种用于中短距离传输的无线网络协议，适用于中短距离的电子元件之间的数据传输。ZigBee 技术基于 IEEE 802.15.4 网络中的无线标准，适用于安全和应用软件，在智能家居和工业物联网中的广泛应用，已经证明它是一种可靠、高效的无线网络解决方案。基于 ZigBee 技术迭代的 WBee 技术是一种物联网短距离数据采集、传输技术，具有近距离、自组织、低功耗、小数据量的无线自组网采集控制终端。功率大，灵敏度高，收发实测无障碍距离可以达到4000m，解决了一些短距离传输设备传输距离上的问题。同时WBee自组网可以通过多级中继路由的方式进行更远距离传输。另外，WBee具有特殊的点对点、点对多点的网络结构，其路由可自动建立和维护，并且具有通信稳定、安装便捷的优势。支持完善三级安全模式，以多种加密方式，灵活地确保数据传输安全，防止数据在传输中被窃取或篡改。

2019年12月，故宫博物院配合相关厂家技术人员在故宫内分3次对WBee技术和LoRa技术予以验证。测试点位于院医疗急救中心、前星门商店、东北角楼、东食堂、北食堂。经过反复测试并实际论证，WBee技术的无线自组网设备脱颖而出，最终确认，可以满足本项目的实际使用需要。

采用无线信号覆盖的模式，取消传统有线信号连接，理论上可以简化通信管理层，在现场设备层与主站管理层之间直接通过无线信号收发数据。

（五）通信管理层

在实践中，因故宫博物院周一闭馆，除办公区，所有区域断电。此时，断电区域内的WBee无线自组网设备无法正常实现多级中继路由的功能，导致工作区域监控点位读取的实时数据，无法有效传输至主站管理层。另外，由于相当数量的现场层设备位置偏僻，相对孤立，且有层层高墙阻隔，缺乏中继点位的有效配合，影响信号传输质量。因此，在合适的位置，设置通信管理层势在必行。故将分布于全院的130个监控点位合理划分为若干区域，区域中心设置通信管理层设备，作为该区域的信息传递中枢，向下采集并处理该区域无线自组网模块传递的信号，并通过互联网向上传递至主站管理层。

通信管理层的设计既要体现出合理性、经济性，又要表现出冗余性，为日后设备拓展预留接口。通信管理层主要由工业以太网交换机、通信管理机等设备及通信线路组成。

（1）通信管理机：该系统选用的通信管理机为 iSmartGate 智能数据采集器，该设备是广泛应用于电力物联网边缘节点的通信枢纽，可以实现末端设备全面感知、快速接入、大容量数据存储、边缘计算及逻辑控制、协议转换、数据加密上云、多云上传、远程调试及设备运维。

（2）工业以太网交换机：该系统未单独配置工业以太网交换机，通过利用故宫博物院已经搭建完善的办公互联网系统实现功能。

根据 130 个现场设备层的具体位置，以及故宫博物院既有网络交换机排布情况，分别在坤宁宫基化门南商店、北食堂、神武门外警卫室、文华殿展厅内、午门网络机房内、午门外票房等六处分别设置了通信管理层，由 WBee 无线自组网设备负责接收区域内监控点位的实时数据，交由 iSmartGate 智能数据采集器集中整合后接入故宫内网交换机，由办公网将数据传递到主站管理层（图3~图5）。

  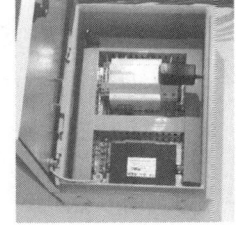

图3　午门网络分站　　图4　文华殿网络分站　　图5　神武门网络分站

通过以上六处网络分站的搭建，可有效缩减无线信号传输距离，减少信号衰减及信号干扰，同时最大限度地利用故宫博物院已经建设完善的互联网系统等基础设施，从实际表现看取得了较为满意的效果。

（六）主站管理层

主站管理层主要包括服务器及监控系统管理软件，可实现多层级的监控管理、数据库服务等功能。

（1）使用 DELL 塔式服务器，用于储存系统各采集点大量的统计和分析数据。安装建筑专用的实时数据库软件，可以实现高速、可靠的数据采集、归档及存储功能。

（2）使用 CET iEMS 综合电能管理软件，除实现数据实时监控、报警、按区域展示、分项展示、棒图曲线查看、趋势曲线分析、事故记录与分析、报表工具等常规的电力监控系统功能以外，软件还能针对不同部门、不同管理层次分配管理权限，根据不同的工作汇报关系快速提供不同层次的报表，提高工作效率（图6、图7）。

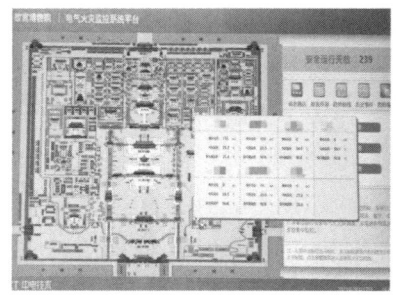

图6　系统监控软件可视化界面　　图7　监控点位实时剩余电流曲线

故宫博物院电气火灾监控系统于2020年8月开工，2022年6月通过第三方检测机构电检验收，顺利完成交接。

三、故宫博物院电气火灾监控系统投入使用后的思考

（一）突变型故障报警

例：2021年6月23日下午，位于报告厅配电室北墙的1号配电柜内，剩余电流探测器触发报警，数据显示剩余电流1358mA。院职能部门（室）立即组织工作人员及厂家技术人员前往报警点进行处置。此时正值全院上下组织"中国共产党百年诞辰"庆典的一系列活动之时，报警发生点位将于次日举办文艺汇报表演。据现场同志介绍，节目排练中发现，使用中的麦克风

也出现了电流声等杂音，结合此次剩余电流报警，工作人员把注意力锁定于此次报警配电柜的下级配电箱，该配电箱用于各种调音设备的供电。经过排查，此次汇报表演的音视频系统搭建，造成配电箱一根零线破损，导致剩余电流超出报警阈值。零线修复后，故障排除。报警探测器恢复正常，麦克风电流声消失。

在此事件中，电气火灾监控系统发挥出了应有的作用，提示了消防隐患，保障了故宫博物院庆党诞辰活动的顺利进行。

（二）系统性故障的排查

例：2021 年 6 月 17 日上午，院系统管理人员发现 iEMS 综合电能管理软件上，文华殿区域所有点位全部掉线，高度怀疑安装在文华殿内的 iSmartGate 智能数据采集器发生故障。在通知厂家技术人员到场后，经研判，硬件设备无故障。通过测试，发现局域网不通。在故宫博物院资信部门的协作下，发现 IP 地址设置出现问题，将访问的电脑设置成同一网段，问题很快解决。2021 年 6 月 17 日下午，文华殿区域所有监控点位信息重新上线。

随着电气火灾监控系统智能化、便捷化程度的提升，其对互联网的依赖度大大提高。故宫博物院的电气防火安全方面不但有电力管理人员的勤奋努力，也一样得到了信息化保障工作人员的大力支持。

（三）固定的报警阈值与动态的负载投入之间的矛盾

例：2022 年 3 月 4 日上午，隆福门文创商店，剩余电流探测器触发报警。经工作人员排查，该商店打开空调即会触发报警，关闭空调后，剩余电流恢复至正常状态。此类事件在本系统监控点位中屡见不鲜。

由于，本系统设置的固定报警阈值为 500mA，报警阈值中包含有现场设备本身的泄漏电流、谐波等，在此基础上随着负载设备投入、运行等状态带来的波动相叠加，瞬间超出阈值，触发报警。而此时可能回路中并没有发生真正的漏电情况。若此类事件报警频发，将给电力系统管理人员带来很大的困扰。

为了电气火灾监控系统的报警更为精确有效，对每个监控点位的报警阈值的设定进行了调整。

四、故宫博物院电气火灾监控系统的未来展望

（1）在系统使用过程中，发生过由于办公局域网故障，系统部分瘫痪的状况，如此时出现电气火灾隐患，报警系统不能及时向中控室发出提示，存在给故宫古建和文物带来损失的可能。笔者认为可以再设置一套保险机制，例如在5G建设日臻成熟的当下可以利用5G网络的优势再搭建一套传输系统，规避本系统高度依赖局域网的问题。

（2）关于监控点位定制报警阈值的问题，笔者认为需要了解每个点位动态的漏电电流的运行区间，精准计算每个点位的安全数值，根据泄漏电流测量结果不断修正，核算出该点位常规固有漏电电流加上合理的安全阈值的真实数据，依此确定报警阈值的设定，可减少大量误报，真正发挥这套系统的报警功能。

（3）现阶段故宫博物院电气火灾监控系统只是监测配电设备的剩余电流、电缆及箱体温度等两项数据。而目前，最新的硬件设备除支持以上功能外，还支持电能质量检测、电能计量及分时计费功能。三相电压、线电压及平均值、三相电流及平均值、零线电流、三相有功功率、无功功率、电压不平衡、电流不平衡等故障发出警报，报警发出后将产生事件记录。更为丰富的功能、更多维度的数据，可以帮助我们更加准确地判断故宫博物院电气系统运行的整体态势。

五、结论

用科技守护我们600多岁的故宫，故宫博物院用人文经典

去拥抱人工智能、虚拟现实（VR）、5G、"互联网+"等信息产业技术的趋势，已经势不可当。然而，现代化设备在故宫中的应用不能是简单的技术堆砌，而应该从故宫的实际情况出发，深度融合到建设、使用、管理的方方面面中去。这需要我们这一代故宫人仔细地甄别，深入实践，形成一套信息技术加持下，以人为本的标准化管理体系，切实地守护好故宫博物院的用电安全。

参考文献

[1] 中华人民共和国国家质量监督检验检疫总局，中国国家标准化管理委员会.电气火灾监控系统　第1部分：电气火灾监控设备：GB 14287.1—2014[S].北京：中国标准出版社，2014.

[2] 中华人民共和国国家质量监督检验检疫总局，中国国家标准化管理委员会.电气火灾监控系统　第2部分：剩余电流式电气火灾监控探测器：GB 14287.2—2014[S].北京：中国标准出版社，2014.

[3] 中华人民共和国住房和城乡建设部，中华人民共和国国家质量监督检验检疫总局.火灾自动报警系统设计规范：GB 50116—2013[S].北京：中国计划出版社，2014.

[4] 中华人民共和国住房和城乡建设部，国家市场监督管理总局.民用建筑电气设计标准：GB 51348—2019[S].北京：中国建筑工业出版社，2020.

砖石类文物建筑防灾减灾策论与措施研究

——以故宫西城墙为例

陈百发*

摘 要：砖石类文物建筑因其自身材料的特性，在耐久性、稳定性和防火性等方面具有一定优势，但面对显著增加的自然灾害，自身劣势也日益凸显。随着全球气候变化的加剧，如何更好地保护砖石类文物建筑，成为重要话题。故宫西城墙（K0+330 ~ K0+563 段）为故宫城墙病害的典型段落，通过故宫西城墙修缮工程中所采取的具体措施及成效，来剖析砖石类文物建筑防灾减灾的策论与措施，以期对砖石类文物建筑防灾减灾工作有所启发。

关键词：砖石；文物建筑；防灾减灾；预防性保护

随着全球气候的多变性和不确定性显著增加，导致高温天气、干旱缺水、热带气旋、风暴潮灾害以及极端天气事件频繁发生。近年来，我国多个地区连续出现强降雨等极端天气，造成多处不可移动文物受损。2023 年 8 月，河北开善寺洪水漫过

---

* 故宫博物院高级工程师。

古城墙，通过地下排水管道反溢入院内（图1）；北京房山区琉璃河大桥被全部淹没，部分栏杆望柱被冲走（图2）；重庆古城墙通远门城墙因降雨局部滑坡（图3）。2024年6月，广东深圳大鹏所城南门东侧城墙因降雨局部坍塌（图4）；安徽呈坎村古建筑群——环秀桥木结构廊屋被洪水冲走，仅存石制桥面，桥墩暂时完好（图5）。

图1　河北开善寺
（图片来源：https：//k.sina.com.cn/article_1686546714_6486a91a02001xdcw.html）

图2　北京房山区琉璃河大桥
（图片来源：https：//roll.sohu.com/a/734562070_121117085）

图3　重庆古城墙
（图片来源：https：//www.163.com/dy/article/IA60II8905129QAF.html）

图4 广东深圳大鹏所城
（图片来源：https://www.xxcb.cn/details/2q8biSYgB666d74fa8420177304575868.html）

图5 安徽呈坎村古建筑群——环秀桥
（图片来源：http://news.cyol.com/gb/articles/2024-06/21/content_Ka5V5lTBAV.html）

气候的变化不仅加重了自然因素对文物建筑的影响，还间接增加了保护文物建筑及其周边环境的难度，使其面临更大的风险。[1]文物建筑是人类历史和文化的重要组成部分，不仅承载着文化传播的使命，还具有社会功能的焕新作用和文化价值的传承作用。其损失不仅意味着对过去的遗忘，还会造成其他影响。因此，如何通过风险防范及相应措施，有效地保护这些宝贵的资源，确保它们能够安全地传递给未来的世代，是一个重要的课题。

一、国内外在文物建筑防灾减灾工作中所做出的努力

国际文化遗产灾害防范起始于20世纪60—70年代。联合

---

[1] 王灵恩，李珂，崔家胜，等.气候变化对文化遗产的影响：机理，态势与应对.自然资源学报，2023，38（9）：2263-2282.

国遗产中心和国际古迹遗址理事会（ICOMOS）作为主要组织者和倡导者，最初的工作重点是应对突发性自然灾害对文化遗产造成的损失，例如抢救性活动。随着时间的推移，防范的重点逐渐转向全球气候变化，包括洪水、干旱、海平面上升等对文化遗产的潜在影响。[1]

欧盟已经开展了多项关于洪水和气候变化对文化遗产危害的评估与防范的研究。这些研究旨在提高对气候变化影响的认识，并制定相应的应对措施，以保护欧盟境内的文化遗产。

在文化遗产的风险防范上，国内外都遇到了相似的问题，因此召开了大量的相关会议，并出台了一系列的宣言、文件等。通过对国际文件的梳理、对国际会议的解读和对国际各项目经验的借鉴，可不断加强对国内文物建筑的保护。各项目所倡导的保护措施为文物建筑的保护提供了方向，同时也为保护成果更好地树立了目标。

相关会议和宣言反映了国际社会在防灾减灾方面的共同努力和持续关注，旨在通过国际合作和具体行动减少自然灾害带来的影响。

《横滨宣言》和《减灾行动计划》等文件，确立了防灾减灾的基本原则和国际合作的框架。《兵库宣言》和《兵库行动框架》等文件，提出了更为具体可行的行动计划和时间表，并强调了地方政府和社区层面的参与。《2015—2030年仙台减少灾害风险框架》设定了长期目标，并细化了各个领域的具体任务，同时引入了新的理念和方法，如韧性城市建设。

这些文件不仅影响了各国的政策和立法，也推动了国际组织和私营部门的参与。同时，它们为后续的相关研究和实践活动提供了宝贵的经验和教训。这些宣言和行动计划构成了一个连贯且逐步深化的体系，在全球防灾减灾工作中发挥着至关重要的作用。每份文件都在继承前人成果的基础上，针对新的形

---

1 周萍，齐扬. 国际文化遗产风险防范的发展与现状 [J]. 中国文物科学研究，2015（4）：79-84.

势和挑战提出了更具前瞻性和针对性的指导方针。它们相互关联、层层递进，共同构建了一个全方位、多层次的国际防灾减灾与合作网络。

近年来，我国文物保护理念从单纯的抢救性保护逐步转向抢救性与预防性并重的模式，强调日常维护和灾前预防的重要性。[1]《中国文物古迹保护准则》（2015年版）强调"日常维护胜于大兴土木，灾前预防优于灾后修复"。

随着多学科的交汇、多领域的融合、全方面的考虑，国内文物建筑防灾减灾工作从理论方法到实践措施，都得到了逐步完善。其中，具有代表性的有莫高窟风险监测预警体系的构建，其展示了如何通过科学厘定风险清单、研究风险阈值等方法，实现预防性保护管理目标。该项目中所展示的措施和策略也从侧面证明了，通过风险防范和管理，可以有效地保护文化遗产，使其得以安全传承。[2]

二、自然灾害和文物建筑受灾特点及问题

面对威胁日益严重的自然灾害，首先应对近年来自然灾害及文物建筑所呈现的特点及问题进行梳理，主要表现为以下几个方面。

一是降水持续时间长，累计雨量大，极端性气候变化趋势突出。如长期干旱的西北地区呈现气候暖湿化态势。2019年敦煌市的年总降水量为88.5mm，较年平均值偏多122%，属于降水异常偏多年份。[3] 强降雨等极端天气致使莫高窟、榆林窟等遭

---

1 吕舟. 中国文物保护原则的发展与演变 [J]. 遗产与保护研究，2016（3）：1-8.

2 王旭东. 基于风险管理理论的莫高窟监测预警体系构建与预防性保护探索 [J]. 敦煌研究，2015（1）：104-110.

3 敦煌市地方史志办公室. 敦煌年鉴·2020[M]. 西安：陕西人民教育出版社，2020：331.

遇险情。2021年，河南、山西等省持续降雨，降水量都显著增加，极端降水事件频发。郑州、新乡、开封等地的部分地区累计降水量达250~350mm，郑州地区局地达500~657mm。其中郑州最大降水量达624.1mm，最大小时降雨量达201.9mm，均突破历史纪录。[1]

二是文物建筑自身耐受性差，抗灾能力较弱。我国古建筑多为土木结构和砖石材料，持续降水易造成屋面渗漏和局部坍塌。夯土城墙长时间受雨水冲刷、浸泡，受力状态急剧变化，易发生局部失稳垮塌、滑落。窑洞、石窟等文物建筑依山开凿，易受山体排水、滑坡影响。砖石类文物建筑更易受含水率变化影响而产生病害，特别是当温度降低至零点前，在砖石等材料内水分未完全干燥的情况下，随着温度变化所造成的冻融、酥碱、粉化等病害，对其所产生的影响更甚。

三是文物建筑管理养护不到位。部分低级别文物建筑不能以良好的状态承受突发自然灾害的侵扰。更由于资金投入不足、文物建筑保护管理机构力量薄弱、专业人员紧缺等缘由，低级别文物建筑日常保养维护不到位，保存状况较差。在极端天气影响下，容易导致"小病"发展成"大病"，导致文物建筑损毁甚至垮塌。[2]

四是文物建筑周边环境发生了较大变化。城市化进程中的盲目扩张、过度开发以及对经济利益的追求，对文物建筑周边环境造成了不可逆转的破坏。此外，城市化过程中缺乏整体性思维，与文物建筑保护规划衔接不足。伴随着时代的发展，人群、住宅、产业园等呈现集中化、扩大化、复杂化的趋势。这些变化为生活带来了便利的同时，也变相地削弱了城市内排水

---

[1] 水利部信息中心（水利部水文资源监测预报中心）.2021年水情年报[EB/OL].（2022-11-07）http：//www.mwr.gov.cn/sj/tjgb/sqnb/202211/t20221107_1603517.html.

[2] MEKONNEN H，BIRES Z，BERHANU K.Practices and challenges of cultural heritage conservation in historical and religious heritage sites：evidence from North Shoa Zone，Amhara Region，Ethiopia[J].Heritage Science，2022，10（1）：1-22.

管网应对突发强降雨的能力。那些基于旧城发展起来的城市，在城市建设中也不会把百年一遇、千年一遇的自然灾害当作常规情况予以考虑。

面对着不断刷新纪录的自然灾害，城市中的文物建筑、危岩体上的文物建筑、砖石类文物建筑如风雨中飘摇的树叶一般，身不由己。在日益严重的自然灾害下，如何寻求对其的保护，成为一个亟待解决的问题。

三、砖石类文物建筑病害及成因分析

砖石类材料相对于其他传统材料具有强度高、耐火等特点，在稳定的环境中具有更高的耐久性，然而砖石类材料对于雨水，特别是暴雨类自然灾害的抗性稍显不足。

砖石类文物建筑属非均匀受力体系，由不同规格的砖、石与黏合剂材料砌筑成的整体，因为各部分之间的黏结力不均匀，其结构易出现结构裂缝和脱落等残损现象。

病害种类较多，按成因大致可归纳为以下几类。

（一）自然因素

砌体外界温度变化后，对砖石类文物建筑中不同的材料和不同的位置造成的不同影响，可能会引起砌体与砌体之间的不协调性，并在不同的位置产生较大的内力，从而导致较大水平裂缝的产生。

在北方地区，砌体内部所含水分在冬季受冻膨胀，天暖时融化内力消失，反复交替，使砌体表面产生扰动，造成冻融裂缝，严重时可能会产生坍塌危险。

砖砌体表面酥碱也是常见的病害，是砖石类文物建筑表面由可溶盐富集、结晶等导致的破坏现象。

（二）人为因素

砖包类砌体，因排水不畅，积水下渗，从而导致内部夯土膨胀，使砌体表面鼓胀，严重时亦会导致裂缝产生。天沟位置因排水不畅而产生病害也是如此。

（三）生物因素

植物根部生长，一方面导致砖缝间灰浆流失，造成砖石等砌体材料松动，严重者可能致使文物建筑表面出现缺失现象；另一方面破坏砌体内部的受力平衡，雨水沿植物根部进入砌体内部，在温度的影响下，可能发生膨胀、冻融等变化，产生裂缝等残损。

藻类、微生物等对砖石类文物建筑表面的侵蚀，也会导致剥落、变色等病害。

（四）物理因素

外力震动下，砖石类文物建筑可能会产生裂缝，严重时有坍塌危险。长期受较大荷载时，易产生荷载裂缝。由地质结构的改变或地基基础周边环境的变化所导致的不均匀沉降，也会逐层传导，进而在砖石类文物建筑表面产生斜向与竖向裂缝。

四、故宫西城墙病害及初步分析

故宫西城墙（K0+330 ~ K0+563 段）为故宫城墙病害的典型段落。其中，受自然环境及气候变化影响所产生的病害主要有面层砖离鼓、鼓胀、酥碱、风化、裂缝、植被破坏等。

故宫城墙易受自然环境及气候变化影响而产生病害，其主要原因有以下几个方面。

（一）结构自身产生的影响

故宫城墙采用面层砖干摆、背里墙丁砖糙砌的砌筑工艺。因此，面层墙与背里墙的灰缝不论是工艺要求还是材料要求方面，都大相径庭。砌体结构在砌筑完成后，一般都会因灰浆收缩硬化而产生不均匀沉降。

  一方面，面层墙采用干摆砌筑工艺、磨砖对缝的工艺做法，使得面层砖的砖缝以细线般的形态呈现在眼前。不同的砖缝厚度对应了不同的可产生位移的量，即面层砖外侧相对于内侧沉降量几乎不存在。

  另一方面，背里墙采用的糙砌工艺，对于砖的尺寸规格、灰缝大小均无一致性要求，不同厚度的灰缝可能产生的沉降量也不尽相同。由此推断，背里墙相对于面层墙会产生更大的沉降量，而城墙高度可能进一步放大了沉降范围。故面层墙与背里墙因砌筑工艺不同而导致的沉降量也不同，就可能进一步引发面层墙与背里墙之间产生裂缝。

  在面层砖拆除后，几乎全部断裂的丁砖也从侧面说明了，两种不同工艺砖墙衔接位置更易产生病害，病害程度也更为严重（图6）。

图6　丁砖断裂

（二）人为破坏的排水系统

  故宫城墙地面排水系统可视作由宇墙、堞墙和城墙地面组成，这三部分共同组成水渠，地面为水渠干渠，宇墙和堞墙为挡水墙，宇墙上排水口为水渠支渠，其中任一部分出现问题，都会导致排水系统的破坏。

城墙地面因管沟开挖不善，破坏了地面原有的传统做法垫层。又未对开挖区域进行传统做法垫层恢复，仅用渣土无序回填，导致回填区域垫层不密实，地面砖出现沉降、塌陷等病害（图7）。雨水过后，城墙上不能及时排走的水会持续渗透进入墙体，致使开挖区域成为薄弱点，较非开挖区域，更容易积水。

图7 地面坑

伴随着砖砌体自身含水率的增加，砖砌体结构的抗压、抗剪强度会有所下降。虽然短时间浸泡后的砖砌体结构抗压、抗剪强度略高于干燥状态，但随着含水率上升，其抗压、抗剪强度会降低。[1]因此，长时间积水区域砖砌体更易受损。

（三）自然因素的影响

位于城墙面层顶部的部分城砖，受雨水冲刷，致使砖缝内灰浆流失，雨水顺着砖缝进入城墙内部，特别是入冬前的冻雨，水分因不能及时通过城砖蒸发，停留在城墙内部，导致城墙内部湿度增加。随着气温在冰点上下波动，形成冻融循环，含水率较高的砖、灰受到较大影响，长期会造成背里砖碎裂等情况

---

1 张晨，郭樟根，吴政朋.不同含水率砖砌体结构基本力学性能试验[J].南京工业大学学报（自然科学版），2018，40（2）：112-117.

发生。

"千里之堤，溃于蚁穴。"随着冻融循环，灰浆粉化，失去黏性，砖与砖之间的缝隙在雨水的冲刷下越来越大，灰浆不断流失，进入城墙内部的水分也越来越多，进而导致冻融范围不断扩大。

故宫城墙上排水口布设在宇墙一侧，但因排水口间距较大，在城墙地面排水坡度较缓、水路较长的情况下，雨水有一部分被宇墙阻挡，渗透入宇墙，这部分水分会进一步渗透进城墙内部。排水口区域在排水量较大的情况下，亦存在此种情况。当水流不能快速通过排水口排出时，排水口周边区域将形成一个漩涡，雨水会持续不断冲刷排水口，并向排水口周边区域渗透，这一过程将增加砌体内部含水量。

这也是经常在大雨后，可在排水口周边或者部分宇墙下部观察到水印的原因（图8）。

图8　雨后城墙排水口

（四）修缮衔接不当

城墙面层墙及地面病害主要为整体、系统性病害，属非段落式离散型。相较于修缮段落，未修缮段落病害并未缓解，故新旧墙体接茬处必然存在高低起伏的错位现象（图9）。对于此种情况，一种解决方法为"随形就势"，在靠近旧墙体处提前进行处理，以达成良好的视觉过渡。另一种解决方法为，将修缮段落城墙面层回归到原位置，不与未修缮段落进行视觉衔接，留待将来修缮该段落时，再进行归安。故宫西城墙修缮段落采用第二种修缮措施，但是此做法不能从根本上解决未修缮段落墙体病害问题，因与空鼓位置面层墙存在交接部分，修缮段城墙直接破坏了其原有稳定结构，致使接茬位置存在一定的安全隐患。

图9　接茬位置

（五）植物生长阻断不到位

因砖缝灰粉化酥碱，砖缝外露，而故宫区域植物、鸟类数量较多，鸟类粪便中有可能含有植物种子，在恰当的时机，砖缝成了植物生长点，水分沿着植物根系进入城墙内部，破坏城墙整体性。在城墙的日常除草过程中，仅每年例行人工清理或者药物喷淋除草，对于砖缝位置没有修补措施。对部分根茎发达、生命力较顽强的植物也未进行有效的根系阻断，进而导致除草措施呈现的效果不甚理想。部分植物虽然叶片枯萎，但是根系仍完好，待温湿度适宜时将再次生长。

五、故宫西城墙修缮工程保护措施

以下为故宫西城墙修缮工程所采取的具体措施及成效，以期对砖石类文物建筑防灾减灾的预防性保护工作有所启发。

（一）科技助力文物建筑保护

文物建筑修缮采用传统材料、传统做法，而对于历史信息的记录，借助科技手段，可以更加快捷地提高工作效率和精度，更加直观地呈现各种信息，方便研究。

1. 借助科技手段收集精确数据

在修缮工程开工前、施工过程中、修缮完成之后的各阶段，对故宫城墙对应位置的现状进行三维激光扫描和影像记录，并依据测绘记录结果进行比对分析。

根据研究性修缮的需要，对墙体修复前的现状进行记录；对宫墙形变和表面病害进行定量性标定和记录，为研究和修复提供基础资料；对现存表面病害较为典型的部分砖体表面进行高精度三维形体记录，比对典型病害位置的砖体三维激光扫描数据（图10）。

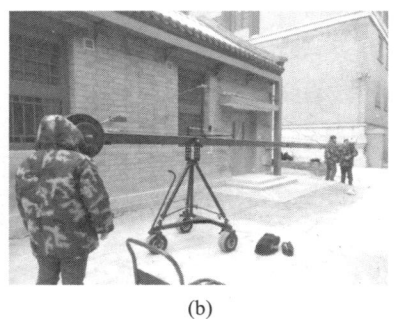

(a)　　　　　　　　　　　　(b)

图10　三维激光扫描

扫描后城墙面层砖残损状态可直接呈现在图纸上，鼓胀较大区域多位于雨水口附近（图11）。因城墙构造原因，城墙地面有外堞墙、内宇墙，城墙地面上降水只能通过雨水口排出。相较于其他位置，雨水口附近的水流量更大，排水持续时间也更久，反映到现实就是鼓胀病害相较于其他区域更明显。这一发现为三维扫描助力砖石类文物建筑快速确认病害位置、范围提供了依据，为制定有针对性的修缮措施提供锚点，同时，为修缮后的监测提供了选点区域。

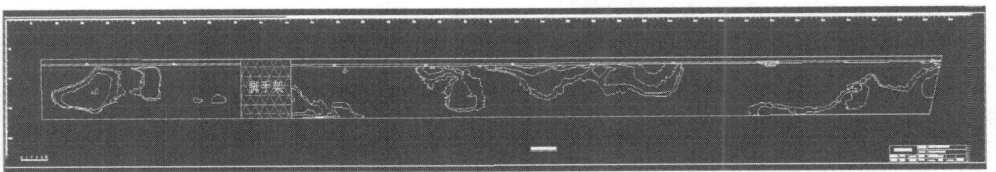

图11 修缮前整体扫描点云图
资料来源：故宫西城墙（K0+330～K0+563段）修缮加固后形变与结构监测成果报告（一期）。

通过三维激光扫描对几何信息进行完整精确记录，结合雷达数据，相互佐证，真实地反映城墙墙体变形、歪闪、空鼓等情况，为安全性评估提供科学的支撑和判定依据。

2. 借助科技手段研究病害成因

修缮工程完工后，文物建筑依然面临着自然因素、环境因素和人为因素等的影响。各项修缮措施是否具有预期的持续有效性、是否存在潜在的质量缺陷和其他不足之处等，都可能对工程质量和效果产生重要影响。因此，为了对修缮加固后的西城墙的安全性进行持续跟踪，及时了解城墙加固后的形变与结构性能，需通过现代科技手段对墙体进行较为长期的监测，获得城墙相关形变与应力应变数据，为日后城墙日常维护提供相关研究数据和科技支撑。

本次监测对城墙修缮前病害较严重区域进行布点，以期探明丁砖断裂病害成因，并对丁砖受力状态进行实时监测（图12）。监测结果显示，修缮后的城墙鼓胀与应变、裂缝、结构温度等因素相关性不大，但部分监测点位的鼓胀与湿度的相关性显著。由此可以推断出，修缮竣工后的城墙鼓胀的主要原因之一为城墙所处环境湿度的变化。因此为防止城墙鼓胀，可延长雨水口，使其落水点远离城墙，以减小雨水的影响。

(a)　　　　　　　　　(b)

图 12　监测设备

监测应是一项长期的工作，它可以提供更多的隐蔽部位的情况，也为分析病害成因提供相关的数据。但因为有些病害发展周期长、影响范围大，从而导致对病害成因追根溯源难度大、准确性低等问题。虽然监测周期漫长，但这仍然是发现病害原因的最好方法之一。在条件允许的情况下，建议进行持续监测，明确病害成因，以更好地保护文物建筑。

（二）回归传统材料、传统工艺

一般情况下，古代凡大兴土木，尤其官家，所使用建筑材料质量较上乘。现今留存文物建筑无不经历风吹雨打，却仍以壮美的景象展现在世人面前，其所使用的材料功不可没。随着科学技术的发展，各种新型材料不断被研发，并投入使用。在文物建筑修缮领域，也在不断尝试修缮材料的改良。但在砖石类文物建筑修缮过程中，经过试验比对，在材料质量、生产周期满足要求的条件下,传统材料及工艺仍然是最好的选择。

1. 选取材性相近的传统材料

文物建筑修缮的原则之一为不改变文物原状。砖石类文物建筑材料在周边环境稳定的情况下,具有较高的稳定性及耐久性。而砖石类文物建筑材料本身在文物结构中占较大比例,此类型文物建筑在修缮过程中,最终修缮质量与材料质量呈正相关。为了保障材料质量,古人也想了很多种办法,如在砖瓦等胎体上可见的各种款章就是其一。因此,对于未进行过大修的文物建筑,其自身砖石类材料极大可能就是建筑伊始阶段所使用的建筑材料。修缮材料是否接近原材料材性,是能否保证工程质量的重要影响因素。

本次修缮开始之前,对北京周边区域进行调研,基于文献查阅,还将可能是故宫墙砖产地的山东临清,作为调研地之一。依据各地砖材样品的采集地点、产地地区与土样类型的不同,进行分类并做材料成分检测,希望通过检测选出与本次城墙修缮段原墙砖成分更为接近的砖材产地和样品(图13)。

(a)

(b)

图13 材料样品

除了对制砖原土材料成分进行检测外,还进行了抗压强度、抗折强度、冻融循环后的抗压强度、冻融循环后的抗折强度试验和砖材孔隙率试验等。通过这些检测分析,可以更加直观地甄别墙砖间的区别,鉴别材性,为城墙修缮提供依据。

2. 材料、工艺相辅相成

由人为原因导致的地面垫层破坏、地面平整度差等问题，致使城墙地面积水较多，雨水不易排出，城墙地面杂草丛生，进一步破坏了城墙排水系统。本次修缮对于城墙地面空洞、沉降、塌陷区域，采取了全面开挖至空洞下方密实夯土层、开挖后用灰土分层回填、回填至垫层砖以下的传统做法进行修缮。

文物建筑的修缮原则中强调了原工艺，面对不断更替的材料，工艺做法是守住文物建筑修缮质量的重要保障之一。[1] 系统使用传统材料，在材料、工期都能保障到位的情况下，才能充分发挥材料优势，这也是文物建筑修缮的最优解。文物建筑材料的材性及其相互作用后的变化已被久经考验，而传统做法就是将其组合起来的规则流程。灰土垫层在城墙修缮中，对于防水也是一种保障。在地面铺装过程中，能否保证砖缝压面紧实度和平整度，也会间接影响城墙地面的防水效果，特别是在宇墙与地面交接处、宇墙与地面及雨水口交接位置，做好衔接是保障城墙防水的重点。

（三）加强日常巡查，做好日常保养

防微杜渐是文物建筑保护的重要内容，不能等到病害残损到危及文物建筑安全的时候再采取措施。为了杜绝此种现象，应加强对文物建筑的日常保养维护，以让其病害在发展之初被遏制，从而真正地"治病于肌肤"。在日常保养中，除草及疏通排水沟是必要项目，这两项是否真正做到位关系到文物建筑是否能延年益寿。

1. 除草、修补结合

除草是故宫文物建筑日常保养的一项重要内容。植物根系

---

[1] LI Y, LI X, JIANG Q, et al. Historical Study and Conservation Strategies of "Tianzihao" Colony (Nanjing, China) —Architectural Heritage of the French Catholic Missions in the Late 19th Century[J].Buildings，2021，11（4）：176.

发达，且自带吸水储水属性。暴露于外界的文物建筑，如屋面、城台、地面等位置，因受鸟类粪便及刮风等自然因素的影响，草较易生长，若不干涉，易成为薄弱点。

  故宫西城墙修缮过程中，发现了较大面积的植物根系及较粗壮的乔木根径。修缮过程中对表面植物根系进行了拔除，但是还有较多根系扎根于城墙背里墙中。对于此种情况，应采取化学除草的方式，对植物根系进行系统性整治。

  基于上述情况，在今后的日常保养过程中，于除草之后，对于草木生长位置，应进行必要的灰缝修补，以杜绝缝隙处植物再次生长。对于植物根系发达、较难根治的情况，应采取化学除草的方式，最大限度阻断植物生长。对于城墙上植物种类较多的情况，还应进行系统的收档、分类，以便更有针对性地除草、灭草。

  同时，砖石类文物建筑表面的灰浆因冻融循环而酥碱、粉化是不可避免的，对于此种情况，在日常保养维护中应及时处理，避免进一步破坏。

2. 公众教育与社会参与

  疏通排水沟亦是文物建筑日常保养的一项内容。故宫在每年雨季来临之前，都会对排水沟渠进行排查，以减少因排水路线堵塞而造成的积水情况。排水沟堵塞原因多样，现阶段以垃圾堵塞为主。面向公众开放的文物建筑在承载其文化展示功能的同时，也面对数以亿计的观众，个别人员存在乱丢废弃物的情况，个人素质在此也对文物建筑安全产生了影响。

  对于城墙功能的认识应不断加深，特别是非文物建筑保护领域从业人员，更应加强对文物建筑保护重要性和施工中注意事项的认识。在其作业时，应注意对文物建筑的保护，令城墙地面开挖后未按原做法回填这种情况不再发生。

  另外，文物建筑周边草坪环绕，乔木林立，文物建筑与绿化带间"零距离"。绿化带常年喷灌浇水，乔木距离文物建筑基座不足 5m，更有甚者，爬山虎等藤本植物覆盖整面山墙。这些绿化措施满足了人们对风景如画的美好想象，实际上也易出片，但忽略了植物、温湿度等对砖石类材料的危害。砖石类文物建筑应如中国山水画般留白，来减少外物、环境等对其的侵蚀，以获得更好的保护。

六、对策建议

做好砖石类文物建筑防灾减灾措施，砖石类文物建筑将能够更好地服务于公众，实现其历史、艺术、科学等价值的有机融合。但是，建立砖石类文物建筑防灾减灾策略与措施非一朝一夕之功，在做好日常保养工作之外，建议做好以下几点。

（一）建立健全防灾减灾体的风险评估体系

建立多尺度、多角度、多维度的风险评估体系，基于本体、环境等因素，构建砖石类文物建筑防灾减灾的风险评估体系。

（二）充分发挥科技手段

做好综合风险监测与预防性保护，加强科技创新，探索更多基于砖石类文物建筑特征和自然灾害特性的专项技术，提升可靠性和精准性。尽可能于早期识别可能损害砖石类文物建筑的灾害，确定风险等级，制定科学有效的保护规划和预防性措施。

基于数字化信息技术，构建砖石类文物建筑灾害风险监测平台，评估天气变化对其产生的影响，为砖石类文物建筑保护提供理论和方法层面的基础。

（三）加强合作与知识共享

持续推进基础研究、科技应用与系统集成，利用新技术和传统研究方法等手段收集数据，并建立文物建筑历史信息档案，完善动态信息传递机制，定制数据库来存储和管理数据。

通过这些方法，来提升文物建筑防灾减灾的科学化、专业化、智能化和精细化水平，为砖石类文物建筑保护提供坚实的理论和实践基础。

在琉璃瓦胎体烧制中添加瓷土替代传统坩子土的可行性分析

余佳波[*]

摘　要：通过对坩子土原料、瓷土、各时期琉璃瓦胎体的氧化物组成、晶相结构的分析对比，以及按比例在坩子土中添加瓷土实际烧制样品成品性能的对比，两方面结果相互佐证，认为两种原料在化学组成和物理结构上基本上一致，在传统坩子土中添加20%以内质量的瓷土，对琉璃瓦成品的各项性能影响较小，且加入瓷土后能够在一定程度上降低烧成难度。

关键词：瓷土；坩子土；氧化物组成；晶相结构；性能对比

一、前言

琉璃瓦是中国传统建筑的重要材料之一，不仅应用于古建筑的修复，还因为其显著的性能优势广泛应用于现代建筑装修。虽然琉璃瓦产业拥有较广的市场需求及较好的发展前景，但也

---

[*] 故宫博物院高级工程师。

面临着许多问题。首先,由于环保政策的实施,琉璃瓦的传统原料坩子土限制开采,使得琉璃瓦原材料紧缺。其次,随着时代的进步,生产工艺、技术发生改变,各地区烧制琉璃瓦坯体的方法及原料也发生变化。对古建筑的琉璃构件进行替换修补,在对生产单位进行调研以及实际使用过程中发现,部分琉璃瓦坯体成品有一些瓷器的特征,并有在生产原料中添加瓷土的情况。因此在琉璃瓦的原料及烧制工艺发生变化的前提下,如何保证烧制出的新琉璃瓦与古琉璃瓦具有一致性是目前面临的重要问题。根据这种实际生产情况,本文进行进一步深入分析,探究添加瓷土是否具有替代一部分传统坩子土的可行性。

二、研究现状

近年来由于琉璃瓦的传统原料限制开采造成了原材料的紧缺,关于替代坩子土烧制琉璃瓦的研究也逐渐成为热点,樊旭利用粉煤灰减少坩子土的使用烧制出了性能符合国家标准的琉璃瓦;[1]贺深阳、蒋述兴以当地的赤泥为主要原料制备了具有高抗折强度的琉璃瓦坯体;[2]高安一以低烧失的东霞煤矸石为主要原料,对球磨时间、造粒喷水量、干燥时间、成形压力、烧成温度及煤矸石的添加量对琉璃瓦坯体性能的影响进行了单因素研究,优化了琉璃瓦的烧成工艺。[3]

三、历史中琉璃瓦坯体烧制原料

中国古代琉璃瓦是在陶制板瓦和铅釉技术的基础上发展起来的,琉璃瓦以陶土为胎,从出现以来一直是中国传统建筑材料的重要组成部分,我国陶制板瓦技术具有悠久的历史,早期陶瓦的出现是中国古代建筑史上的重大进步,为琉璃瓦的出现奠定了基础。琉璃瓦的胎体是陶制的素瓦件,后施釉于胎体表面,再烧制成不同色彩的琉璃瓦制品。

琉璃瓦胎体烧制用原料在不同地区、不同时代并不完全一致，即使为同一种矿物名称，但因所处地理位置不同，在元素组成及含量、物相种类等方面也存在差异，但均会因地制宜，按当地实际矿产情况选取合适矿物为原料，总的目的是在不影响实际使用的情况下降低成本。元代以前，琉璃瓦胎体烧制一般使用红色的黏土；明初则开始使用白泥，安徽当涂白泥使用较多，配合颗粒度极小的石质原料，用于提高坯胎强度。明清时期统治者为了体现至高无上的权力，兴建了规模宏大的宫殿建筑作为其政权巩固的象征。明清两代琉璃瓦的生产在质量、数量、种类上都超过过去任一朝代，为了方便施工，减少运输成本，常用建筑材料一般就近取材，就地烧制，因此琉璃瓦原料产地以北京、山西、河北等地为主，北京地区制坯用陶土主要取自门头沟地区，主要由当地三种原料混合而成，分别为当地琉璃渠村的页岩石、黏子土和叶腊石，统称为坩子土。山西地区烧制琉璃瓦用陶土主要为当地煤矿伴生的煤矸石，煤矸石呈黑灰色，与煤相比含碳量较低，比煤坚硬，烧制后为白色，质地细密。[4]

按现在科学解析，琉璃瓦胎体的制作原料主要为黏土类原料，一般陶工们将制陶用的黏土称为陶土，制瓷用的黏土称为瓷土，陶土是一种主要由云母、高岭石、蒙脱石、石英及长石组成的粉砂-砂质黏土，化学成分与一般的黏土相似，常呈现浅灰色、黄褐色，一般用于制作陶器。[5] 瓷土是制瓷的重要原料，狭义上的瓷土是指高岭土，纯粹的瓷土一般呈白色或灰白色，是含有丝绢般光泽的软质矿物，广义的瓷土还包括风化程度较好的上层瓷石粉末，主要矿物为绢云母和石英。[6] 在调研中发现添加使用的瓷土，工人称之为白泥，检测发现白泥是一种以高岭石族黏土矿物为主的黏土和黏土岩，因呈白色而又细腻，又称白云土，是非常重要的烧制陶瓷的原料，高岭土、白泥等都被称为瓷土，与陶土相比，Al_2O_3 含量较高，Fe_2O_3 含量较低，烧成温度和烧制后的胎体致密程度均较高。[7] 现今北京地区琉璃瓦胎体常用传统原料为坩子土，又称为坩土，其是北方地区烧制琉璃瓦的传统原料，主要为煤区附近的沉积黏土，有机物的含量比较高，因此主要呈现灰黑色。从古至今，琉璃瓦烧制时一般都选择就近取材，因此即使为同一种矿物名称，但因所处地理位置不同，在元素组成及含量、物相种类等方面也存在差异。

四、深入探究两种原料的区别

本文从坩子土原料、瓷土、各时期琉璃瓦胎体的晶相、氧化物、有机物等成分与含量信息分析对比以及按比例实际烧制样品成品对比两方面进行深入探究，本次实验所用的坩子土取自北京门头沟地区，选用的瓷土种类为白泥，取自山西省忻州市代县，琉璃瓦胎体样品取自故宫博物院古建筑修复中替换的旧瓦件以及修复中使用的新瓦件。

（一）氧化物组成分析

采用 X 射线荧光光谱仪（XRF）对传统坩子土与添加的瓷土进行分析，其中坩子土根据工匠的经验进行了进一步的细化分类，分别是优质原料块状石黑坩石，为黑色片状岩，质地松软，手掰易碎；质地坚硬的黑褐色块状岩坩子土，加入会影响坯体的可塑性；表面分布红褐色斑点的黑褐色块状岩老坩石，加入会影响坯体的颜色；质地坚硬的黑色岩石疆石，内部掺杂白色层杂质，加入易造成坯体发鼓爆坯。表 1 为通过 XRF 分析所得的各原料的氧化物组成。

表 1　原料氧化物组成　　　　单位：wt%

原料	Na_2O	MgO	Al_2O_3	SiO_2	SO_3	K_2O	CaO	TiO_2	MnO	Fe_2O_3	CuO	ZnO	BaO
黑坩石	20.86	—	26.86	46.25	0.81	2.12	0.24	1.60	—	0.81	—	—	0.45
坩子土	—	—	22.11	56.39	1.19	—	—	1.47	0.09	18.17	—	0.12	0.46
老坩石	—	6.77	12.83	41.95	1.04	—	—	0.59	0.11	36.40	0.12	0.19	—
疆石	—	—	13.87	36.12	0.77	1.21	36.86	1.02	—	—	—	—	—
瓷土	—	—	16.27	69.54	1.39	3.22	7.86	0.11	—	1.61	—	—	—
混合料	—	—	32.27	53.78	1.61	2.27	1.42	1.89	—	6.13	—	—	0.63

采用 XRF 对选取的古代琉璃瓦胎体样品（GD）、近代琉璃瓦胎体样品（JD）以及现在在古建修缮中使用的琉璃瓦胎体样品（XD）进行分析，见表 2。

表 2 琉璃瓦胎体样品的氧化物含量　　　　单位：wt%

瓦件	Na_2O	MgO	Al_2O_3	SiO_2	SO_3	K_2O	CaO	TiO_2	MnO	Fe_2O_3	CuO	ZnO
GD-1	1.24	0.41	23.18	68.26	0.03	3.25	0.30	1.19	0.02	1.99	0.01	0.01
GD-2	0.96	0.38	21.91	70.42	—	3.27	0.37	1.12	—	1.46	0.01	—
GD-3	1.30	0.67	22.07	68.11	0.52	3.26	0.76	1.09	0.02	2.05	0.02	0.01
GD-4	1.13	0.71	20.18	70.32	0.06	3.09	0.65	1.08	0.03	2.55	0.01	0.01
GD-5	1.25	0.68	22.17	68.72	0.06	3.14	0.54	1.08	0.02	2.06	0.02	0.01
GD-6	0.93	0.52	21.57	70.08	0.05	3.32	0.36	1.21	0.02	1.83	0.02	0.01
GD-7	1.12	0.39	23.44	68.48	0.04	3.24	0.27	1.13	—	1.77	0.01	0.01
GD-8	1.43	0.41	22.73	68.60	0.59	3.18	0.56	1.18	—	1.13	0.02	—
GD-9	0.95	0.51	30.76	60.86	0.12	3.02	0.38	1.33	0.02	1.86	—	—
JD-1	2.75	0.66	28.56	56.88	1.13	2.01	2.24	1.42	0.02	4.11	0.01	0.02
JD-2	2.81	0.65	28.15	58.70	0.09	2.01	1.66	1.42	0.02	4.11	0.01	0.02
JD-3	0.76	0.78	24.80	65.43	0.06	3.43	0.39	1.14	0.02	3.06	0.01	0.01
XD-1	3.44	0.38	31.26	58.61	0.07	1.99	1.04	1.43	0.02	1.65	0.01	—
XD-2	2.70	0.55	27.66	61.82	0.05	1.88	1.14	1.15	0.03	2.84	0.01	—
XD-3	1.79	0.42	31.13	60.67	0.04	1.87	0.73	1.40	0.03	1.76	0.01	—

各个样品所对应的编号及成分和含量见表 2，所有样品中 SiO_2 的含量最高，为 56%~71%，其次为 Al_2O_3 的含量，为 20%~32%，其余成分的含量均不超过 5%。其中古代样品中胎体 SiO_2 的含量为 60.86%~70.42%，Al_2O_3 的含量为 20.18%~30.76%，两者相加约为 90%，胎体中助熔剂 K_2O、Fe_2O_3、Na_2O、MgO 及 CaO 的含量为 6.44%~8.13%。近代样品为 1950 年左右制作，其胎体 SiO_2 的含量为 56.88%~65.43%，Al_2O_3 的含量为 28.15%~28.56%，两者相加约为 90%，胎体中助熔剂 K_2O、Fe_2O_3、Na_2O、MgO 及 CaO 的含量为 8.42%~11.77%。现在使用的采用传统工艺烧制的琉璃瓦样品，其胎体 SiO_2 的含量为 58.61%~61.82%，Al_2O_3 的含量为 27.66%~31.26%，两者相加约为 90%，胎体中助熔剂 K_2O、

Fe_2O_3、Na_2O、MgO 及 CaO 的含量为 6.57%~9.11%。

由数据可以看出，各个时期的琉璃瓦胎体氧化物成分虽然在含量上有差别，但 SiO_2、Al_2O_3 的总含量基本一致，配比后的原料与瓷土均可达到这一标准，也间接佐证了前文中古代陶瓦与瓷器之间的演变关系。

碱金属氧化物 K_2O 和 Na_2O 是成胎的主要成分，起助熔作用，可以降低胎体的烧成温度。一般 K_2O 和 Na_2O 的总含量在 5% 左右。若含量过高则会急剧降低陶瓷的烧成温度和热稳定性。碱土金属氧化物（CaO、MgO）一般情况下在陶瓷中的含量较低，它们与碱金属氧化物共同起着助熔的作用。引入一定量的 CaO、MgO 可以相应地提高胎体的热稳定性和机械强度，但 Ca、Mg 等在矿物中主要以碳酸盐的形式存在，如方解石等，当坯体原料中存在颗粒较大的这类碳酸盐时，会导致胎体的破裂。着色氧化物（Fe_2O_3、TiO_2）的含量在胎中一般比较少，但它们主要影响呈色，从而影响胎体的外观质量。当 Fe 含量较高时，会使胎体呈黄褐色，当 Fe 含量特别高时，会使胎体发红。Ti 含量过大时会使胎体发黄。瓷土中 SiO_2 含量较高，Fe_2O_3 含量极低，可能是瓷土较白的原因，但瓷土中还有一定量的 CaO，其是否会对胎体烧制造成影响还需进一步研究。

（二）晶相组成分析

采用 X 射线衍射仪（XRD）对传统坩子土原料及瓷土进行分析，坩子土是制作琉璃瓦坯体的主要原料，本次实验的坩子土取自北京门头沟地区，相关测试结果如下。

坩子土颜色呈灰黑色，主要的物相为石英、白云母、钠云母，此外还含有高岭石、金红石、夕线石、刚玉（图1）。石英是由 SiO_2 组成的矿物，无色透明，物理性质和化学性质十分稳定；白云母由 $K\{Al_2[AlSi_3O_{10}](OH)_2\}$ 组成，是云母类矿物的一种，呈白色、淡褐色、淡红色，为层状硅酸盐结构；钠云母由 $NaAl_2[(OH)_2/AlSiO_3O_{10}]$ 组成，是云母的一种，为钠和铝的硅酸盐，与白云母相比，钠代替了层间格中的钾，因此具有较高的可塑性，在加热温度超过1000℃后，会转化为高温物相，形成莫来石及玻璃相，在超过1400℃之后形成刚玉；高岭石由$Al_4[Si_4O_{10}](OH)_8$组成，为含水的铝硅酸盐，高岭石在加热到不同温度时，分别排出吸附水、层间水和结构水，分凝出SiO_2和Al_2O_3，最终当加热温度达到1100~1200℃后，分凝出的SiO_2和Al_2O_3形成莫来石；金红石（TiO_2）颜色较白，在烧制过程中比较稳定，在烧制完成后仍然为金红石；刚玉为Al_2O_3，与SiO_2在高温下形成莫来石，构成琉璃瓦胎体的基本骨架。夕线石为$Al_2[SiO_4]O$，为褐色、浅绿色、浅蓝色、白色的玻璃状硅酸盐矿物，在加热到1300℃时变为莫来石，通常被用作高级耐火材料。

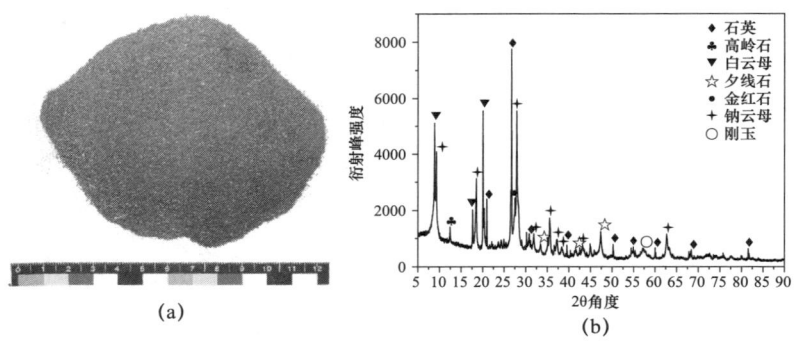

图1 坩子土的图片及物相组成

本次实验选用的瓷土种类为白泥，取自山西省忻州市代县，相关测试结果如下。

瓷土学名高岭土矿，属于非金属矿产，颜色为白色且较为细腻，主要物相为石英（SiO_2）、高岭石（$Al_4[Si_4O_{10}](OH)_8$）、白云母（$K\{Al_2[AlSi_3O_{10}](OH)_2\}$）、钠长石（$Na_2O \cdot Al_2O_3 \cdot 6SiO_2$）、正长石$\{K[AlSi_3O_8]\}$、硅灰石（$Ca_3Si_3O_9$）、刚玉（$Al_2O_3$）（图2）。石英、白云母、高岭石、金红石、刚玉的性质同坩子土中的成分性质，其中原料中含Al_2O_3的组分及含SiO_2的组分在高温下分解，形成莫来石，构成琉璃瓦胎体的基本骨架；长石是一种常见的含钠、钾和钙的铝硅酸盐矿物，具有良好的助熔作用；硅灰石为白色略带灰色的单链硅酸盐矿物，硅灰石作为原料引入，可以降低烧成温度、缩短烧成周期，减少烧成收缩和制品缺陷，降低坯体的吸湿膨胀和烧成过程中的热膨胀，提高制品的机械强度。

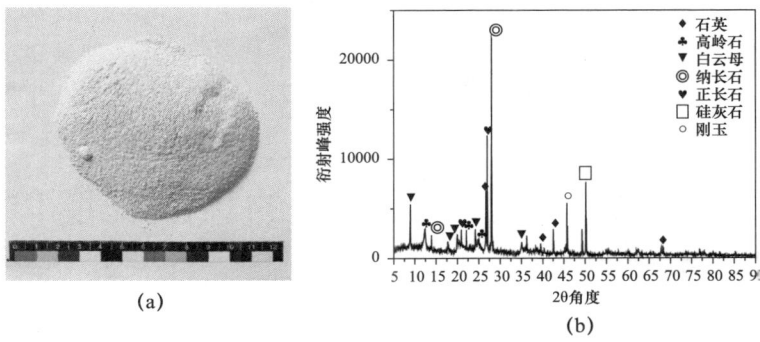

图2　瓷土及其物相组成

采用 XRD 对各时期琉璃瓦胎体样品进行分析，结果显示各个时期的琉璃瓦胎体样品的物相组成无明显差异，由此可见不同时期烧制琉璃瓦的原料和烧制工艺虽然有变化，但最终烧制的琉璃瓦胎体成品成分和结构基本相同，都是以 SiO_2 和莫来石为基本骨架构建起来的稳定结构，其中大部分 SiO_2 主要以 α-SiO_2 形式相存在，少量样品中也以斜硅石等形式存在。莫来石主要是铝硅的氧化物，一部分样品中含有脱水叶蜡石 $Al_2Si_4O_{10}$（OH）等其他成分。石英在 573℃ 发生晶型转变（β-石英→α-石英），生成 α-石英。对比 XRF 测试结果可知，琉璃瓦胎体主要是 K_2O-Al_2O_3-SiO_2 体系，在 K_2O-Al_2O_3-SiO_2 体系中，在 920℃ 就会出现少量液相，它的形成可起到黏结颗粒的作用，使坯体的机械强度增加。使用拉曼光谱仪对胎体样品进行测试发现，不同年代的琉璃瓦胎体基体、颗粒的晶相组成无明显差异，胎体基体主要由莫来石、融熔石英、TiO_2 组成，颗粒主要由未熔石英、莫来石、TiO_2 组成，其结果与胎体 XRD 的检测结果相符。

通过对坩子土、瓷土的氧化物组成及晶相组成进行分析发现，两种矿物组成结构相似，而其经过高温烧制后结构均与琉璃瓦坯体的结构组成相似，区别在于硅、铝的比例上存在一些偏差，但其各项含量都在合理范围之内，因此理论上也可以通过调整各类原料的使用量来控制成分的比例，以此为据制作了不同添加比例的瓷土-坩子土琉璃瓦胎体样块，通过现有琉璃瓦胎体烧制方法进行加工，对比成品样块与原琉璃瓦性能的差异，进而探究瓷土替代坩子土烧制琉璃瓦的可行性。

五、添加不同比例瓷土的琉璃瓦胎体性能对比

（一）实验内容

本次实验中，主要变量为琉璃瓦胎体的配方，目的是探究添加瓷土取代一部分坩子土为胎体原料烧制琉璃瓦的可行性，将坩子土与瓷土以不同比例混合，制成粗坯后烧制，烧制后的胎体，每个配方分别施黄釉、绿釉及不施釉，再进行低温釉烧，把烧制后的添加瓷土的琉璃瓦样块与未添加瓷土的琉璃瓦样块的形貌、抗折强度、抗压强度、吸水率、色度、硬度等进行对比。本次试烧制过程中设置的瓷土添加比例梯度较低，在之后的烧制过程中可以适当增大瓷土的添加量。样品的具体信息见表3。

表3 试烧制不同瓷土含量琉璃瓦坯体配方

序号	瓷土含量（wt%）	配方比例	质量比（kg）
1	0	坩子土/瓷土=100/0	3
2	5	坩子土/瓷土=95/5	2.85/0.15
3	10	坩子土/瓷土=90/10	2.70/0.30
4	15	坩子土/瓷土=85/15	2.55/0.45
5	20	坩子土/瓷土=80/20	2.40/0.60

1. 表观形貌对比

不同瓷土含量的烧制样品表观形貌见表4。

表 4 不同瓷土含量烧制样品表观形貌

含量（wt%）	胎体	黄釉	绿釉
0		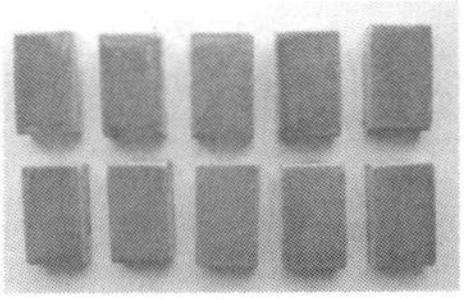	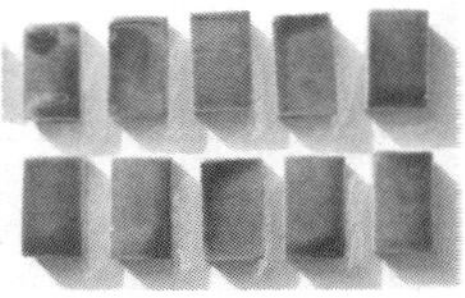
5		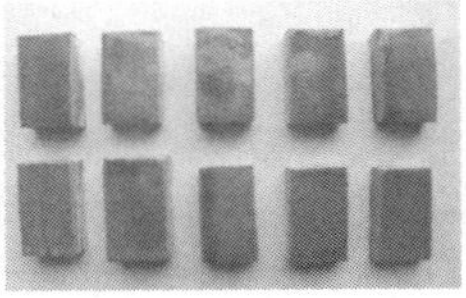	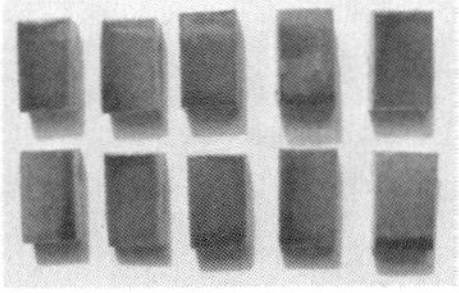
10		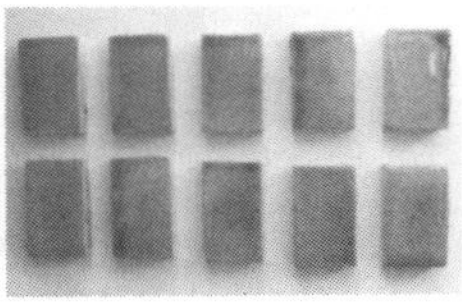	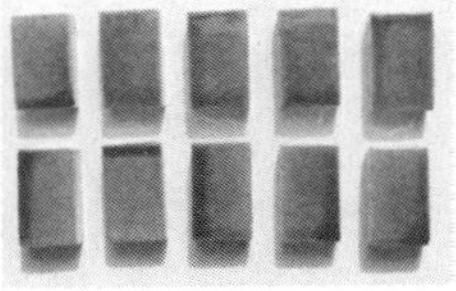
15			
20			

从表 4 可以看出，随着瓷土所占比例的提高，胎体颜色逐渐变白，但是颜色差异并不是很大，当施加黄釉、绿釉后，釉面的呈色仅凭肉眼不能清晰看出明显区别。此外本次烧制的部分琉璃瓦胎体中存在黑色的未烧透区域，经分析主要原因为烧制过程中坯体在窑中的放置位置、烧制温度等。

2. 样块呈色对比

如上文所述，仅凭肉眼不能很明显辨别不同瓷土添加比例对琉璃瓦胎体、釉层呈色的影响，所以利用色度计对琉璃瓦的釉面颜色进行了表征，结果见表 5。

表 5 不同瓷土含量的琉璃瓦胎体、釉层色度值

测试对象	编号	含量（wt%）	明亮值 L^*	红绿值 a^*	黄蓝值 b^*
黄釉	1	0	54.95	12.20	37.86
	2	5	54.19	13.46	40.93
	3	10	54.99	13.55	42.07
	4	15	55.34	13.30	42.24
	5	20	53.26	15.15	41.28
绿釉	1	0	34.84	−11.81	8.24
	2	5	37.54	−14.39	9.21
	3	10	38.17	−14.39	8.77
	4	15	37.39	−13.54	8.07
	5	20	37.32	−11.82	8.55
胎体	1	0	71.06	2.24	6.72
	2	5	77.89	2.31	7.18
	3	10	74.24	1.88	7.14
	4	15	76.07	1.54	6.87
	5	20	80.66	1.18	7.15

将上述测试结果作图并进行分析，结果如图 3 所示。

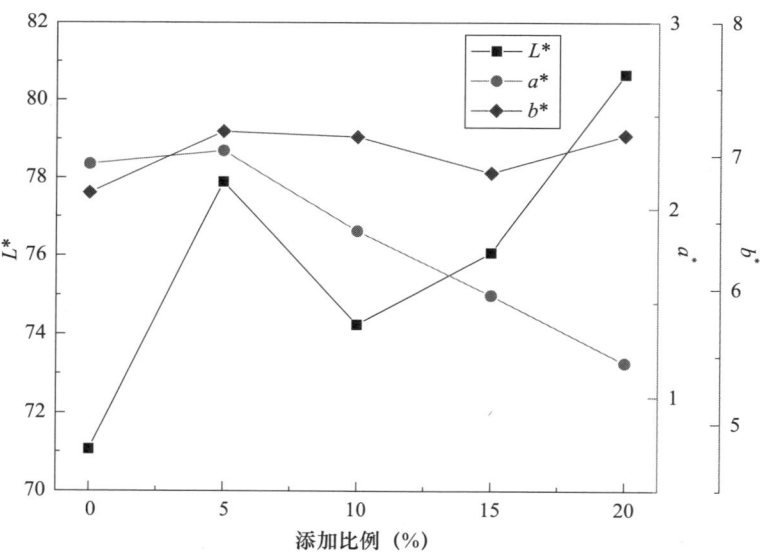

图 3 胎体色度随瓷土添加比例的变化

从图 3 可以看出，随着胎体中瓷土比例的增加，琉璃瓦胎

体的 L^*（明亮值）呈现较为明显的上升趋势，a^*（红绿值）呈现明显的下降趋势，b^*（黄蓝值）的数据有所波动，变化规律不明显。总体上，随着瓷土含量的增加，胎体变亮、颜色变浅。

从图 4 可以看出，黄釉琉璃瓦釉面的色度值受胎体中瓷土比例影响，随着胎体中瓷土比例的增加，黄釉琉璃瓦釉面的 L^*（明亮值）呈现先上升后下降的趋势，当瓷土的添加比例达到 20% 时，琉璃瓦胎体的 L^* 值相比于初始样品降低了 3.08 个百分点，整体来看虽然数值波动较为剧烈，但是整体差距不大；a^*（红绿值）虽然有所波动，但是呈现明显的上升趋势，相比原始样品黄釉琉璃瓦釉面的 a^* 最高提高了 24.18 个百分点；b^*（黄蓝值）呈现先上升后下降的趋势，相比于原始样品最高提高了 11.57 个百分点；总体上，瓷土含量变化对黄釉亮度影响不大，但对黄釉釉色有影响，具体规律需进一步验证。

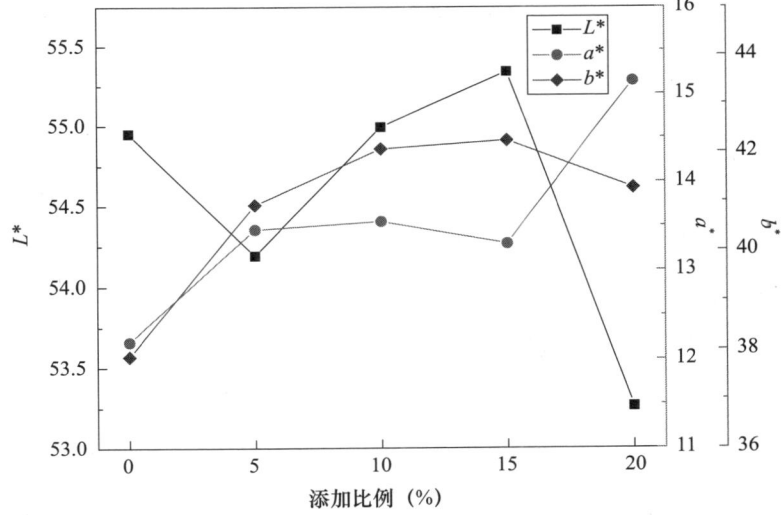

图 4　黄釉琉璃瓦釉面色度随瓷土添加比例的变化

从图 5 可以看出，绿釉琉璃瓦釉面的色度值受胎体中瓷土比例影响。随着胎体中瓷土比例的增加，绿釉琉璃瓦釉面的 L^*（明亮值）呈现先上升后下降的趋势，当瓷土添加比例为 10% 时，L^* 最高，相比于初始样品提高了 9.56 个百分点；a^*（红绿值）波动范围较大，整体上呈现先下降后上升的趋势；b^*（黄蓝值）数据同样波动范围较大，规律性不明显。总体上，随着瓷土含量变化，在一定范围内绿釉亮度提升，但绿釉釉色的变化并未发现明显规律，仍需进一步验证。

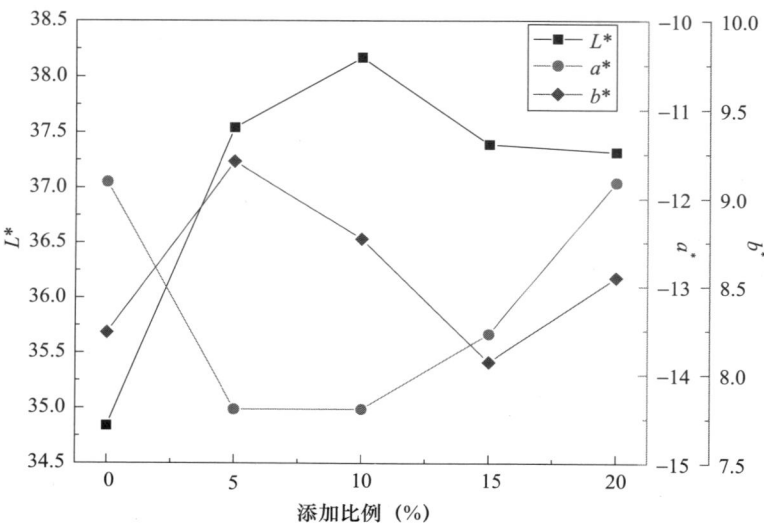

图 5　绿釉琉璃瓦釉面色度随瓷土添加比例的变化

3. 瓷土含量对琉璃瓦吸水率的影响

不同瓷土含量的琉璃瓦胎体、施加绿釉后的胎体、施加黄釉后的胎体的体积密度、表观密度、吸水率、显气孔率测试结果见表 6。

表 6　不同瓷土含量琉璃瓦胎体体积密度、表观密度、吸水率、显气孔率

样品编号	瓷土含量（wt%）	体积密度 B（g/cm³）	表观密度 T（g/cm³）	吸水率 E（%）	显气孔率 P（%）
1	0	1.885	2.228	8.169	15.399
2	5	1.880	2.291	9.546	17.945
3	10	1.851	2.263	9.856	18.221
4	15	1.851	2.226	9.099	16.846
5	20	1.823	2.241	10.212	18.622
黄釉 1	0	1.844	2.263	10.051	18.523
黄釉 2	5	1.831	2.233	9.831	18.004
黄釉 3	10	1.832	2.261	10.362	18.982
黄釉 4	15	1.836	2.212	9.247	16.982

续表

样品编号	瓷土含量（wt%）	体积密度 B（g/cm^3）	表观密度 T（g/cm^3）	吸水率 E（%）	显气孔率 P（%）
黄釉 5	20	1.761	2.131	9.837	17.332
绿釉 1	0	1.838	2.236	9.695	17.818
绿釉 2	5	1.860	2.251	9.332	17.357
绿釉 3	10	1.820	2.193	9.332	16.989
绿釉 4	15	1.805	2.206	10.073	18.177
绿釉 5	20	1.786	2.111	8.628	15.408

从测试结果可以看出，对于未施釉胎体，瓷土的添加使其吸水率和显气孔率均有所增加，但施釉（无论黄釉还是绿釉）后，整体看来，瓷土的添加（与样品 1 比）使胎体吸水率及显气孔率有所下降，但吸水率和显气孔率随瓷土添加的变化规律不明显（瓷土含量从 5% 至 20% 的样品），说明瓷土含量在 20% 以内对琉璃瓦的吸水率影响不大，继续增大瓷土添加量后是否有明显变化仍需进一步研究。

4. 瓷土含量对琉璃瓦抗压强度、抗折强度的影响

不同瓷土含量的琉璃瓦胎体的抗压强度如图 6 所示。

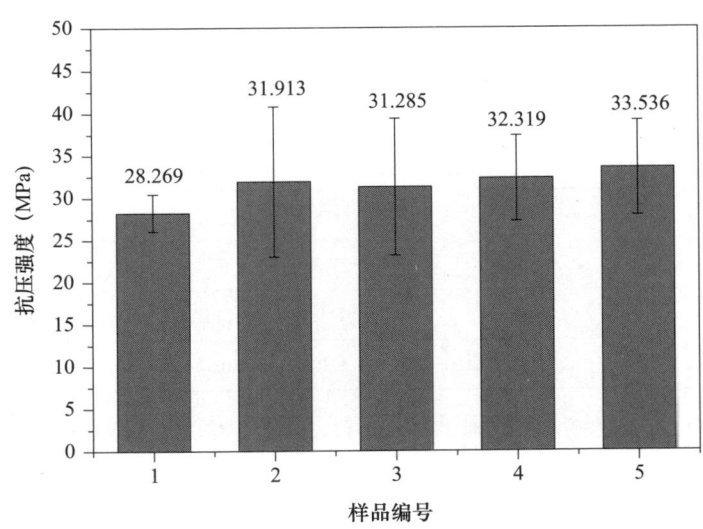

图 6　不同瓷土含量的琉璃瓦胎体抗压强度

如图 6 所示，随着胎体中瓷土含量的增加，胎体的抗压强度逐渐升高，但是整体来看数值差距不大。

如图7所示，随着胎体中瓷土含量的增加，胎体的抗折强度的变化规律不是很明显。虽然数值有所波动，但是整体上看呈下降的趋势。虽然抗折强度随着瓷土含量的增加大体上呈现逐渐降低的趋势，但是整体来看数值差距不大。

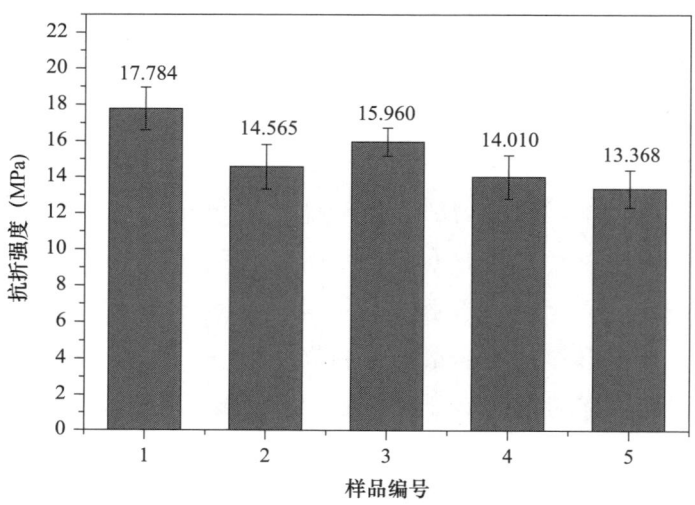

图7 不同瓷土含量的琉璃瓦胎体抗折强度

5. 瓷土含量对釉面光泽度的影响

分别测试了各瓷土含量下胎体上黄釉、绿釉的釉面光泽度，测试结果见表7。

表7 不同瓷土含量胎体上黄釉、绿釉釉面光泽度值

	瓷土含量（wt%）				
	0	5	10	15	20
黄釉	115.49	112.62	109.30	105.83	115.76
绿釉	122.16	130.34	123.14	117.91	127.08

从表7中的测试数据可以看出，黄釉、绿釉釉面光泽度值均在100以上，均属于高光泽度，数值变化无明显的规律，说明就目前的数据来看，胎体中瓷土含量对琉璃瓦釉面的光泽度影响较小。

6. 邵氏硬度的对比

分别对各瓷土含量胎体进行硬度测量,结果见表8。

表8 硬度测试结果

瓷土含量(wt%)	烧成处(白色)
0	83.6
5	84.0
10	85.3
15	84.6
20	86.3

从测试结果可以看出,随着瓷土添加比例的增大,胎体的硬度整体呈增加的趋势,但是差距不大。

7. 未烧透区域的对比

在本次的烧制过程中保留了大量的未烧透黑色区域,而且这种现象在古代琉璃瓦及现代琉璃瓦烧制过程中较为常见,主要原因为坯体烧制时间不足或者因在窑中所处位置原因而导致烧制温度不够,但此次所有样块在窑中均随机放置,因此也能间接体现添加瓷土对烧制条件的影响。

在切开的琉璃瓦胎本体上进行视频显微镜、偏光显微镜观察,并按照黑色区域面积分为三种类型,分别为A-白色烧透区域、B-褐色过渡区域、C-黑色未烧透区域,结果如图8所示。

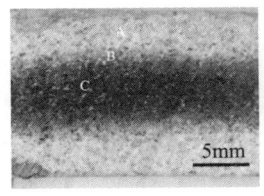
(a) 类型Ⅰ

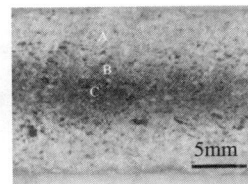
(b) 类型Ⅱ

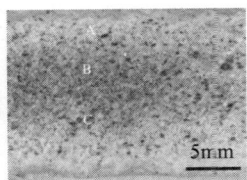
(c) 类型Ⅲ

图8 琉璃瓦胎体三种黑色区域的视频显微镜形貌

分别取按各个配方烧制的样品切割后进行统计,三种黑色区域类型的占比见表9。

表 9　琉璃瓦胎体三种黑色区域类型的占比

瓷土含量（wt%）	类型占比（%）		
	类型Ⅰ	类型Ⅱ	类型Ⅲ
0	100.00	—	
5	66.67	25.00	8.33
10	41.67	33.33	25.00
15	41.67	41.67	16.66
20	8.33	33.33	58.34

由表 9 的结果可以看出，随着瓷土含量的增加，类型Ⅰ（黑色未烧透部分较多）的占比逐渐减小，特别是当瓷土含量达到 20% 时，类型Ⅰ的占比为 8.33%，相比于未添加瓷土样品 100% 的占比，说明其黑色未烧透部分面积大幅减小；类型Ⅲ占比随瓷土含量的增加逐渐增加。根据上述结果，可以初步推测瓷土含量的增加使琉璃瓦胎体更易烧成。

（二）实验结果分析

通过本次实验发现，瓷土含量在 20% 以内时，随着瓷土含量的提高，肉眼可观察到胎体颜色逐渐变白。利用色度计对琉璃瓦的釉面颜色进行了表征，不同瓷土含量样品的胎体、黄釉瓦面、绿釉瓦面的数值变化幅度不大。总体数值结果显示，随着瓷土含量的增加，胎体变亮、颜色变浅。瓷土含量对釉色亮度有小幅影响，但对颜色的影响并未显示出明显规律。

坯体中瓷土含量的增加使琉璃瓦胎体的吸水率和显气孔率均有所增加，但施釉（黄釉、绿釉）后的吸水率及显气孔率有所下降，但瓷土含量从 5% 至 20% 的样品的变化规律不明显；随着坯体中瓷土含量的增加，胎体的抗压强度逐渐升高，抗折强度虽有所波动，但整体上呈下降趋势，胎体的硬度整体呈增加的趋势，但是整体来看各数值差距不大；胎体中瓷土含量对琉璃瓦釉面的光泽度影响较小。

在本次添加瓷土的试烧制实验中，出现了琉璃瓦胎体未完全烧透的现象，该现象在古代琉璃瓦样品中也存在，通过对未烧透样块的观察发现，随着瓷土含量增加，未烧透样块数量和未烧透部分面积呈明显递减趋势，据此推断，瓷土含量的增加可使琉璃瓦胎体更易烧成。

此次的瓷土含量较小，最高含量 20% 对于颜色、力学性能等的影响均较小，且多项表征数据规律性不明显，所以在之后的烧制实验中，首先应提高其含量，可将其含量增加至 50%，进一步研究添加瓷土对琉璃瓦成品性能的影响。

六、总结

本文通过对坩子土、瓷土的氧化物组成及晶相组成的分析发现，两种矿物组成结构相似，而其经过高温烧制后结构组成均与古代琉璃瓦坯体的结构组成相似，以此为据，以实际生产工序烧制相应样块，经对比发现，添加 20% 以内的瓷土，对琉璃瓦成品整体性能有一些影响，但整体差别不大，且加入瓷土后可以降低烧制难度。因此可以认为，在实际生产成本允许的情况下，瓷土可以替代一部分原料坩子土进行实际生产，该方法在替代原有稀缺资源方面具有一定可行性。

参考文献

[1] 樊旭. 天然气催化燃烧技术应用于粉煤灰坯琉璃瓦烧制的研究 [D]. 北京：北京建筑大学，2020.

[2] 贺深阳，蒋述兴. 利用赤泥一次烧成琉璃瓦的研究 [J]. 中国陶瓷工业，2007，14（6）：11-14.

[3] 高安一. 华亭市煤矸石的资源化利用研究 [D]. 淄博：山东理工大学，2019.

[4] 李全庆，刘建业. 中国古建筑琉璃技术 [M]. 北京：中国建筑工业出版社，1987.

[5] 邓绍云. 陶土化学性质及其应用的研究现状与展望 [J]. 化学工程师，2019，33（2）：43-49.

[6] 崔名芳,朱建华.繁昌窑址附近多种瓷土成分分析[J].光谱学与光谱分析,2018,38(11):3598-3606.

[7] 刘长龄,李万堂.彭城镇陶瓷原料的化学矿物组成[J].硅酸盐学报,1963(4):223-230,238-239.

龙兴讲寺,享誉千年的湘西大寺院

——论龙兴讲寺的历史地位、建筑特色及文化价值

陈 勇* 张筱林**

摘 要: 龙兴讲寺,是湖南省沅陵县享誉千年的大寺院,也是历代朝廷在对湘西及西南地区的不断开发与征伐过程中,实施"仁政"策略的重要平台,更是建筑精美、风貌别致、保存完整的国学讲堂,以及全国重点文物保护单位。龙兴讲寺集儒、释、道三教为一体,是一座营造完美且人格精神品质极高的大型古建筑群落,是大湘西地区的佛教母寺、释源祖庭(图1)。建筑上的"敕建龙兴讲寺"及寺内众多的龙凤构件上的帝王文化符号表明,它是一座名副其实的皇家寺院。在"羁縻制度"管控下,龙兴讲寺利用宗教文化的传播,对湘西地区传统社会的行政法律、刑事法律、文化意识、建筑风格、建筑特色等多领域,都产生了重大影响。

---

* 湖南沅陵文旅广体局文保中心主任,文博智库专家。
** 湖南宁乡文旅广体局四级调研员,文物保护责任工程师。

关键词：皇家寺院；国学讲堂；千年学府；精神品质；建筑风格；土木结构；古建筑群

图1　龙兴讲寺正立面照片

一、龙兴讲寺的地理位置和古建筑群概况

龙兴讲寺位于湖南省怀化市沅陵县城区的虎溪山南麓，西临新城区主干道，寺院西南为沅、酉二江交汇处。二江汇合后，江水自西向东而去。随着沅陵县城市化发展，寺院处于城区三组团中的城北组团西南部。

（一）地理位置

其地理坐标为东经110°23′15″，北纬28°27′12″。海拔高度为113~150m。虎溪山原名卧佛山、楠木山。因整座山体形如一尊仰卧大佛且古代山中生长高大楠木而得名。其山原总高度约243m，共由四部分组成。山脚至山腰高约71m，山腰为一平缓地带，长约99m，山腰至山顶高约67m，山顶上原有一人工堆筑的圆形封土堆，高约6m，形如一人体头部，使整座山形如一尊高大的卧佛，立于沅、酉二江之滨。虎溪山北高南低，龙兴讲寺古建筑群立于"卧佛"之"腹部"和"膝下"，宛如在"卧佛"怀抱之中，为南北向布局，遵天平地不平之利，依山就势排列于山腰和山脚处，与沅水对面之笔架山隔江相望。

（二）总体布局

龙兴讲寺总体坐北朝南而建，偏东20°，壬山丙向，座室宿十八少341.5°，丁亥分经，向翼宿二十少161°，丁巳分经。现存建筑共计十一栋，其中轴线上自南向北一路拾级而上，依次为头山门（图2）、头过殿（图3）、天王殿（图4）、二山门（图5）、韦驮殿（图6）、东厢房（图7）、西厢房（图8）、大雄宝殿（图9）、观音阁（图10）、弥陀阁（图11）、旃檀阁（图12）等。

图2　头山门照片

图3　头过殿照片

图4　天王殿照片

图5　二山门照片

图6　韦驮殿照片

图7　东厢房照片

图8 西厢房照片

图9 大雄宝殿照片

图10 观音阁照片

图11 弥陀阁照片

图12 旃檀阁照片

登石阶30级为头山门，三开间硬山，牌坊式门楼，中开拱门，上额"龙兴讲寺"，并嵌"唐三藏取经"砖雕，1946年曾维修，原供奉水火二将。

再登20余级为头过殿，三开间硬山，原供奉哼哈二将，又称哼哈殿，1983年大修。又登20余级为天王殿，面宽五间，重檐悬山，原供奉四大天王，清光绪年间、1998年、2017年曾维修。其建筑五架椽月梁（图13），置有驼峰蜀柱（图14），保存元代做法。

图13 五架椽月梁照片　　　　图14 驼峰蜀柱照片

其后为弥勒殿并称二山门，清同治年间大修。原供奉弥勒和韦陀。前檐砌三间牌坊式门楼，中开圈拱门，上额"敕建龙兴讲寺"，上下读，左右嵌高浮雕威龙，下方左右嵌圆形龙纹砖雕，工艺精湛。

其殿后檐开敞与左右厢房各三开间相连，正对大殿——大雄宝殿，与其构成纵长庭院。大殿中置月台相接，更显出大殿的威严，成为全寺的中心。大殿后为较宽敞庭院。此有观音阁，为三间二层三檐歇山建筑，原供奉观音铜像，高50.33m，"文革"时被毁。其建于1984年，2016年曾维修。该建筑东有旃檀阁，西有弥陀阁，均为五开间重檐三楼歇山，乾隆年间重建。两栋建筑为同一时期、同一种建筑样式和同一种建筑材料构成的"姊妹"建筑。中华民国时期和1983年、2013年、2016年曾维修。

（三）保持原貌

寺内十一栋建筑经历代修缮或重建，各具年代特色。主体建筑大雄宝殿仍保持原始风貌。其殿宇"内减中柱"，反映出唐宋殿宇式建筑之望山望柱的平面特征，重檐歇山顶与硬山顶相结合，形制特殊。柱础为木质，呈卷杀制梭柱，天花以上的穿斗式梁架、出昂斗拱及和玺彩绘等，不仅具有我国唐宋建筑特征，还为研究我国南方唐宋时期木构建筑提供了重要的技术资料。

殿内保存的各时期不同艺术特色的木雕、石雕、砖雕和绘画、刻画等与中国唐宋时期的木结构建筑技术、木质构件、力学构造处理与艺术要素相结合,均具有极高的建筑艺术价值。龙兴讲寺是湖南省现存年代最早的木结构建筑群。建筑群中除常见的龙、凤、鹿、仙鹤、蝙蝠、麒麟、松柏、牡丹、祥云等传统吉祥图案外,头山门上有生动的"唐三藏取经图"(图15)砖雕;其二山门上有浮雕行楷"敕建龙兴讲寺"(图16)字样,表明该寺院是经皇帝下旨兴建的。在弥陀阁、旃檀阁隔扇门的绦板上也分别雕刻有驾白马的唐僧和孙悟空、猪八戒、沙僧取经以及妖怪变化成的少女与老妇等人物图案,虽为中华民国修缮时重做,但形态生动、表情细腻。其装饰题材富有特色,构思独特,既有浓郁的宗教色彩,又极具通俗的故事性、民俗性。

图15 "唐三藏取经图"照片

图16 "敕建龙兴讲寺"照片

在龙兴讲寺头山门的东西两侧,建有火神庙和黔王宫建筑群。其正门与龙兴讲寺大门构成品字形。两建筑群均在南面设戏台,北面设大殿。戏台均为重檐歇山三层楼阁式木制建筑。二层为戏台,上层为阁楼。原东楼内置钟,西楼内置鼓。在建筑布局和宗教仪轨上,与龙兴讲寺构成左邻右舍、晨钟暮鼓的浑然整体之格局。经国家、省局古建筑专家鉴定,黔王宫戏台为清乾隆年间建造,在湖南省仅存三座,弥足珍贵。

二、龙兴讲寺的历史及文化特点

据寺内藏"大清光绪九年(1883)……重刻皇明成化十三

年（1477）……永垂不朽"碑刻载:"虎溪名山云树八景之一辰阳龙兴讲寺建自唐贞观二年（公元628）乙酉岁其来久矣……"清同治十二年（1873年）《沅陵县志》第三册卷三十载:"龙兴讲寺在西郊虎溪山之麓,唐贞观二年建。明景泰三年、嘉靖四十年、隆庆二年、万历二十三年郡人先后捐修……国朝康熙二十六年、乾隆十五年、二十三年郡人先后重修"。距今已有1300余年历史。

（一）年代久远

据《湖南佛教史》中怀化佛教史载:"唐太宗贞观二年（公元628年、戊子、农历十一月）,敕建沅陵龙兴讲寺,唐太宗赐封惠休为住持。"首任住持惠休自此开坛讲经说法,立山门1396年佛光常照。头山门外原有一牌坊式山门,于"文革"时期被毁,现有头山门实为原来的二山门。作为佛教寺院,龙兴讲寺比湖南省著名的南岳大庙早建100余年;作为教化育人的汉族学院,龙兴讲寺比湖南省现存的岳麓书院要早建348年,是中国南方最早的佛教学院、中国现存年代最早的佛教讲堂旧址之一。1987年,北京大学对其中一内柱进行碳14测定,结果为距今745年,经树轮校正,年代为距今720年（距今年代起点1950年）。基本断定为唐宋之遗构。

（二）眼前佛国

千年古刹、"幡盖云从",历代达官显贵、文人墨客至此者甚多。据中华民国十九年（1930年）《沅陵县志》载:明隆庆二年（1568年）,太后李凤娇颁赐龙兴讲寺"千佛袈裟一袭,朱面黄里"上用"五色丝线绣九百九十九尊"佛像,"佛长寸八分,宽寸三分",僧服之,合成千数,谓之"千佛袈裟";明崇祯帝丁丑年上元（1637年）春季,礼部尚书董其昌,因感龙兴讲寺长老为其治愈眼疾之恩和表达对龙兴讲寺的赞誉之意,题写的"眼前佛国"匾额,现仍悬挂于大雄宝殿前（图17）。

图 17 "眼前佛国"照片

（三）王学圣地

明正德五年（1510年），明朝大学者，程朱理学之集大成者王阳明自龙场谪归经过沅陵，特地接受辰州学子之邀，于龙兴讲寺讲授"致良知"学说一个月，并在寺内留下提壁诗一首："杖藜一过虎溪头，何处僧房是惠休（图18）。云起峰间沉阁影，林疏地低见江流。烟花日暖犹含雨，鸥鹭春闲自满州。好景同游不同赏，篇诗还为故人留"。嘉靖二十年（1541年），阳明门人徐珊任辰州府同知，邀请众同门弟子来此讲学，并在龙兴讲寺北面，兴建虎溪精舍，邀请众同门弟子来此讲学，龙兴讲寺及虎溪山，被王门后学誉为"王学圣地"。以后，又在寺院的左右两侧，相继兴建了黔王宫和火神庙等，扩充了教授学社，形成了盛极一时的教授圣坛。

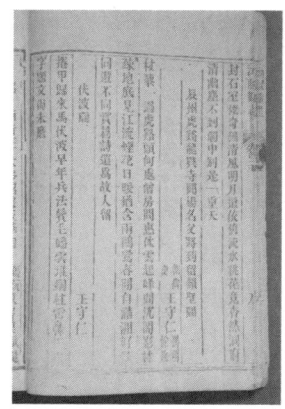

图 18 "何处僧房是惠休"诗照片

（四）为国为民

1937年，湖南省临时省会迁至沅陵县城，龙兴讲寺与虎溪书院等建筑群曾被作为临时抗战伤病医院。1937年10月，龙兴讲寺主持妙空长老约南岳名师到寺中讲经，轰动湘西。此次讲经后，成立了沅陵佛教会、沅陵佛教居士林、沅陵佛教四众教义研究所和沅陵佛教阳明小学等四个组织，为国为民，教义护寺。1950年，中国人民解放军第38军解放沅陵县，同时，也接管了龙兴讲寺内所有财产。并对寺内僧人给予了生活出路安排，部分年轻僧侣参军入伍，参加了抗美援朝战争。1966年"文革"开始后，在全国"破四旧、立四新"的声浪中，寺庙十栋建筑内近千尊大小佛像全部被毁。1983年，县政府在寺内成立文物管理所，同时对寺内进行全面的保护维修管理，并逐步对外开放。龙兴讲寺，1956年被列为湖南省文物保护单位，1996年11月被列入第四批全国重点文物保护单位，2024年被评为国家AAAA级景区（图19）。

图19　全国重点文物保护单位标志碑照片

（五）三教并存

龙兴讲寺建筑群采用纵向中轴线对称与院落天井组合的传统形式，天地互补，依山就势，顺其自然，纵深幽静，气势峥嵘。且与北侧儒家的虎溪书院、东侧道教的火神庙和西侧的民间神庙黔王宫相互依托、同处一体，构成一个佛寺、道观、书院并存的场所，大有左龙右虎之格局，使龙兴讲寺建筑群既是宗教文化重地，又是中华文化的中心，更反映出我国儒、释、道文化相互影响、渗透、交融的强大精神合力，也实证了在湘西地区宗教文化与唐代社会的关系，反映出了唐朝时期中原与西南少数民族生产、生活、文化等交融的进步与发展。同时三教融合对湘西、沅陵地区的文化交流与发展、民族团结起到了积极的推动作用，做出了重大的历史贡献，具有重要的历史价值，是湖南省极为珍贵的古代建筑文物。寺院总占地18000m^2，是我国南方现存年代最早、保存最完整且规模宏大的传统寺院古建筑群之一。经历代维修，保存了唐、宋、元、明、清及中华民国各个历史时期的建筑营法与艺术特点。龙兴讲寺实际上是一部以建筑艺术形式，叙说千年历史的教科书，一览观之，可领略不同时代中国古代建筑之雄风，堪称"活化石"（图20）。

图20 "活化石"照片

（六）天人合一

寺院顺序渐进、主次分明、左右对称、脉络清晰。彰显出中国古代建筑崇尚对称、秩序、等级、和谐的儒家哲学思想理念。建筑群依山就势，顺其自然。顺应山势环境，高低错落布局，很少挖动山土，充分体现出"天人合一"、与大自然和谐相处的我国古老道家哲学思想理念。在建筑群的选址和整体布局及建筑群的各种装饰内容的设计等方面,又充分体现出佛教文化的博大精深。寺院为帝王敕建,但在屋顶的设计和屋面的用材上,采用中国传统的梁架结构和青瓦盖面,注重与周边民居建筑群在布局和色彩等方面做到和谐统一,且将帝王文化符号与湘西地区民俗文化装饰有机结合,使整座建筑群具备一种独特的民族文化魅力。

三、龙兴讲寺的历史地位及与湘西文化的关系

历史上的大湘西,包括当今湖南省西部的怀化市、张家界市、湘西恩施土家族苗族自治州以及邵阳市的城步、绥宁、洞口、隆回等县和包括湖南省永州市在内的部分县市。春秋战国以后,沅陵即成为大湘西地区的政治、经济、军事和文化中心。

(一) 自我传承

据《史记》《后汉书》《湖南通志》《辰州府志》《沅陵县志》载,沅陵上扼滇黔、下锁常岳。自楚平王朔沅以划濮,到楚国大将庄桥对大西南的开发,从秦、楚争霸时黔中郡的三易其手,到汉刘尚带兵征蛮命丧沅水、马援"马革裹尸"沅陵壶头山,再到唐宋时期的"溪州铜柱"和"明溪新寨题名记——红字碑"汉苗盟约的数千年中,历朝历代从未真正拥有过大湘西土地。有学者曾统计,在2000余年的历史长河中,湘西地区及沅陵境内的大小战争和各类军事摩擦近千次。长期处于羁縻州和土司制度下,让当地势力强大的部落酋长任行政长官或由"土司王"来统治当地群众,实行少数民族自治。"这里繁衍生息的苗、瑶、土家、侗等少数民族和历史上九黎、三苗、百濮、百越、南蛮有着紧密的渊源关系。他们没有自己的民族文字,但

拥有自己独特的民族语言，拥有勤劳、勇敢、热情、友善、诚信、团结、淳朴的民族性格。他们生活在万物有灵的精神世界里，用传承来表现本民族的现实与精神生活，用技艺来传承优秀的民族文化，用歌舞来取悦神灵，娱乐百姓，他们生活的一部分以巫傩文化的方式从本地古老的高庙文化传承下来，生生不息，深深影响着生长于斯的人民对自身物质和精神世界的传习、理解与追求。"

（二）巫傩文化

沅陵历有沅陵、元陵、辰州之称谓，自古即为"湘西门户、西南之要道"。境内多年的考古调查和发掘及出土文物证实，至商周中晚期始，中原文化早已开始向这里辐射渗透。春秋战国时期，随着楚国对大西南的不断开发，沅陵成为中国中东部连接大西南的水路交通之咽喉，历为国、郡、州、路、道、府、行署和县治所。由于独特的政治和地理位置，在2000多年前，沅陵就是湘西地区最大的城市，是历代统治者管理大湘西地区各类民族事务的政治、经济、军事和文化中心。在数千年的人类历史文明进程中，傩文化是一种远古的原始文化，是中国传统文化的一个重要组成部分。在传统的华夏文明中，"傩"是历史久远并广泛流行于汉民族中的具有强烈宗教和艺术色彩的社会文化现象，它起源于汉族先民的自然崇拜、图腾崇拜和巫术意识。远古先民在征服自然的过程中获得生息，繁衍后代，生存的欲望需要宗教（自然宗教）观念的帮助来超越自我，龙的传人以伟大的浪漫主义心性创造了巫傩文化。"傩"乃人避其难之谓，意为"惊驱疫厉之鬼"。巫傩活动在生命意识上满足了广大信仰者的心理要求，长期以来，巫傩之风的传承与流布融入习俗之中，即使在现代，仍以传统文化的形态存留于民间。湘西逐渐奠定了"巫傩文化"的根基，继而形成强烈的地域文化，即"湘西巫傩文化形态"，这种笼罩氛围甚嚣尘上。各种傩戏（图21）、傩舞、巫术的使用传习及高庙文化遗址出土的凤鸟崇拜、兽面崇拜和辰砂遗俗等，有力地证实了包括辰州沅陵在内的湘西大地,是原始宗教辰州傩文化的发源地。在龙兴讲寺的大雄宝殿等建筑构件上,民俗建筑的脊翘、泥塑、砖雕、木刻上,一些民俗文化村落房屋的门窗、梁架上,都能随处看到用线条勾画或雕刻而成的巫傩神像、图腾、图案、纹饰、巫术等元素。据西周以后的历代国史载,傩文化的重要元素之一,沅陵的光明砂(上等贡品朱砂,又叫极品辰砂),3000多年前就为贡品,每年向西周王朝进贡2kg。从释迦牟尼、观世音菩萨额头上的那一点红色的"眉间白毫相",我们便可知道朱砂与佛教有着极深的渊源。傩文化的第二大元素"辰州符"亦出自沅陵。后汉王逸在《楚辞章句》卷二中指出:"昔楚国南郢之邑,沅湘之间,其俗信鬼而好祀。其词必作歌乐鼓舞,以乐诸神。屈原放逐,窜伏其域,怀忧苦毒,愁思沸郁。出见俗人祭祀之礼,歌舞之乐,其词鄙陋,因为作《九歌》之曲。"如今,"沅陵仍是著名的巫傩文化之乡,至中华民国时存傩殿1200多个,最多时一个乡便有30多个傩坛。如今在民间,仍流行着做道场、贡土地、跳大神、祭跳香、画符水、收魂、收黑、差桃园洞、接七姑娘等民间习俗和巫术,而滚刺床、过火槽、上刀梯、踩火犁、吃炭火、定鸡等神秘傩技仍较盛行"。多支傩戏、傩技专业队伍仍活跃在湖南省的张家界市、恩施土家族苗族自治州、芷江县以及湖北省、贵州省等旅游景区进行表演。虽然这些巫傩技艺,已成为一种可供人们观赏的文艺表演形式,但在一定的人群和范围内,似乎仍然主宰着人们的心灵感应与行为意识,其影响延续了数千年(图22、图23)。

图21 傩戏照片

图22 木刻脸谱照片

图23　辰州符祝照片

（三）太宗敕建

佛教于东汉传入中国，魏晋南北朝为发展时期，至隋唐为大盛，是世界三大宗教之一。唐杜牧《江南春》云："南朝四百八十寺，多少楼台烟雨中"。可想当年之盛况。唐太宗在清除割据、平息骚乱时，曾得僧兵之助，在即位后，下诏在全国"交兵之处"建立寺刹。一是为了安抚亡灵，二是为了利用宗教文化的传播教化一方，稳定一方。处在偏远大山深处的湘西地区的广大人群，因为当地蛮酋的压榨、匪患的肆虐和长期的战乱而痛苦不堪，人们的思想观念，一直处在数千年流传下来的巫傩文化的神秘氛围之中，不明白现实世界究竟意味着什么。这时候，对于整个湘西地区来说，一个关于寻找生命意义的答案，一种解脱痛苦的方法，一套令社会平稳、安定的价值体系，自然就会引起人们的广泛关注与向往。正如罗马学者老普林尼（公元1世纪）指出："人们因自身软弱无力而又忧患重重，遂将人的属性加之于神。"恰此机遇，唐代寺、观、庙的布局和建筑风格、特点，木结构建筑艺术、营造技术，斗拱法式、柱子形象、梁架要求等都传到各地，给龙兴讲寺的崛起提供了动因。

据《沅陵县宗教志》载，"佛教于隋末唐初已传入沅陵"。其宗派林立，奇彩纷呈。传入沅陵的是佛教诸多宗派中的净土宗。净土宗是由东晋僧人慧远创立的。净土，是与世俗众生所居住的秽土相对而言的，西方净土，也就是西方极乐世界。慧远的净土宗提倡观佛、念佛以求西方阿弥陀佛极乐净土，其教义简单，没有什么根深的佛学理论，并不强调通晓佛经，广研教乘，也不强调静坐专修，苦习禅定，只要信愿俱足。因为这种修行方式简便易行，人人都能做到，特别适合众生信奉，所以传入沅陵后，就得到民间广泛认同，很快普及开去。同时，因沅陵为五溪首善之地，佛教可通过扎根沅陵而后进入五溪腹地，朝廷不允许正宗佛教在这里走形变调，故急需采取措施，为五溪及西南边陲培养大批佛学僧才。"唐贞观二年（公元628），唐太宗李世民首先在位于湘西门户的辰州沅陵敕建'龙兴讲寺'"，"着力培养合格的佛学传播人才"，并赐名"龙兴"。《尚书·序》载："汉室龙兴，开设学校，九五飞龙在天，犹圣人在天子之位，故谓之龙兴也。"由此可见，唐太宗敕建江南讲寺并赐名龙兴，是有其深刻政治含义的，是希望通过佛法传播，感化"判服无常"的西南群蛮，实现教化一方、稳定一方的目的。又如汉王充《论衡·龙虚》中"虎啸谷风至，龙兴景云起"，是喻意国家风调雨顺，百姓五谷丰登和帝王之业的兴起。"讲寺"在佛教语里，一是指讲经说法的寺院。《魏书·释老志》曰："夫山海之深，怪物多有，奸淫之徒，得容假托，讲寺之中，致有凶党。"二是特指区别于禅寺和律寺的"教寺"。明田汝成《西湖游览志馀·方外玄踪》载："为僧之派有三：曰禅，曰教，曰律。今之讲寺，即宋之教寺也。"可见"讲"，就是讲课，传道授业解惑；"寺"，在佛教传入中国以前就有此名称，实际上是中国古代政府部门的名称，如汉御史大夫寺、太常寺、鸿胪寺等。"寺"又源于"侍"。《说文解字》："寺，廷也。""侍"的原意是指侍奉皇帝的太监、御史之类的近臣，因实际需要便专门成立的一个部门，之后便成为寺。如洛阳白马寺，原即鸿胪寺，借用为供佛藏经之所，是我国第一座称为"寺"的佛教建筑群，也是中国佛教的母寺。龙兴讲寺，是僧侣向佛学弟子或善男信女讲解佛学经典的佛教场所。龙兴讲寺的敕建，使沅陵境内的佛教文化开始盛行，"在全县城乡各地，相继建起大小寺院，并由龙兴讲寺为这些寺院分派主持僧人，进行佛教传播。前来沅陵龙兴讲寺挂单进修僧人，时常云游境内一些名山，栖住山崖石洞，一面苦修禅定，一面传播本门宗派的佛教。传入沅陵的佛教宗派，除净土宗外，尚有天台宗、临济宗、禅宗、曹洞宗等及其支流派别。各宗派佛教高僧，在沅陵举扬宗风，大施棒喝，其门下无不龙象辈出，分支衍派遍及西南各地"（图24）。

图24　龙兴讲寺晨晖照片

很显然，唐太宗李世民的本意，是要在我国通往大西南的重要水路通道上，兴建一座皇家佛学院，培养具有正统佛学文化的高端僧才，向湘西及西南各族民众传道解惑。在此后的千余年中，历代朝廷以龙兴讲寺这座皇家佛教学院为平台，培养了无数高僧大德。20世纪30年代曾在沅陵龙兴讲寺当学徒，已故的全国著名高僧、湖北省的本乐大法师和龙兴讲寺最后一任住持，杨弘清大师曾经介绍：龙兴讲寺在西南五省的政治地位和佛教地位是很高的，它的历代住持方丈都要经过州府的政治审查后才可担任。其中，不乏来自湘西地区和西南少数民族地区的得道高僧担任住持。一些僧侣学成之后，深入大湘西地区及西南各地，建寺庙，兴教化，安抚民心，并向西南各族人群转达和表明朝廷的国家统治意志和决心。通过佛法和佛教教义的传播，使湘西地区及西南各族人群，逐渐接受和习惯中原文化的影响，从心理上，逐步软化人们的抵抗意识，从而保障中原通往西南黄金水道的畅通，进而达到稳固朝廷对整个江南的统治的目的。龙兴讲寺的敕建，使辰州沅陵和湘西地区的佛教进入一个大发展时期。据《沅陵县宗教志》统计，至1950年止，仅在沅陵兴建的大小寺庙达500多座，整个湘西地区的大小佛教寺院近千处。今天，沅水流域辰溪县的江东寺、洪江区的嵩云山和湘西腹地张家界市的普光禅寺等，均为唐宋以后佛教寺院的遗存。这些寺庙，除建造年代晚于龙兴讲寺和建造规模明显小于龙兴讲寺外，其建筑群的布局、造型及建筑风格等，均与龙兴讲寺建筑群异曲同工，其佛教教义与宗教文化内涵，均与龙兴讲寺一脉相承。同时，在湘西地区曾经通往东西和南北的大小驿道及一些村落的村规民约中，我们仍然能看到一些"因果轮回"的佛教用语。在一些大小城镇和乡村的许多古代建筑上，仍能看到许多龙兴讲寺建筑构件的身影。说明当时的佛教文化在湘西地区已深入民心、深入社会，并使整个湘西地区的政治环境、人们的行为意识和民情民风发生了重大改变。龙兴讲寺，成为大湘西及西南地区的释源祖庭、佛教母寺。沅陵成为湘西乃至西南地区佛教文化的传播中心。

四、龙兴讲寺的历史及文化艺术价值

古老的湘西大地山高林密、峡谷幽深，当地人民风淳朴、性情彪悍。湘西地区本是一个多民族及多元文化的集结地，由于文化的差异，外来文化与本土文化并未形成良性互动，佛教文化的传播并没有完全解决边患问题。

（一）以文化合

现实中的"净土"似乎很难找寻，理想中的"极乐世界"还很遥远。汉、苗之间，因各种原因，其边境摩擦仍持续不断。

或许仅佛教文化不能取代湘西文化的全部，亦不能完整地表达朝廷对西南各族的期盼。早在唐初，国内一批高僧大德和思想家就已提出"三教归一""三教一家"的思想。他们认为，儒、释、道三教之所以从开始时彼此攻讦，几欲置对方于死地，但谁也消灭不了谁，谁也取代不了谁，其实是因为它们是在一个文化整体中承担着各自不同的文化功能，共同地构成了中华文化的一个浑然整体。佛家推崇的是"奉献文化"，主张"慈爱众生、无私奉献、因果轮回"，劝众生"诸恶莫做、众善奉行、遵守十戒、心灵安定、运用智慧"，认为"一念之差，便可创造地狱、极乐"，主张"在为他人献爱心，为社会做贡献的过程中实现个人价值最大化"，以"出世"的思想，做"入世"的事业。道家追求的是一种"规律文化"，主张"领悟道、修养德、求自然、守本分、淡名利"，认为万事万物皆应"顺其自然、自我完善，大自然是人类赖以生存的环境，追求人与自然和谐相处的'天人合一'境界。以完善的自我带动和谐的社会"的"出世"哲学。而儒家奉行的则是"进取文化"，主张人应该"积极进取、建功立业"，奉行"世界是展现个人才华的舞台，要在创造物质财富的过程中实现自我价值"的"入世"哲学。其实三者功用不同，但确实缺一不可，都是以塑造众生的个体完善为出发点，从而达到社会进步与和谐稳定之目的。故从文化主旨上来说，佛家的"奉献文化"，应与中国本土儒家的"进取文化"和道家的"规律文化"相融合，如此才能锻造出具有国家意识和完美人格精神品质的生命群体。至明朝，佛家的追随者，一代大儒王阳明先生，在龙兴讲寺传授他的"致良知"学说以后，沅陵学者在其寺院旁，兴建了儒家讲堂虎溪书院。又在寺院的东西两旁，兴建了代表道家学说的火神庙并特别兴建了黔王宫建筑群。

（二）民纪为祀

据清同治十二年《沅陵县志》第三册卷十四载"黔王宫……俗名黑神庙祀唐南霁云……"南霁云（712年—757年）

唐代著名将领，安史之乱时，南霁云为张巡部将，镇守河南睢阳城，后睢阳城陷落，南霁云宁死不降，慨然就义。明末天启年间，贵州苗民安邦彦起义，率兵围攻贵阳，城将破，忽见旌旗列布，为首的一员黑脸武将，神威无比地站立于城头，安邦彦见城头武将，畏惧而退兵。贵阳便因此而解除了围困。民间传说，这员黑脸武将，是唐时的忠烈之士南霁云显圣。贵州布政使奏请朝廷，追封南霁云为黔王。因南霁云守城堡护水城，有特殊威武之力，故辰州地方请他镇守一方，民纪为祀。从此，南霁云成为贵州大小城镇的保护神，他是一位为了国家和民众，不怕牺牲、慷慨赴死的守城英雄。他的大无畏的生命价值观、最高尚的人格品质和黔王宫与龙兴讲寺古建筑群合为一体，使龙兴讲寺成为我国唯一一座以国教佛教寺庙为主的、三教合一的、赋有塑造完美人格精神品质的大型古建筑群落，结束了湘西地区隋唐以前的各类宗教乱象。在此后的数百年中，儒、释、道三家之学彼此探索，相互交融与激荡。对人的生命价值的关切，构成三家融会的基础；对人生崇高境界的追求，是三家相通的理想目标；重视心性修养是三家思想的主要契合点。正如清代雍正帝所言，儒、释、道三家"理同出于一源，道并行而不悖"。儒、道、佛三教得到完整融合。

（三）龙凤呈祥

以龙兴讲寺为中心的古建筑群，是我国现存年代最早、保存最为完整、规模宏大且文化内涵最为丰富的古建筑群落之一。建筑群由四个部分沿着一条南北走向的中轴线，顺着山势、沿着石阶，左右对称排列、上下错落布局。规划严谨，主次分明、气势恢宏，雄伟壮观。无论是在平面布局，还是在立体效果以及形式上，都堪称无与伦比的古代建筑杰作。其单体建筑构造严谨，装饰精美。它们将体现帝王文化的龙、凤、祥云等吉祥如意图案与我国民间的动物、花鸟、植物、树木及各种广为流传的民间故事和湘西地区古老的傩文化等图案有机结合，创造出独一无二的文化艺术效果，标志着我国悠久的历史文化传统，彰显着我国建筑艺术上的卓越成就。龙兴讲寺是一座无与伦比的古代建筑杰作，是一座具有独特文化内涵和魅力的古代建筑瑰宝，达到了"龙凤呈祥"的天作境界。在1300多年的历史长河中，它见证了湘西地域多民族融合与变迁的动态历史过程，见证了湘西地域由华夏边缘转变为华夏内陆的动态历史过程，具有极高的历史、艺术和科学研究价值。

五、结语

中国古代建筑中依台阶而构筑的建筑主体，在世界建筑史上也是独一无二的。建筑是一种文化，不同时代、不同民族、不同风格的建筑总是会表现出其独特的精神和气质。龙兴讲寺拾级而上的台阶，使整个建筑群呈居高临下、雄视山河之态势；建筑更是一种政治产物，龙兴讲寺建筑群高大伟岸的态势，及寺内精湛的砖、石、木雕和刻划、绘画等工艺所营造的帝王文化氛围，似乎是在用一篇完整的建筑语言，向人们展示着帝王君临天下、君临湘西的仪威和皇权的不可撼动。

龙兴讲寺，是历代朝廷在对湘西地域及大西南的不断开发与征伐过程中，实施"仁政"策略的重要平台，是历代朝廷将中原文化向湘西地域及大西南不断传播的国学讲堂。自唐太宗李世民敕建龙兴讲寺以来，在千余年的历史长河中，从王阳明讲学到明朝太后李凤娇赐"千佛袈裟"，董其昌的赠匾及历代名人学士的造访参拜，历代王朝对龙兴讲寺倾注了大量心血，他们以龙兴讲寺这座皇家寺院为平台，将中原文化及儒、释、道三家文化之精髓，传播到整个大湘西及西南大地，对湘西地区的哲学、文学、艺术和建筑文化及民间习俗等，都产生了重大影响。经历代不断的努力，朝廷要求国家统一的思想与湘西广大人群的和平呼声终成大势，从行政法律、刑事法律、文化意识等方面，将湘西地区广大民众的思想行为，统一到朝廷的国家意识上来。经过清雍正年间的"改土归流"，最终完成了对湘西地区的完整统一。

龙兴讲寺古建筑群,在构建和铸牢大湘西地区及西南民族地域中华民族共同体意识的历史文明进程中,发挥了无可替代的重要作用。

湖南塘田战时讲学院保护与利用的调研报告

安 菲[*]

摘 要：借建筑调研之便，笔者曾多次造访了湖南省邵阳县塘田战时讲学院旧址，它始建于清光绪三年（1877年），旧址原为清末中宪大夫、太子少保席宝田的庄园。该建筑依山傍水，拥有舒适宜人的自然环境，其建筑风格、布局、造型、用料都有独特之处，将湘式建筑与清代建筑特色交融为一体，富含深厚的历史底蕴与文化内涵。塘田战时讲学院旧址为红色文物保护单位与爱国主义教育基地，如何合理有效地对其进行保护与利用值得我们深入研究。

关键词：塘田战时讲学院；湘式建筑；清代建筑；红色文物；保护与利用

一、绪论

湖南省邵阳县塘田战时讲学院旧址入选第六批全国重点文物保护单位（图1、图2）。这座集历史文物和革命文物于一体

---

[*] 故宫博物院正高级工程师。

的古建筑现在越来越受到国内外学者和文物爱好者的关注，红色旅游在逐步积极发展中。近年来随着该地区城镇建设不断发展，塘田战时讲学院旧址周边出现了一些不协调的建筑，影响了其原有的历史人文环境。同时，参观人数的激增及服务设施建设的滞后与该文物建筑保护的迫切需求之间的不协调情况日益突出。

图1　塘田战时讲学院旧址全景
（图片来源：湖南省文物局．第六批全国重点文物保护单位"湖南省塘田战时讲学院旧址"申报材料、现状勘察和测绘结果 [EB/OL]．作者对图片进行了修改）

图2　塘田战时讲学院旧址院落东侧

塘田战时讲学院旧址是我国著名的爱国主义教育基地，是近现代重要的史迹，是具有代表性的文物古建筑。依照《中华人民共和国文物保护法》等法律法规和《国务院关于加强文化遗产保护的通知》的要求，为进一步贯彻"保护为主、抢救第一、合理利用、加强管理"的工作方针，针对该文物建筑的特点，应采取切实可行的保护方式，因此对塘田战时讲学院旧址做更加细化的保护与利用调研，以便更进一步地保护该旧址的真实性、完整性及可持续性。

塘田战时讲学院旧址的用地性质为文物古迹用地，在本调研报告编制中，本着科学规划的原则，妥善处理文化遗产保护与经济发展、人民群众生活条件改善的关系，认真做好全国重点文物保护单位的保护、管理和合理利用工作。

通过编制本调研报告，突出报告的学术性、实效性以及指导性，不仅应对塘田战时讲学院旧址的文物保护进行科学有效的统筹规划，实现其可持续发展，还要更加深入地挖掘塘田战时讲学院旧址中所蕴含的文物历史价值、艺术价值、科学价值，通过其价值研究成果促进当地文物保护事业的发展，促进当地的文化繁荣，以及社会效益的增加。

塘田战时讲学院旧址不仅是邵阳县形象的一部分，还是湖南省形象的一部分。近年来，随着邵阳地区的不断发展和对文化遗产价值的逐步重视，进一步保护和合理利用塘田战时讲学院旧址成为历史发展的必然。

二、编制依据

编制依据为《中华人民共和国文物保护法》《文物保护工程管理办法》《古建筑消防管理规则》《建筑给水排水设计规范》（GB 50014—2023）、《文物建筑防雷工程勘察设计和施工技术规范（试行）》《湖南省文物保护单位管理办法》《湖南省文物保护条例》《湖南省土地利用总体规划条例》《湖南省建筑消防设施管理办法》《湖南省地方标准用水定额》（DB43/T388—2025）、《湖南省雷电灾害防御条例》《邵阳县耕地保护国土空间专项规划 2021—2035 年》。

三、历史沿革

塘田战时讲学院旧址原为清末中宪大夫、太子少保席宝田的庄园，始建于清光绪三年（1877 年）。庄园内房屋原为五排二十五栋，其中正房十三栋，侧房八栋，横房二栋，绣楼二座。横向排列，大小相等，同一水平标高。中华民国以前席宝田的家人在此居住。

中华民国初，私立武东学校创办于塘田战时讲学院旧址，不久停办。

1927 年，吕振山、林玉阶、林龙如、吕会阶、唐楚南等人复办私立武东学校，不久又停办。

1938年6月，为抵抗日本侵略者，中共驻湖南代表徐特立委派共产党员、中国马克思主义史学的开拓者吕振羽在此处创办战时讲学院，以培养抗日军政干部。

1939年4月，塘田战时讲学院被国民党强行解散。

1939年4月，中共南方局负责人叶剑英、博古（秦邦宪）在省委书记高文华、中共驻湖南代表徐特立、八路军驻湖南办事处负责人王凌波等人陪同下来到塘田战时讲学院及其附近一带察看地形，准备在此开辟抗日游击区。

1939年5月，国民党"一七零"后方医院从祁阳迁址于塘田战时讲学院旧址，并于当年在院内修建了抗日阵亡将士纪念碑。

1943年，蒋绍旦、莫菊元、蒋泽鸿、杨裕坤等人创办私立武东中学（邵阳县第一中学的前身）于白仓，4月迁址于塘田战时讲学院旧址。下半学期日军入侵，学校迁址于易仕仙，日军投降后返回塘田战时讲学院旧址内。

1945年，塘田战时讲学院旧址被日军坂西一郎116师团120联队和田健男大尉之第二大队炸毁。

1953年，私立武东中学迁址于县城塘渡口，塘田战时讲学院旧址改为塘田完小校舍，附设初中班。

1958年7月，塘田完小改建为邵阳县第四中学。

1962年冬，吕振羽同志回到家乡，特重观塘田战时讲学院旧址，并在塘田等处演讲、考察。

1979年，塘田战时讲学院旧址被邵阳县革委会公布为县级重点文物保护单位。

1983年7月，国务院副总理兼国防部长张爱萍将军亲笔题写"塘田战时讲学院旧址"牌匾。

1983年10月15日至22日，中共邵阳地委在塘田战时讲学院旧址举办塘田战时讲学院旧址史料征集座谈会议，来自全国各地的原塘院师生13位，并省、地、县领导参加。

1990年9月，邵阳市人民政府公布塘田战时讲学院旧址为市级文物保护单位。

1991年8月,邵阳市、县党史办编写的以塘田战时讲学院旧址史实为背景的《夫夷星火》一书出版。

1992年12月,邵阳县为塘田战时讲学院旧址建立保护标志碑,划定保护范围。

1995年10月,邵阳县文物管理所对塘田战时讲学院旧址重新进行了测绘,同时建立了"四有"记录档案。

1996年1月,湖南省人民政府公布塘田战时讲学院旧址为省级文物保护单位。

1996年7月18日至20日,夫夷河河水暴涨,塘田战时讲学院旧址院内进水将近1m,致使多处房基塌裂。

1997年,塘田战时讲学院旧址被邵阳市人民政府定为邵阳市爱国主义教育基地。

2001年7月,邵阳县第四中学全部迁出,邵阳县人民政府决定,此处交给邵阳县文物管理局管理,自那时起,邵阳县人民政府拨了专款,雇了专人管理和保护。

2006年5月25日,国务院公布塘田战时讲学院旧址入选第六批全国重点文物保护单位。[1]

四、文物概况

(一)整体概况

塘田战时讲学院旧址位于湖南省邵阳县塘田市镇夫夷河北岸的对河村,与芙蓉峰隔江相望(图3)。院址原为清末中宪大夫、太子少保席宝田的庄园,始建于清光绪三年(1877年)。1938年夏,史学家吕振羽受中共湖南省委派,在此创办了塘田战时讲学院,培养了一批抗日骨干。

---

1 湖南省文物局. 第六批全国重点文物保护单位"湖南省塘田战时讲学院旧址"申报材料、现状勘察和测绘结果 [EB/OL], 2020.

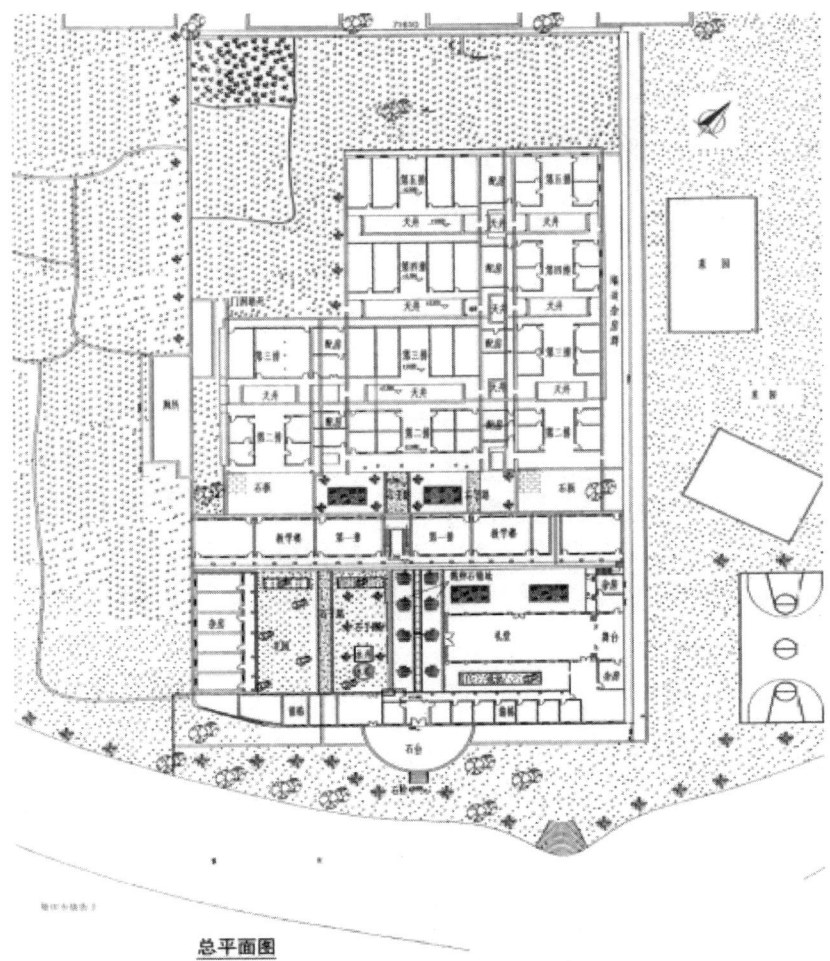

总平面图

图 3 塘田战时讲学院旧址总平面图
（图片来源：湖南省文物局.第六批全国重点文物保护单位"湖南省塘田战时讲学院旧址"申报材料、现状勘察和测绘结果）

塘田战时讲学院旧址占地面积 9576m²，院落南北向长 131m，东西向长 69.50m，房间共计 60 余间，院内现存房屋全部坐北朝南，建筑布局规整、建筑风格相似，建筑面积共计 2907m²。塘田战时讲学院旧址是我国南方典型的四合院式民居建筑，不仅如此，塘田战时讲学院旧址的建筑风格、布居、造型、用料都有其独特之处，将湘式与清代建筑特色交融为一体，富含深厚的文化内涵（图 4、图 5）。塘田战时讲学院旧址四周均为民宅，民宅大多为近现代建筑。

(a)　　　　　　　　　　　(b)

图 4　塘田战时讲学院旧址入口处周边环境

(a)　　　　　　　　　　　(b)

图 5　塘田战时讲学院旧址院落环境

塘田战时讲学院旧址记载了湖南当地一批抗日骨干的爱国历史，对教育后人有着极其重要的意义。塘田战时讲学院旧址从晚清王朝直至中华人民共和国成立 70 余年以来历经风雨，蕴含了丰富的历史资源与深厚底蕴，它是近代重大历史事件的发生地和见证者，承载着当地抗日骨干在历史上的功绩。1997 年，塘田战时讲学院旧址被邵阳市人民政府定为邵阳市爱国主义教育基地。

（二）文物本体构成

塘田战时讲学院旧址院内现存的文物本体建筑全部坐北朝南，一共五排房屋，分别为第一、第四、第五、第六、第七排房屋，第二、第三、第八排房屋原址无存，为后期人为损毁。第一排房屋为大门及其左右厢房，第四、第五排房屋每排三栋，第六、第七排房屋每排两栋，中栋面阔五间，左右栋各面阔三间（图 6、图 7）。塘田战时讲学院旧址是我国南方典型的四合院式的民居建筑，其房屋整体系穿斗式木结构建筑，或称串逗式。边栋房屋两侧以青砖构筑封火山墙，山墙以人字形为主，少数为五屏或三屏式。柱础都是用石灰石制作的，浮雕形态各异的动物、花草图案。每栋房屋的明间设宽敞的过廊。中栋两侧及后面的屋宇体量、高度依次减小。侧房与正房之间有一间水星屋，系开设天井的隔房，侧房比主房稍矮。所有房屋的建筑风格大致相同，主体为木结构梁架（图8、图9）。前栋房屋与后栋房屋之间有过亭，靠天井围合成一个相对封闭的小院落，这些天井和过亭把所有房屋的前后栋、左右栋连在一起，并联前进院落和后进院落，构成一个整体院落，布局典雅，气势恢弘，呈现出清代晚期的建筑风格（表1）。

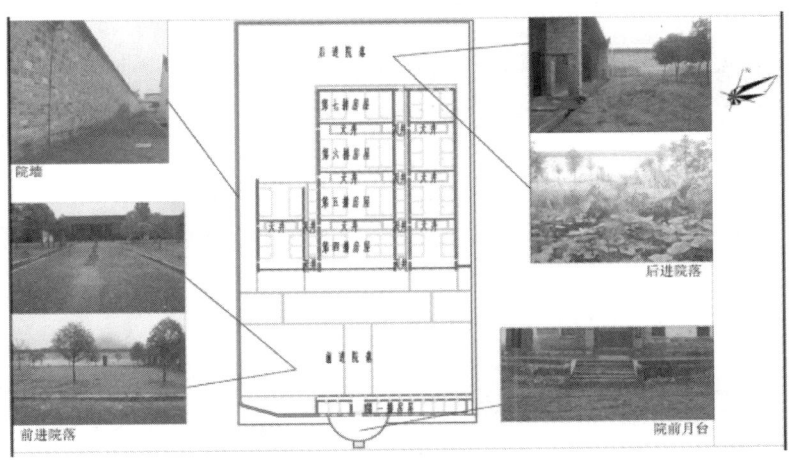

图6　塘田战时讲学院旧址院落现状

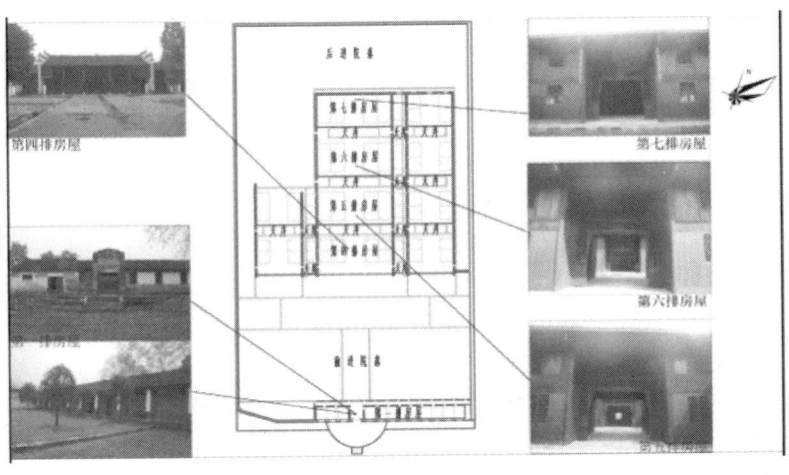

图7　塘田战时讲学院旧址房屋现状

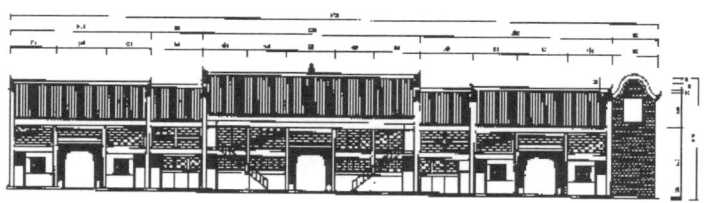

（a）第四排楼房立面图

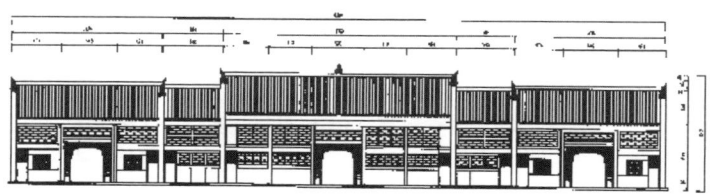

（b）第五排楼房立面图

图 8　塘田战时讲学院旧址第四、第五排房屋正立面图

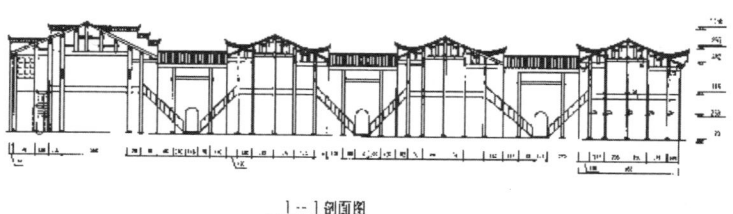

图 9　塘田战时讲学院旧址剖面图

表 1　塘田战时讲学院旧址房屋构成一览表

序号	名称		数量（间）	面阔（m）	进深（m）	总高（m）	面积（m²）	屋面形式	木结构形式
1	第一排房屋		13	57.04	6.07	9.05	346.23	小青瓦合瓦屋面	五柱四挂穿斗式
	房屋分部情况	大门	1	3.52	6.07	9.05	21.25	小青瓦合瓦屋面	五柱四挂穿斗式

续表

序号	名称		数量（间）	面阔（m）	进深（m）	总高（m）	面积（m²）	屋面形式	木结构形式
1	房屋分部情况	左厢房	3	13.38	6.07	9.05	162.49	小青瓦合瓦屋面	五柱四挂穿斗式
		右厢房	9	40.14	6.07	9.05	162.49	小青瓦合瓦屋面	五柱四挂穿斗式
2		第四排房屋	13	62.84	12.26	9.20	761.72	小青瓦合瓦屋面	五柱四挂穿斗式
	房屋分部情况	正房	5	22.32	12.13	9.20	270.74	小青瓦合瓦屋面	五柱四挂穿斗式
		左配房	1	5.80	11.76	8.60	68.21	小青瓦合瓦屋面	五柱四挂穿斗式
		右配房	1	5.80	11.76	8.60	68.21	小青瓦合瓦屋面	五柱四挂穿斗式
		左偏房	3	14.46	12.26	9.00	177.28	小青瓦合瓦屋面	五柱四挂穿斗式
		右偏房	3	14.46	12.26	9.00	177.28	小青瓦合瓦屋面	五柱四挂穿斗式
3		第五排房屋	13	62.86	12.26	9.05	761.96	小青瓦合瓦屋面	五柱四挂穿斗式
	房屋分部情况	正房	5	22.34	12.13	9.05	270.98	小青瓦合瓦屋面	五柱四挂穿斗式
		左配房	1	5.80	11.76	8.60	68.21	小青瓦合瓦屋面	五柱四挂穿斗式
		右配房	1	5.80	11.76	8.60	68.21	小青瓦合瓦屋面	五柱四挂穿斗式
		左偏房	3	14.46	12.26	9.05	177.28	小青瓦合瓦屋面	五柱四挂穿斗式
		右偏房	3	14.46	12.26	9.05	177.28	小青瓦合瓦屋面	五柱四挂穿斗式
4		第六排房屋	9	63.03	12.26	9.05	518.54	小青瓦合瓦屋面	五柱四挂穿斗式
	房屋分部情况	正房	5	22.51	12.13	9.05	273.05	小青瓦合瓦屋面	五柱四挂穿斗式
		右配房	1	5.80	11.76	8.50	68.21	小青瓦合瓦屋面	五柱四挂穿斗式
		右偏房	3	14.46	12.26	8.80	177.28	小青瓦合瓦屋面	五柱四挂穿斗式

续表

序号	名称		数量（间）	面阔（m）	进深（m）	总高（m）	面积（m²）	屋面形式	木结构形式
5	第七排房屋		9	63.03	12.26	9.05	518.54	小青瓦合瓦屋面	五柱四挂穿斗式
	房屋分部情况	正房	5	22.51	12.13	9.05	273.05	小青瓦合瓦屋面	五柱四挂穿斗式
		右配房	1	5.80	11.76	8.50	68.21	小青瓦合瓦屋面	五柱四挂穿斗式
		右偏房	3	14.46	12.26	8.80	177.28	小青瓦合瓦屋面	五柱四挂穿斗式

1. 现存第一排房屋

塘田战时讲学院旧址现存第一排房屋为大门及其左右厢房（图10、图11），始建于1958年，正值塘田战时讲学院旧址改建为塘田市第四中学期间，为增加教师用办公室及宿舍而建立。整排房屋由原有槽门及围墙拆除的青砖来修建，整体仿照院内第四、第五、第六及第七排古建筑房屋修建，也为砖木结构阁楼式硬山顶建筑，与其他排房屋保持了整体布局上的一致。第一排房屋面阔十三间，长57.04m；进深一间，宽6.07m；建筑总高9.05m。第一排房屋正中为大门，左右各有厢房，左厢房为三间，右厢房为九间，并各开门窗若干，各个房屋与其周边的围墙连接组成整体院落。

图10　第一排房屋外立面

图11　第一排房屋室内

2. 现存第四排房屋

塘田战时讲学院旧址现存第四排房屋正房为砖木结构阁楼

式硬山顶建筑（图12、图13），两侧山墙为封火墙。面阔五间，长22.32m；进深四间，宽12.13m；建筑总高9.20m。第四排左右配房及左右偏房均为砖木结构阁楼式硬山顶建筑，两侧山墙为封火墙。配房面阔一间，长5.80m；进深一间，宽11.76m；建筑总高8.60m。偏房面阔三间，长14.46m；进深四间，宽12.26m；建筑总高9.00m。

图12　第四排房屋外立面　　　　图13　第四排房屋室内

3. 现存第五排房屋

塘田战时讲学院旧址现存第五排房屋正房为砖木结构阁楼式硬山顶建筑（图14、图15），两侧山墙为封火墙。面阔五间，长22.34m；进深四间，宽12.13m；建筑总高9.05m。第五排左右配房及左右偏房均为砖木结构阁楼式硬山顶建筑，两侧山墙为封火墙。配房面阔一间，长5.80m；进深一间，宽11.76m；建筑总高8.60m。偏房面阔三间，长14.46m；进深四间，宽12.26m；建筑总高9.05m。

图14　第五排房屋外立面　　　　图15　第五排房屋室内

4. 现存第六排房屋

塘田战时讲学院旧址现存第六排房屋正房为砖木结构阁楼式硬山顶建筑（图16、图17），两侧山墙为封火墙。面阔五间，长22.51m；进深四间，宽12.13m；建筑总高9.05m。第六排左右配房及左右偏房均为砖木结构阁楼式硬山顶建筑，两侧山墙为封火墙。配房面阔一间，长5.80m；进深一间，宽11.76m；建筑总高8.50m。偏房面阔三间，长14.46m；进深四间，宽12.26m；建筑总高8.80m。

图16　第六排房屋外立面　　　图17　第六排房屋室内

5. 现存第七排房屋

塘田战时讲学院旧址现存第七排房屋正房为砖木结构阁楼式硬山顶建筑（图18、图19），两侧山墙为封火墙。面阔五间，长22.51m；进深四间，宽12.13m；建筑总高9.05m。第七排左右配房及左右偏房均为砖木结构阁楼式硬山顶建筑，两侧山墙为封火墙。配房面阔一间，长5.80m；进深一间，宽11.76m；建筑总高8.50m。偏房面阔三间，长14.46m；进深四间，宽12.26m；建筑总高8.80m。

图18　第七排房屋外立面　　　图19　第七排房屋室内

6. 院落

塘田战时讲学院旧址院落分为前后两个院落，前院位于第一排房屋与第四排房屋之间（图20、图21）。前院东侧原有礼堂一座，南侧原有教学楼一排，现原址无存。两座建筑均始建于1958年，正值塘田战时讲学院旧址改建为塘田市第四中学期间，为增加学生用房而建立。前院西侧现存砖混结构的简易平房六间，近年来作为仓库使用，现为工作人员宿舍。后院位于第五排房屋北侧、第六排及第七排房屋西侧，布满植被，中央有一个小池塘，为安全考虑现池塘已填平。

(a)

(b)

图20　前院

(a)

(b)

图21　后院

塘田战时讲学院旧址前院及后院院内一共分布天井13座，天井四周布置明排水沟，与院落内的暗排水沟相连，13座天井将前栋房屋与后栋房屋串联一起，形成一个整体的闭合院落（图22）。

(a)　　　　　　　　　　　　(b)

图 22　院落内天井

前院与后院将塘田战时讲学院旧址所有的房屋连接成一个整体，呈现出统一的建筑风格与历史特色。

（三）相关文物构成

塘田战时讲学院旧址内的相关文物为前院正中偏西侧纪念碑一块（图23）。

(a)　　　　　　　　　　　　(b)

图 23　院落内纪念碑

（四）历史环境

塘田战时讲学院旧址原为清末中宪大夫、太子少保席宝田的庄园，始建于清光绪三年（1877年）。

后清朝灭亡，席宝田的庄园被充公用于建立学校，几经波折后停办。

在抗日战争期间，为抵抗日本侵略者，中共驻湖南代表徐特立委派共产党员、著名马克思主义史学家吕振羽在席宝田的庄园内创办塘田战时讲学院,以培养抗日军政干部,由此塘田战时讲学院正式成立。

塘田战时讲学院之后又经历了被国民党强行解散、其旧址被日本侵略者炸毁和被当地学校征用为教舍,从中华人民共和国成立至今历经百年沧桑。中华人民共和国成立后,国家颁布了各项法律法规使我国各类文物陆续得到了及时有效的保护。

虽然经过了多年的岁月洗礼,但是塘田战时讲学院旧址还是保持着原有的建筑特色,建筑格局大体保持不变,其完整性及一致性得到了延续。但塘田战时讲学院旧址周边的民宅与田地已经不复当年的面貌,后期有较大的改建、新建与增建,整体建筑环境有了较大的变化,与塘田战时讲学院旧址原有的历史风貌不一致。

五、价值评估

(一)历史价值

塘田战时讲学院旧址是抗战初期中国共产党创办的南方抗日军政大学,培养了大批军政干部,为夺取抗日战争胜利和民族解放做出了重大贡献。

1938年夏,中共湖南省委为了在湘西南地区的邵阳、武冈、新宁、东安、祁东、城步、绥宁、溆浦、新化等地开创抗日民主根据地,特委托"湖南省文化界抗敌后援会"研究部主任吕振羽同志在武冈塘田寺(今属邵阳县)创办塘田战时讲学院,以培养军政干部。塘田战时讲学院自1938年9月开学,至1939年4月被国民党查封,在短短的七个多月时间内,招收了两期学员,共培训245人,发展共产党员40多人,民先队员180多人,为抗日战争培养了大批军政干部。这些学员先后奔赴抗战前线或在敌后坚持斗争,为夺取抗战胜利和民族解放做出了重大贡献。

塘田战时讲学院旧址是著名的无产阶级革命家、史学家、教育家吕振羽从事革命活动与实践的重要纪念地。吕振羽（1900—1980年）是中国现代史上著名的马克思主义史学家，被誉为"我国优秀无产阶级革命战士，著名的马克思主义史学家"，是中国现代五大史学家之一。

塘田战时讲学院旧址记载着湖南地区革命志士的爱国历史，对教育后人有着极其重要的意义。塘田战时讲学院旧址从晚清王朝直至中华人民共和国成立70余年以来历经风雨，蕴含了丰富的历史资源与深厚底蕴，是近代重大历史事件的发生地和见证者。塘田战时讲学院旧址是一座红色革命基地，具有了历史、纪念及教育意义。革命文物承载着党和人民英勇奋斗的历史，记载了中国革命的伟大历程和感人事迹，是党和国家的宝贵红色财富，是弘扬革命传统和革命文化，加强社会主义精神文明建设，激发爱国热情、振奋民族精神的生动教材。中国革命历史是最好的一部教科书、清醒剂、营养剂，传承红色基因是必需的、重要的。塘田战时讲学院旧址是党、国家和人民的巨大革命精神财富，它使全国人民与党中央凝聚在一起，将爱国主义精神深深地植根于人民心中。在新时代背景下的文物保护利用中，它有着传承红色历史及弘扬爱国主义的重要价值与作用。

塘田战时讲学院旧址在2010年成为湖南省省级爱国主义教育基地。

（二）艺术价值

塘田战时讲学院旧址是我国南方典型的木结构四合院式的民居建筑，房屋由天井及水星屋相连，错落有致、布局舒整，天井院坪以各色石块铺砌，遍布绿植，给人一种幽静、舒适、典雅的感觉。

塘田战时讲学院旧址房屋整体是穿斗式木结构建筑。该木构架的特点是：用穿枋把柱子串联起来，形成一榀榀房架；檩条直接搁置在柱头上；沿檩条方向，再用斗枋把柱子串联起来，从而形成一个整体框架。穿斗式木构架用料少，整体性强，但柱子排列密,只有当室内空间尺度不大时才能使用。

塘田战时讲学院旧址的建筑风格、布局、造型、用料都有其独特之处,整体建筑均为木结构,起到通风、恒温、防潮的作用。塘田战时讲学院旧址的马头墙既有美观装饰的作用,又起到消防安全作用,故当地又称其为防火墙。塘田战时讲学院旧址整体建筑规模不是十分庞大,却很得体别致,匠心独运。

塘田战时讲学院旧址建筑年代久远,极具湖南特色,富含深厚的文化内涵,有着极高的艺术价值。

(三)科学价值

塘田战时讲学院旧址反映出湖南邵阳地区当时晚清的科学文化水平,其建筑具有南方晚清湖南地区传统的结构形式,对于研究我国古建筑种类、技术的发展是极好的实物资料。塘田战时讲学院旧址既是重要的革命纪念地和名人纪念地及开展爱国主义教育与革命传统教育的基地,又是一处典型的清代民间建筑,其平面布局严谨规范,建筑结构错综复杂,石刻木刻雕制细腻、造型优美、栩栩如生,处处显示了该建筑所独有的建筑特色。塘田战时讲学院旧址文物建筑的建筑材料、建筑技术及建筑环境都为专业史学和建筑科学提供了珍贵的史料,具有极高的研究价值。

因此,科学、合理、有效地保护及利用作为湖南重要文化遗产的塘田战时讲学院旧址,对于湖南省邵阳县文化及经济的可持续发展将产生积极的推动作用。

六、文物保护现状评估

(一)真实性评估

文物建筑应保持其所反映的建筑本身信息来源的真实性完好无损。在可行的条件下进行文物建筑的保护、利用与研究时,应对文物建筑延续不断的传统做法予以应有的尊重。

文物建筑的真实性主要从文物建筑的格局与规模、外观与周边环境、室内装修与设施这三个主要方面进行评估（表2）。

表2 塘田战时讲学院旧址真实性评估一览表

评估内容	分级标准		
	好	一般	差
格局与规模	√		
外观与周边环境		√	
室内装修与设施		√	

塘田战时讲学院旧址的真实性得到了较好的保存。

（二）完整性评估

文物建筑的完整性应考虑到与其结构、建筑风格、传统材料、油饰彩画、屋顶形制、地面等内在因素的关系，以及与其周边人为环境和自然环境的关系。为了保持文化遗产所在地区的历史完整性，应使能较为完善地体现该文物建筑的全部价值所需的因素尽最大可能得到良好的保存与保护。

文物建筑的完整性主要从建筑的位置、形制、结构、工艺、材料五个主要方面进行评估（表3）。

表3 塘田战时讲学院旧址完整性评估一览表

评估内容	分级标准		
	好	一般	差
形制与结构		√	
工艺	√		
材料	√		

塘田战时讲学院旧址的现状保存较为完整。

（三）文物残损现状评估

1. 文物维修保护历史

1979年，邵阳县革委会公布塘田战时讲学院旧址为县级重点文物保护单位。

1990年9月，邵阳市人民政府公布塘田战时讲学院旧址为市级文物保护单位。

1992年12月，邵阳建立塘田战时讲学院旧址保护标志碑，划定了保护范围。

1995年10月，邵阳文物管理局对塘田战时讲学院旧址重新进行了测绘，同时建立了"四有"记录档案。

1996年1月，湖南省人民政府公布塘田战时讲学院旧址为省级文物保护单位。

2006年5月25日，国务院公布塘田战时讲学院旧址入选第六批全国重点文物保护单位。

2006年6月，对塘田战时讲学院旧址原已倒或受损的共80m围墙进行了维修和加高，防止外人翻墙入内，加强了保护。

2010年11月4日，塘田战时讲学院旧址的全面维修正式动工，2011年11月20日竣工。按照修旧如旧的文物维修原则，拆除了后建的教学楼、礼堂等现代建筑2230m²；全面维修了清代建筑2448m²，按原样重修了墙高4.5m、墙厚0.4m、长355m的围墙等。

2. 文物现状评估

文物现状评估内容主要包括留存现状、破坏因素、破坏趋势、现存主要问题。

（1）塘田战时讲学院旧址的留存现状为：整体文物建筑留存现状较好，部分文物建筑残损缓慢，需要进行保养和维修。

（2）破坏因素主要分为自然因素破坏与人为干预破坏。自然因素破坏包括风力侵蚀、雨水渗漏、潮湿侵蚀；人为干预破坏包括使用性破坏、建设性破坏。塘田战时讲学院旧址破坏因素为局部雨水渗漏、局部潮湿侵蚀。

（3）塘田战时讲学院旧址的破坏趋势发展较为缓慢。

（4）塘田战时讲学院旧址文物建筑目前存在的主要问题如下。

①大门周边砖面局部风化、褪色、污损；门板、门槛及门框局部开裂、糟朽、污损；大门油饰局部龟裂、褪色、脱落。

②地面石局部生有杂草、风化、碎裂、残缺、下陷；部分地面杂物堆积。

③墙面砖局部生有杂草、风化、碎裂、污损、残缺；勾缝灰局部酥松脱落；部分墙体后期遭拆改，残留水泥砂浆，有人为刻画痕迹。

④台帮石局部生有杂草、风化、碎裂、残缺；勾缝灰局部酥松脱落。

⑤踏跺石局部生有杂草、风化、走闪、碎裂、残缺；勾缝灰局部酥松脱落。

⑥木装修局部糟朽、开裂、污损；油饰局部龟裂、褪色、脱落。

⑦大木构件局部糟朽、开裂、污损；油饰局部龟裂、褪色、脱落。

⑧屋顶瓦面局部生有杂草，瓦件局部碎裂、残缺；捉节夹垄灰局部酥松、脱落。

⑨部分房屋室内杂物堆积。

⑩部分房屋室内装修后期遭拆改。

⑪院内天井明排水沟部分地段局部生有杂草、淤泥，杂物堵塞致排水不畅。

塘田战时讲学院旧址房屋现状评估见表4。

表4 塘田战时讲学院旧址房屋现状评估一览表

序号	名称	留存现状	破坏因素	破坏趋势	现存主要问题
			第一排房屋（共13间）		
1	大门（1间）	现状较好	局部潮湿侵蚀	较为缓慢	建筑构件局部有损害，建筑各部位未及时维修，照明设施局部有破损
	左厢房（3间）	残损缓慢，需要进行保养和维修	局部雨水渗漏，局部潮湿侵蚀	较为缓慢	建筑构件局部有损害，建筑各部位未及时维修，对未开放房屋缺乏重视与管理，部分房屋室内杂物堆积，部分房屋室内装修后期遭拆改
	右厢房（9间）	残损缓慢，需要进行保养和维修	局部雨水渗漏，局部潮湿侵蚀	较为缓慢	建筑构件局部有损害，建筑各部位未及时维修，对未开放房屋缺乏重视与管理，部分房屋室内杂物堆积，部分房屋室内装修后期遭拆改

续表

序号	名称	留存现状	破坏因素	破坏趋势	现存主要问题
	第四排房屋（共13间）				
2	正房（5间）	现状较好	局部潮湿侵蚀	较为缓慢	建筑构件局部有损害，建筑各部位未及时维修，瞬时人流量较大
	左配房（1间）	现状较好	局部潮湿侵蚀	较为缓慢	建筑构件局部有损害，建筑各部位未及时维修，部分房屋室内杂物堆积，部分房屋室内装修后期遭拆改
	右配房（1间）	现状较好	局部潮湿侵蚀	较为缓慢	建筑构件局部有损害，建筑各部位未及时维修，部分房屋室内杂物堆积，部分房屋室内装修后期遭拆改
	左偏房（3间）	现状较好	局部潮湿侵蚀	较为缓慢	建筑构件局部有损害，建筑各部位未及时维修，瞬时人流量较大
	右偏房（3间）	现状较好	局部潮湿侵蚀	较为缓慢	建筑构件局部有损害，建筑各部位未及时维修，瞬时人流量较大
	第五排房屋（共13间）				
3	正房（5间）	现状较好	局部潮湿侵蚀	较为缓慢	建筑构件局部有损害，建筑各部位未及时维修，部分房屋室内杂物堆积，瞬时人流量较大
	左配房（1间）	现状较好	局部潮湿侵蚀	较为缓慢	建筑构件局部有损害，建筑各部位未及时维修，部分房屋室内杂物堆积，部分房屋室内装修后期遭拆改
	右配房（1间）	现状较好	局部潮湿侵蚀	较为缓慢	建筑构件局部有损害，建筑各部位未及时维修，部分房屋室内杂物堆积，部分房屋室内装修后期遭拆改
	左偏房（3间）	现状较好	局部潮湿侵蚀	较为缓慢	建筑构件局部有损害，建筑各部位未及时维修，部分房屋室内杂物堆积，部分房屋室内装修后期遭拆改，房屋室内及周边无指示牌，瞬时人流量较大
	右偏房（3间）	现状较好	局部潮湿侵蚀	较为缓慢	建筑构件局部有损害，建筑各部位未及时维修，部分房屋室内杂物堆积，部分房屋室内装修后期遭拆改，房屋室内及周边无指示牌，瞬时人流量较大

续表

序号	名称	留存现状	破坏因素	破坏趋势	现存主要问题
第六排房屋（共9间）					
4	正房（5间）	现状较好	局部潮湿侵蚀	较为缓慢	建筑构件局部有损害，建筑各部位未及时维修，部分房屋室内杂物堆积，瞬时人流量较大
4	右配房（1间）	现状较好	局部潮湿侵蚀	较为缓慢	建筑构件局部有损害，建筑各部位未及时维修，部分房屋室内杂物堆积，部分房屋室内装修后期遭拆改
4	右偏房（3间）	现状较好	局部潮湿侵蚀	较为缓慢	建筑构件局部有损害，建筑各部位未及时维修，部分房屋室内杂物堆积，部分房屋室内装修后期遭拆改，瞬时人流量较大
第七排房屋（共9间）					
5	正房（5间）	现状较好	局部潮湿侵蚀	较为缓慢	建筑构件局部有损害，建筑各部位未及时维修，瞬时人流量较大
5	右配房（1间）	现状较好	局部潮湿侵蚀	较为缓慢	建筑构件局部有损害，建筑各部位未及时维修，部分房屋室内杂物堆积，部分房屋室内装修后期遭拆改
5	右偏房（3间）	现状较好	局部潮湿侵蚀	较为缓慢	建筑构件局部有损害，建筑各部位未及时维修，部分房屋室内杂物堆积，部分房屋室内装修后期遭拆改，瞬时人流量较大

3. 相关文物评估

塘田战时讲学院旧址内的相关文物为前院正中偏西侧纪念碑一块。现存主要问题为，纪念碑为石制，经过较长时间使用，表面污损、风化，有人为刻画痕迹，纪念碑表面磨损及划痕较为严重，字迹模糊不清、大面积褪色，比较不规范。

（四）环境评估

1. 周边街巷的历史肌理评估

塘田战时讲学院旧址处在一面依山、三面环水的半岛之上，岛内的道路多为土路，许多岔路均为自然形成，穿插于民宅、田地与墓园之间。塘田战时讲学院旧址的东南侧是一个篮球场，为塘田战时讲学院旧址被征作学校期间建立，篮球场与周边道路均为土路，没有明确的界线。现篮球场正改建为游客广场及其附属培训中心，该工程于2018年6月开工。游客广场占地面积9600m²，附属培训中心占地面积400m²。岛内的土路当有人经过时飞沙扬尘，路面布满大小形状不一的石子，间或有杂草丛生，部分路面杂物、垃圾随意放置，不利于岛内整体的环境保护。

塘田战时讲学院旧址周边的几条主路纵横交错，部分主路为近年土路改沥青路，没有对岛内整体布局进行有效的设计与设置，与该文物的建筑环境较为不符，建设控制地带范围内街巷的规划未能得到有效的实施，完整性与协调性欠缺。

2.周边建筑现状评估

塘田战时讲学院旧址四周多为民宅、田地与墓园，民宅大多为近现代建筑，均为单层、二层、三层砖混结构以及混凝土结构，部分民宅局部建筑后期有拆改，建筑风格各异。塘田战时讲学院旧址为清代晚期南方四合院式建筑，整体建筑风貌保存较为完整，与周边民宅所展现的建筑环境较不一致。这些近现代民宅建筑在建筑高度、形式、体量、颜色等方面破坏了塘田战时讲学院旧址文物建筑原有的历史氛围，较为严重地影响了塘田战时讲学院旧址本体建筑的整体性及协调性（表5）。

表5 塘田战时讲学院旧址周边建筑现状评估一览表

序号	建筑类型	建筑数量	现存主要问题
1	砖混结构民宅（单层）	14座	部分民宅距离文物保护范围边界较近，对历史风貌有较大影响
2	砖混结构民宅（二层）	8座	部分民宅距离文物保护范围边界较近，对历史风貌有较大影响
3	砖混结构民宅（三层）	1座	建筑高度过高，对历史风貌有较大影响
4	混凝土结构民宅（二层）	2座	部分民宅距离文物保护范围边界较近，对历史风貌有较大影响
5	混凝土结构民宅（三层）	1座	建筑高度过高，对历史风貌有较大影响

续表

序号	建筑类型	建筑数量	现存主要问题
6	土坯房厕所（单层）	1座	建筑结构整体破坏严重，已经不再使用
7	墓园	1所	距离保护范围边界较近，对历史风貌有较大影响
8	田地	3块	距离保护范围边界较近，对历史风貌有较大影响

从塘田战时讲学院旧址所处的对河村的整体规划与布局，以及文物保护与利用的角度出发，对于这些与塘田战时讲学院旧址建筑风貌不相符合的建筑，应尽快予以拆除、移迁、整治、改建，以便将来对塘田战时讲学院旧址的保护与发展做进一步的研究利用。

七、基础设施评估

（一）道路交通现状评估

塘田战时讲学院旧址正门前有一条石子小路，宽约2m，长度与第一排房屋长度相当，石子路局部生有杂草、风化、残缺、下陷。塘田战时讲学院旧址周边遍布植被，四周多为民宅、田地与墓园，均分布多条人行街道，大部分为不规则的土路，路面布满大小、形状不一的石子，间或有杂草丛生，部分路面杂物、垃圾随意放置，在行人经过时飞沙扬尘，不利于周边环境的保护。

塘田战时讲学院旧址处在三面环水的半岛之上，院前碧水环流，清澈如镜；对岸为塘田古镇，车水马龙，熙来攘往。游客原来来到塘田战时讲学院旧址参观的唯一途径就是乘坐柴油驳船穿梭于夫夷河的两岸，岛上的居民外出除步行外主要依靠自行车与摩托车，受条件所限汽车不能进出。汽车只能停靠在夫夷河对岸的塘田市镇上，受场地狭小限制，附近并未建设停车场，车辆在周边居民区街道两侧随意停放，容易引起交通堵塞。2015年在夫夷河上建立过河大桥，桥面宽9m，荷载等级

采用公路 - Ⅱ级，设计洪水频率 1/100。过河大桥连通了塘田战时讲学院旧址所在的对河村与塘田古镇，利于游客的出入。在塘田战时讲学院旧址东侧有空地可供游客停车。

塘田战时讲学院旧址地理位置与区位条件极为优越，它与历史文化古城邵阳市及国家级风景名胜区莨山、桂林等在一条旅游线上，附近有著名的名胜古迹"水西"新石器时代文化遗址、芙蓉峰及宋代"芙蓉峰"石刻、清代古建筑花园桥亭等。207 国道、太澳高速公路、洛湛铁路等重要交通线都从塘田战时讲学院旧址附近经过，交通设施较为便捷，各类道路相结合形成多样的道路网络。

（二）给排水现状评估

塘田战时讲学院旧址内设置了给水及排水系统，有两处卫生间，一处在职工宿舍内，另一处在第一排房屋内。卫生间内环境与设施较为简陋，对塘田战时讲学院旧址的保护与利用而言较为不便。

塘田战时讲学院旧址院内设置了明排水沟，院内地坪低于各个房间，污水雨水汇集至院内通过沟渠最终排向夫夷河。明排水沟沿院内边际处交汇成一圈，排水状况总体较为良好，但明排水沟部分地段局部生有杂草、淤泥杂物堵塞致排水较为不畅，需进行及时清理。

塘田战时讲学院旧址第四、第五、第六、第七排房屋之间由天井连接在一起，天井地坪低于各个房间，污水雨水汇集至天井排出，明排水沟沿天井边际处交汇成一圈，水流经由天井汇集后排入院内，再由院内明排水沟汇集后向院外排出。天井排水状况总体较为良好，但明排水沟部分地段淤泥杂物堵塞致排水较为不畅，需进行及时清理。

（三）电力通信现状评估

为保证塘田战时讲学院旧址的消防及安防设施正常运行，以及旧址工作人员日常生活的正常用电，在塘田战时讲学院旧址西南处毗邻夫夷河岸边架设 50kW 专用变压器一台，每天用电量约为 70kW·h。

（四）防灾设施现状评估

塘田战时讲学院旧址所属的对河村内已安装防洪防汛报警系统。旧址南侧的夫夷河已修筑防洪堤，为 20 年一遇的标准。另在对河村所属的塘田市镇内设有消防站一处，占地面积约 100m²，配备消防车 1 台，消防人员 3 名。

八、文物防护设施评估

（一）消防设施现状评估

塘田战时讲学院旧址院内的消防设施目前配置了 24 个手提式泡沫灭火器，该项设备保存情况良好，及时定期更换，取用较为方便。除手提式泡沫灭火器的配置外，旧址内每一座天井处、宿舍廊内、第一排房屋廊内都配置了一个消火栓箱，内有出水枪头一个、水带一根。在塘田战时讲学院旧址内的各房屋内安装有烟感探测器，共计 136 个。塘田战时讲学院旧址现有的消防设施中手提式泡沫灭火器配置数量较少，且放置点较少；消火栓放置点过于分散，不利于集中使用，且放置点较少，不利于文物建筑的消防安全保护。

在消防管理方面，塘田战时讲学院旧址制定了《安全事故责任追究制度》《用火、用电管理制度》等安全相关制度。塘田战时讲学院旧址内所有工作人员轮流进行消防安全知识培训，并根据塘田战时讲学院旧址的实际情况，制订了一套消防救火的方案，建立了一支义务消防队，不定期地进行消防演练，加强工作人员的消防安全意识。针对塘田战时讲学院旧址，邵阳县相关管理部门成立了消防重点单位领导小组，签订了安全责任状，将消防安全责任落实到个人，以确保塘田战时讲学院旧址的消防安全。

塘田战时讲学院旧址已配置火灾自动报警系统，现已投入使用，但无专人在岗值班，且未与当地相关部门联动，不能及时发现火灾隐患，并且在发现火情时不能及时通知相关责任部门。

塘田战时讲学院旧址内现有的消防设施不能满足消防安全需求，应增加。

（二）安全技术防范设施现状评估

塘田战时讲学院旧址安全工作由湖南省邵阳县文物管理局直接管理，湖南省邵阳县文物管理局派专人在塘田战时讲学院旧址大门处值班，并与其签订了安全责任状。塘田战时讲学院旧址内仅有这1名工作人员，将大门处东侧厢房作为值班室，一共有3名工作人员在院内轮岗值班，24h专人值班不离岗。

塘田战时讲学院旧址内及院内已经安装监控探头，共计31个。监控探头配置数量较少，配置点不全面，未能覆盖塘田战时讲学院旧址内的每一处角落，且部分监控探头已损坏，未能及时修理，易造成安全隐患，不能对塘田战时讲学院旧址内部实施全天全方位的安全防范。塘田战时讲学院旧址内配置的监控系统未投入使用，监控室内无专人在岗值班，且未与当地相关部门联动。

塘田战时讲学院旧址第一排房屋窗洞处的铁质栏杆使用年限较久，大部分出现锈蚀，容易酥松脱落，易形成安全隐患，不利于文物建筑的进一步保护。

塘田战时讲学院旧址内现有的安全技术防范设施不能满足使用要求，易造成安全防卫上的漏洞，应建立健全安全技防装置。

（三）防雷设施现状评估

塘田战时讲学院旧址目前没有安装防雷设施。

塘田战时讲学院旧址所处的湖南省邵阳县为亚热带季风性湿润气候，光照充足，水雨丰沛，四季分明，气候温和，夏无长酷之日，冬无长霜之时。受地貌多样、高差悬殊影响，气候既有东西部的地域差异，又有山地与丘平区的垂直差异，形成一定的小气候环境和立体气候效应。境内年平均气温 16.1~17.1℃，无霜期 272~304d，日照时数 1347.3~1615.3h。该地区无电磁干扰，平均雷击天数约 120d/年，年平均降水量 1218.5~1473.5mm，雨水多集中在 4—6 月，为全国多雨地区之一。不仅如此，塘田战时讲学院旧址建筑以木结构为主，易存在火灾隐患。

塘田战时讲学院旧址内缺少必要的防雷设施，对于该文物建筑的安全保护较为不利，应增加。

九、展示利用评估

（一）展示现状评估

塘田战时讲学院旧址内设有少量展览陈列，大部分为空置房屋，中栋房屋仅有少量的展览陈列，现有展览陈列内容较为单一，并无统一规划与布置，应根据院内展陈条件进行塘田战时讲学院旧址相关历史的多样化展览，应综合考虑展柜、灯光、实物对于展览内容及展示效果的影响，丰富展览陈设方式，在一定程度上满足游客深入了解塘田战时讲学院旧址历史发展的要求，更应注重对于这座文物建筑的保护与利用（图 24）。

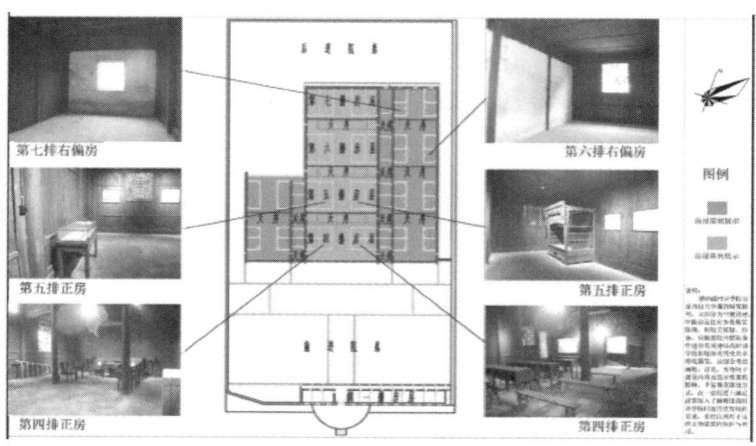

图 24　塘田战时讲学院旧址展示现状

（二）利用现状评估

塘田战时讲学院旧址利用现状包括塘田战时讲学院旧址内房屋利用、服务设施、游客容量与效益等内容。

（1）塘田战时讲学院旧址内房屋利用现状包括展陈用房、管理用房及闲置用房（图25）。

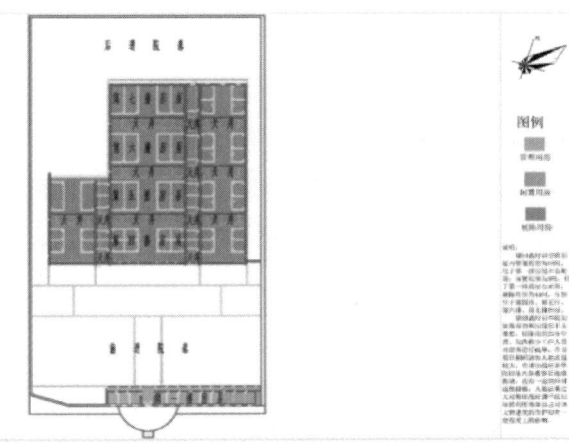

图25　塘田战时讲学院旧址利用现状

（2）服务设施：塘田战时讲学院旧址内有卫生间，共有两处，一处在职工宿舍内，另一处在第一排房屋内。旧址内免费参观不收取任何费用，没有明确的参观起止时间。塘田战时讲学院旧址内没有讲解员、导览员及其他相关人员，没有导览图及宣传册等相关的文字介绍，因夜晚闭馆故无夜间照明。

现存主要问题如下。

①塘田战时讲学院旧址工作时间仅有1名值班人员，无专业的管理人员及讲解人员对游客进行服务。

②部分服务设施不完善。

（3）游客容量与效益：塘田战时讲学院旧址近年（2000—2012年）游客容量约为50000人/年，日平均接待量约为500人。游客的构成以湖南省游客与外省游客为主，湖南省游客居多，约占游客总量的80%，外省游客占游客总量的20%左右，塘田战时讲学院旧址的开放带动了周边的交通、餐饮、住宿、文化、休闲娱乐等相关产业的发展。

现存主要问题如下。

①塘田战时讲学院旧址体现出明显的旅游季节性。旅游旺季人流量较为拥挤，并且除 1 名值班人员外没有专业人员对塘田战时讲学院旧址整体进行管理，人手不足。

②缺乏导游示意图、标识牌、纸质及电子游览示意图。塘田战时讲学院旧址现有的利用现状不理想，院内缺少工作人员对游客进行疏导，在节假日期间游客人数流量较大，在塘田战时讲学院旧址内参观容易造成拥堵，没有一定的应对疏散措施，人数流量过大对塘田战时讲学院旧址的利用效果以及文物建筑的保护均有一定程度的影响。

（三）研究评估

1983 年 10 月 15 日至 22 日，中共邵阳地委在塘田战时讲学院旧址举办塘田战时讲学院旧址史料征集座谈会议，来自全国各地的原塘院师生 13 位，并省、地、县领导参加。自此之后湖南省邵阳县人民政府及湖南多所大学多次召开了有关吕振邦研究的学术研讨会，各界人士多次积极撰写并出版了关于吕振邦研究的学术著作及研究论文。

塘田战时讲学院旧址相关研究的学术出版情况统计如下。

（1）《邵阳县志》第十六编建筑工程·塘田市席宝田别墅；第一十九编教育·塘田战时讲学院旧址；第二十六编任务·吕振羽，社会科学文献出版社。

（2）《吕振羽评传》，刘茂林、叶桂生著，社会科学文献出版社。

（3）《吕振羽研究文集》，胡良甫、阮芸纪、戴开柱著，中国社会科学出版社。

（4）《吕振羽和中国历史学》，吉林大学科学社会研究处编，吉林大学出版社。

（5）《新史学五大家》，史学史研究室编，社会科学文献出版社。

(6)《吕振羽研究文丛》，王忍文、刘海藩著，中共中央党校出版社。

(7)《吕振羽诗选》，吕振羽著，江明、吕坚编选，吉林大学出版社。

十、文物保护措施规划

（一）文物本体保护

塘田战时讲学院旧址基本保持了历史原貌，保存状况较为良好，针对塘田战时讲学院旧址的保护工程分为两类。

1. 日常保养工程

日常保养工程是及时化解外力侵害可能造成的损伤。日常保养工程针对塘田战时讲学院旧址文物本体，占地面积为 $9576m^2$。

（1）统一定期清除文物建筑本体上的杂树杂草。

（2）统一定期治理文物建筑本体上的霉菌、地衣等微生物。

（3）统一定期处理文物建筑本体及文物保护范围内的蚁患、鼠患。

（4）统一定期检查文物建筑本体的雨水渗漏情况以及排水设施的完好情况。

（5）统一定期检查文物建筑本体的风化、老化情况。

（6）监测文物建筑本体的结构稳定性，监测文物建筑本体的地基沉降情况。

（7）监测室内陈设文物的完好情况。

（8）对采取的各项保护措施的工作情况做详细的记录。

2. 现状整修工程

现状整修工程是在不扰动院木结构，基本保持现状的前提下采取的一般性工程措施。塘田战时讲学院旧址现状整修的主要内容是如下。

(1) 第一排房屋，建筑面积 346.23m^2。

(2) 第四排房屋，建筑面积 761.72m^2。

(3) 第五排房屋，建筑面积 761.96m^2。

(4) 第六排房屋，建筑面积 518.54m^2。

(5) 第七排房屋，建筑面积 518.54m^2。

(6) 天井进行现状整修，清除地面石上杂草，疏通明排水沟，清除淤泥与杂物。

(7) 前进院落与后进院落清除杂树杂草，重新进行绿化布置，重砌地面与地面散水。

其中，第一排房屋及其大门前月台、前进院落及后进院落为重点修缮部位。

在对塘田战时讲学院旧址进行维修保护时，应遵循最小干预原则，在一段时期内文物建筑的结构没有重大危险情况，在进行维修保护时不应进行过多干预，将扰动尽量降到最低。在工程中要坚持传统工艺和原有材料，真实、完整地反映文物建筑所传达的历史信息。当遇有特殊情况允许使用新工艺、新材料时应谨慎使用，必须经过专业研究与论证经批准后方可使用。对于隐蔽部位要实施监测，记录存档，按规范施工。通过整个文物建筑的维修保护，最大限度地保持文物建筑的真实性、完整性及可持续性，以便于保持文物建筑"延年益寿"。

（二）相关文物保护

1. 露天陈设

塘田战时讲学院旧址内的相关文物为前院正中偏西侧纪念碑一块。纪念碑做好维修与养护，清除人为刻画痕迹，清除杂草。在文物建筑周围设置纪念碑、空调外机、照明灯具等外部设施时，应当不干预文物建筑的完整性，应当与周围建筑的历史风貌相协调，由专业人员设计安装与管理，尽最大限度不影响文物建筑的整体格局与氛围。

2. 室内陈设

根据塘田战时讲学院旧址的展示利用现状可知，需要对其部分房屋进行室内陈设布展，室内陈设包括文物陈设与展览陈设。塘田战时讲学院旧址部分房屋室内杂物堆积，部分室内装修后期遭拆改，未能定期清理室内环境，对于塘田战时讲学院旧址本体建筑的日常维修与保护较为不利。室内展示条件较为陈旧、狭小，没有照明设施及温湿度控制设施，没有监控设施，没有工作人员进行管理、疏导，对于塘田战时讲学院旧址的整体布置、展览规划有一定的不利影响。

针对于现有室内的设施与陈设条件，在清理完毕室内杂物后增加相应的文物陈设，室内陈设文物应使用隔离条带进行统一围挡保护。室内展陈文物的保护与隔离措施应该进行统一设计与规划，还应添加提示牌，并在采取保护措施前对展陈文物进行检查维修。对原有保护设施与室内展陈风格整体相符且质量良好的进行保留，并适当进行维修与加固，对原有保护设施与室内展陈风格整体不相符的进行拆除。

（三）文物周边建筑环境整治

对于塘田战时讲学院旧址周边的民居建筑与街道环境，确定其规划范围。在规划范围内对周边建筑与环境进行整治，使该区域整体更加完整，协调塘田战时讲学院旧址周边的建筑环境与历史风貌。

十一、基础设施规划

（一）道路交通规划

对塘田战时讲学院旧址周边人行道路进行整修。清除道路路面杂物及垃圾，清理路面滋生杂草，重砌原有石子道路，旧土路改砌为同规格的石子道路，在人行道路周边重新进行绿化布置。

塘田战时讲学院旧址原来受条件所限岛内禁行机动车辆，行人乘船通行。2015年在夫夷河上建立过河大桥，可供行人、车辆通行。过河大桥连通了塘田战时讲学院旧址所在的对河村与塘田古镇，利于游客的出入。在塘田战时讲学院旧址东侧有空地可供游客停车，此处设为附属停车场，车辆停放有专人指挥与管理。

（二）给排水规划

塘田战时讲学院旧址内增加给水系统，定期疏通排水系统。

1. 给水规划

（1）水量预测：塘田战时讲学院旧址属于公共建筑，给水系统应分为生活用水和消防用水。目前塘田战时讲学院旧址内没有任何水源，塘田战时讲学院旧址大门南侧5m处有夫夷河，可以完全满足院内的消防用水和生活用水需求。生活用水主要为厕所用水、房屋擦拭和清扫用水以及人为清洗用水。目前塘田战时讲学院旧址内有两处卫生间，一处在职工宿舍内，另一处在第一排房屋内。卫生间内环境与设施较为简陋，对塘田战时讲学院旧址的保护与利用较为不便。为保证旧址内房屋在今后的管理与养护中用水方便，需要在第一排房屋内扩大卫生间面积，全面改善卫生间设施，面向游客开放，并有工作人员进行日常清洁。另在新增设的夜班值班室内设置用水房，布置洗衣机、洗手池及涮墩布水池，以便于工作人员对院内整体环境进行清洁。塘田战时讲学院旧址内的用水设施总计有三处，分别是位于宿舍内的工作人员卫生间，位于第一排房屋内的游客卫生间及夜班值班室内的工作人员用水房。消防用水情况主要考虑到对于文物本体建筑的安全与消防保护，单独引进消防用水管。综合整体用水情况，塘田战时讲学院旧址平均用水指标约为1500L/d。

（2）水源规划：参照塘田战时讲学院旧址周边的市政设施

条件，主要进水管道为塘田战时讲学院旧址周边分布的消防栓，水源为塘田战时讲学院旧址大门南侧的夫夷河。

（3）管网布置：给水管道应埋地设置，从室外环状管网不同管段引入，在室内连成环状或贯通枝状双向供水。给水管配水出口不得被任何液体或杂质所淹没，并且应避免布置在可能受重物易压坏处，管道不得穿越建筑基础。引入管与污水排出管管外壁的水平净距不宜小于0.6m。给水管道外表面如可能结露，应根据建筑物的性质和使用要求，采取防结露措施。生活用水管道应与消防用水管道分别设置，所用管材相同。

2. 排水规划

（1）排水体制：天井内及院落内明排水沟主要进行雨水及污水的排流。

（2）水量预测：塘田战时讲学院旧址所处邵阳县年平均降雨量1308.1mm，每年的4—8月为汛期，降雨集中，降水量较大。塘田战时讲学院旧址内根据用水情况污水量约为1450L/d，因此进行综合考虑，塘田战时讲学院旧址雨污水排水量约为1450L/d。

（3）管网布置：塘田战时讲学院旧址现有的雨水排水系统即暗排水沟满足排水需求。

（三）电力通信规划

塘田战时讲学院旧址内第一排房屋经过室内改造后改为监控室以及夜班值班室，这些房间为工作人员24h值班的地方，故需增加1部冷暖空调，3部电话，2部日光灯。

1. 电力规划

塘田战时讲学院旧址内现有用电房间2间，即第一排房屋内的值班室，每日用电量约为100W，满足目前的使用需求。经过规划，将第一排房屋中的闲置用房加以改造成为新增的卫生间、用水房、监控室、设备室以及夜班值班室；第四、第五、第六、第七排房屋根据每间室内陈设与展陈的要求进行相应的室内改造，改造后为各具特色的展览室。

将闲置用房加以改造后，预计将增加相应的照明设施、监控设备、火灾自动报警系统以及冷暖空调，预计每日将增加用电量约 7900W，增加后每日用电量约为 8000W。塘田战时讲学院旧址内没有单独的配电箱，所用电量全部由塘田战时讲学院旧址外部接入使用，增加用电量后为了方便使用与管理，对塘田战时讲学院旧址内的用电线路进行改造，在塘田战时讲学院旧址内设立单独的配电箱，满足增加用电量后的要求。

2. 通信规划

塘田战时讲学院旧址内增加电话 3 部，分别设置在第一排房屋的白班值班室、夜班值班室以及宿舍内，电话线路由塘田战时讲学院旧址外部接入，电话线路管道进行地埋设置。

（四）防灾设施规划

保持现有防洪设施规划。由邵阳县人民政府统辖相关专业部门对塘田战时讲学院旧址所属对河村的防洪设施进行管理与建设，旨在加强下水排水、排洪防涝等基础设施规划，保证防洪设施齐备，保证防灾救援通道畅通无阻。

十二、基础设施规划

（一）消防设施规划

塘田战时讲学院旧址内应增加手提式泡沫灭火器共计 12 个，分别位于旧址内院落的西南侧、东南侧、西侧、东侧、西北侧、东北侧，派专人定期检查手提式泡沫灭火器的设备情况。院内消火栓箱配置较少，应在院墙西南角、西南侧、西侧、东侧各设置一个消火栓。旧址内的烟感探测器覆盖不全面，应在第一排部分房屋内增加烟感探测器。塘田战时讲学院旧址内的工作人员应定期进行火灾演练，做到熟练地使用消防设施。

塘田战时讲学院旧址内的火灾自动报警系统应由专人在监控室监测，24h值班，应并入邵阳古城景区管理中心及与消防部门联网，以便在发现火情时能及时地通知相关责任部门。参照塘田战时讲学院旧址周边的市政设施条件，消防供水管道为邵阳古城地区内分散均布的消防栓。

（二）安全技术防范设施规划

塘田战时讲学院旧址内应增加安保人员3名，分为白班值班人员2名一组与夜班值班人员2名一组交替轮流上岗，执行24h值班制度。在院内应设置专门的夜班值班室，目前第一排房屋为闲置用房，原有东侧值班室改为白班值班室，在其旁边增设夜班值班室。根据塘田战时讲学院现场环境，可招收旧址所在村对河村的村民为义务安全员，协调配合旧址内的安全与保护工作。

邵阳县塘田战时讲学院旧址管理所的工作人员、塘田战时讲学院旧址内的安保人员以及对河村的义务安全员要做好相应的培训工作，做到人人都是文保员，人人都是安全员。要求塘田战时讲学院旧址内的安保人员做到工作时间内不脱岗、不吸烟，熟记火警及匪警电话，熟练地使用消防设施，且安保人员在工作时间内应不定时来回巡视。安保人员下班时与夜班值班的安保人员进行安全交接，夜班值班人员在夜间应对塘田战时讲学院旧址进行定时巡视。

塘田战时讲学院旧址内应增加监控探头，位置分别位于第一排房屋监控室内、院墙外西南角、西北角、东北角、西侧院墙外中心、北侧院墙外中心、南侧院墙外中心偏东，并修理损坏的监控探头。塘田战时讲学院旧址内应建立一套完整的安全技术防范系统，并入邵阳县内的管理中心及与公安部门联网，以便更好地保护塘田战时讲学院旧址内文物以及文物建筑本身的安全。

(三)防雷设施规划

湖南省地处亚热带季风性湿润气候区，年均雷暴日 60d，属于高雷击区。每年 2 月中旬以后，湖南省进入为期近 8 个月的雷暴高发期。因此应对塘田战时讲学院旧址进行雷击风险评估，即以雷电监测系统及历年雷电观测资料等为基础，对可能遭受雷击的概率及雷击产生后果的严重程度进行分析计算，确定防雷分级，并根据防雷分级采取相应的防雷措施。

十三、展示利用规划

(一)展示规划

塘田战时讲学院旧址内展示陈列主要有两种方式，分别是复原陈列展览与主题展览。展示方式及展览内容要以真实、完整地反映塘田战时讲学院旧址所承载的历史信息与建筑风貌为主要内容，充分协调塘田战时讲学院旧址文物保护与旅游发展的关系，侧重史实，着力展现塘田战时讲学院旧址蕴含的历史与价值，特别是着重展示革命文物建筑的红色文化，并结合该地区统筹规划，合理、适度及有效利用塘田战时讲学院旧址的红色资源。

展示方式的调整规划如下。

（1）丰富展示内容及增加文物展品，进行多样化的展示，主要展览内容应与当时的历史情境相结合，侧重点是塘田战时讲学院旧址作为一座红色革命基地拥有的红色资源，着力于红色基因的传承、宣扬与发展。

（2）在现有的展览设施中，增加音频、视频等电子设备扩展展览方式，增加游览解说，注重塘田战时讲学院旧址红色历史的发扬光大与可持续发展（图 26）。

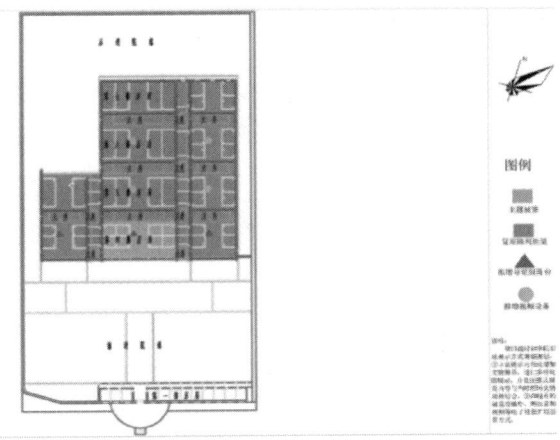

图 26　塘田战时讲学院旧址展示方式调整示意图

（二）利用方式规划

1. 房屋利用

塘田战时讲学院旧址内应做好房屋的功能分区。将旧址分为两个功能区，一个是工作区，工作区位于塘田战时讲学院旧址第一排房屋以及后院院内区域；另一个是对外展示区，展示区位于塘田战时讲学院旧址第四、第五、第六、第七排房屋，并将每排房屋的左右偏房作为管理用房，总计两个功能分区三处地方，以便对塘田战时讲学院旧址进行更加合理有序地保护与利用（图27）。

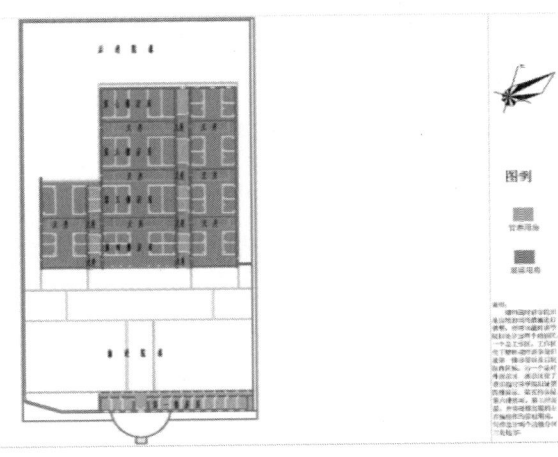

图 27　塘田战时讲学院旧址利用方式调整示意图

2. 游客容量管理

塘田战时讲学院旧址内近年（2000—2020 年）游客容量约为 50000 人/年，每日最大接待量约为 3000 人。游客的构成以湖南省游客与外省游客为主，湖南省游客居多，约占游客总量的 80%，外省游客占游客总量的 20% 左右。塘田战时讲学院旧址体现出明显的旅游季节性，旅游旺季人流量较大，对文物建筑的保护管理及对游客的人身安全都造成了一定影响。

根据《风景名胜区规划规范》（GB5 0298—1999）等现行规范，为了保证每日游客容量达到最佳接待量需进行游客容量测算。塘田战时讲学院旧址每日最佳接待量为 12000 人，上限 16000 人。目前所得数据基本满足塘田战时讲学院旧址内接待要求。综合以上数据在旅游旺季应对塘田战时讲学院旧址的游客流量进行合理控制。

游客容量的管理规划如下。

（1）在塘田战时讲学院旧址内应增加工作人员及设立游客服务中心来满足游客的游览需要。

（2）在旅游旺季，可采取免费门票提前预约的方式控制游客流量，游客可以通过电话与网络的形式进行预约。

（3）塘田战时讲学院旧址内工作人员应在游客流量高峰期进行限流，并应在限流的基础上疏导游客分段、限时走单一线路进入塘田战时讲学院旧址内参观，以保证将游客的总数量控制在上限范围内。

十四、结语

通过对塘田战时讲学院旧址进行科学有效的保护及合理有序的利用，更加深入地挖掘塘田战时讲学院旧址中所蕴含的文物历史价值、艺术价值、科学价值。同时还需要注重维护好文物建筑的真实性和整体性，并做好文物建筑的日常维修保养工作，及时消除隐患，有能力应对突发事件。我们作为文物建筑保护的相关从业人员，要将塘田战时讲学院旧址的建筑风貌与该地区的整体布局协调起来，保持历史发展的完整性与统一性，不仅要做好资料的收集、记录与管理工作，还要处理好文物保护与旅游发展的双赢关系，发挥塘田战时讲学院旧址在历史文化与爱国主义教育中的重要作用，特别是革命文物建筑所蕴含的红色历史、红色文化、红色人物与事迹，做好红色基因的保护、宣传与传承工作。我们必须要进行长远考虑，使文物保护与专业研究、文化传播与经济建设共同协调进步，实现其可持续发展。

参考文献

湖南省文物局．第六批全国重点文物保护单位"湖南省塘田战时讲学院旧址"申报材料、现状勘察和测绘结果 [EB/OL]，2020.

中国古代建筑防雷简论

张克贵*

摘　要：中国古代建筑是中华民族优秀文化的重要组成部分。古代建筑在历史发展过程中，是否有防止雷击功能，是人们一直关心的问题。到了近现代，古建筑又是如何防止雷击的，也不断受到关注。本文只从技术演变和发展角度做简单的研究、分析和论述。

关键词：古代建筑；直击雷；接闪器；接地极；抑制雷击

中国古代建筑是中华民族优秀文化的重要组成部分。通过考古成果的记载得知，新石器时期的重要发现是仰韶文化，其代表性遗址是河南省渑池县仰韶镇仰韶村和陕西省临潼区姜寨遗址，距今已有五千至六千年，那时人类为穴居或半穴居，而以后逐渐发展到地面以上。中国的古代建筑除石窟、砖塔、城墙等外，以木结构为主，这在世界建筑史上可谓自成体系，独树一帜。通过多年查阅相关资料得知，现存于世、以木结构为特色的最早古代建筑，是建于唐建中三年（782年）的山西省五台山南禅寺正殿和建于大中十一年（857年）的佛光寺东大殿；北京故宫，是中国封建社会最后两个朝代，即明代和清代修建的保存规模最大、形制最完整、工艺最具代表性的古代建筑群。

---

* 故宫博物院研究馆员、学术委员会委员、高级工程师。

对于古代建筑的生存，人们经常谈起和关心的是古代建筑如何防止雷击。为什么？就是因为古代建筑，无论是历史上还是现在，面临的灾害，无非人为的和自然的，自然灾害最大的来源是火灾，而雷击是引起火灾的重要原因。

中国的古代建筑，是以木结构为主要代表，而木结构会使建筑受到的火威胁最大。一般情况下，古代的木结构建筑每平方米用木材 $1m^3$，高等级的古代建筑容易受雷击的原因有很多种，但有两条是明显的，即讲究建筑风水。其一，凡古代建筑，尤其是宫殿、寺观、庙宇、陵寝，一定选在高处，即使地面不高，也要建在高台之上；其二，建筑本体高，如皇陵要依山，宫殿要筑台而建；其三，讲究面水，要有泉水、流水、造河环绕建筑或建筑群，河流也是雷击带。比如，北京城地下，历史上是一条很宽的古老河道，自西北向东南，也是老北京容易产生雷电的带状区域。

古代建筑因雷击起火，在朝野上下均不罕见。以故宫为例，从明永乐十八年（1420年）到清末，有记载的雷击达10余起，其实远不是这么少。近几十年，故宫发生雷击14起。防止雷击，也就成了古代建筑建造者的忧心之事。但由于科学水平的限制，预防雷击的技术措施往往是形式和良好的愿望。

古代建筑中，传说的防雷措施大概有以下几种。

其一，鸱吻防雷。宋代以前，将正脊两端的瑞兽称鸱，有的建筑会有两根从鸱嘴里吐出来的铜丝。这种装置，不能将强大的、上万伏的电流传导出去。但是近些年，有消雷装置将强大电流消融、分散，可能也有部分这样的道理。

其二，雷公柱防雷。由于宫殿建筑，典型的是庑殿顶建筑，正脊两端的正吻，也称吻兽、大吻，位于建筑的最高点，在其对应的屋盖下，庑殿山面的顺梁上安装一根立柱，其是支撑正吻的构件，传统上称为雷公柱。有人认为雷公柱是防雷的，但其实它并不防雷。关于为什么称呼它为雷公柱，没有更多的探讨和结论。笔者认为，这仍是寄托美好的愿望，希望雷公柱能管制住雷击。它的作用是使正脊两端的大吻稳定、安全，而同直接防雷无关。

其三，尖顶防雷。有人认为，一些塔安装塔刹是为了防雷，还有的建筑，是四坡攒尖，或圆坡攒尖，像白塔寺的白塔、天坛的祈年殿、大高玄殿的乾元阁等，都有尖顶造型位于最高端。故宫的千秋亭、万春亭伞状琉璃瓦顶，像一把伞，也俗称琉璃伞盖。说尖顶就是避雷装置，但从表面看，其下部并不能导电。最多由尖到坡有一点儿扩散电流的可能，但没有测过，也就没有依据，下面是否能成为导电体，需要更多的科学研究和解释。

由于在古代，人很难胜天，因此也就把良好的愿望寄托在建筑的结构或构件上。如古代建筑的设计者，往往把除病消灾寄托在精神观念上。我们注意到殿宇正脊两端的大吻，呈龙形，张口吞脊，大吻的尾部上卷，背后插上留有剑把的长剑。这种吻，前面说过，在宋代《营造法式》中又称"鸱吻"，据《唐会要》中记载，"汉柏梁殿灾后，越巫言，海中有鱼，虬尾似鸱，激浪即降雨。遂作其像于屋，以厌火祥"。故宫的文渊阁，前身遭火灾，乾隆三十九年（1774年）敕建文渊润，用于藏书。该阁屋面为黑琉璃加绿边，正脊用绿色，脊件组成蛟龙腾水状，寓意避邪、免除火灾。

典型者，是故宫太和殿。

太和殿顶棚内设有符牌，也称为神符，对此人们有过耳闻，但未能亲眼所见。2006年故宫大修工程，修缮太和殿，在勘察中发现太和殿顶棚内有五座神牌。太和殿的藻井是太和殿的中心位置，其藻井龙头所含的宝珠为正中心，其上面所对应的符板也为中心符牌，东、西、南、北朝着正中符板的方向各设立一座符牌，上面均雕刻着镇殿神符。据传，在明代，曾在个别重要宫殿匾额后放置神符，但未见遗存。太和殿，康熙十八年（1679年）再次遭遇火灾，直到康熙三十四年（1695年）开始重建，康熙三十六年（1697年）建成，现在保存的太和殿，仍为重建后的完整形制、结构、材料、工艺。太和殿顶棚内的神符，并不是康熙三十六年（1697年）重建后放置的，而是雍正年间，雍正帝为了使太和殿免除火灾，虽然也非只为防止雷击引起的火灾，而是防止各种火灾缘起，但包含防止雷击引起火灾，立符为牌，镇邪启祥。符牌上面雕刻着镇殿神语，中央符板高37.5cm，宽23.1cm，厚2.1cm。符牌正面分四层，有佛教咒语，也有藏传佛教经咒及神明、北斗七星图等，前置香炉、蜡台、灵芝五供。除上述愿望寄予外，其他功能、作用不在此赘述。

当然，之所以古代建筑得以留存，免于雷击之害，会有一些我们不得而知或还未探知的奥秒之处，期待有继有续。

我国古代建筑防雷，从中华人民共和国成立到现在，笔者认为，大体经历了三个阶段。

第一阶段是20世纪50年代到70年代末。对重要的古代建筑安装接闪器，也就是避雷针及引下线、接地体。避雷针主要是人工避雷针、富兰克林棒避雷针，人工避雷针是针形钢棒，引下线是铁棒，接地体是手工的钢铁质钳形接地体，接地体要沿建筑基础开挖环形沟埋设，是术语上称呼的环形接地体，也称B型接地体。故宫太和殿，就在正脊两端大吻上安装了两根富兰克林棒避雷针，但接地只设置两个接地极。在景山、颐和园、避暑山庄等多处可见到富兰克林棒避雷针和人工避雷针。

人工避雷针接电部位就在针尖，富兰克林棒避雷针有放电功能，放电高3m，即在针尖上部3m高度接电，再通过接闪针、引下线、水平接地线、接地极，将雷电导入大地。

第二阶段是20世纪80年代到21世纪初。由于从1982年开始，我国连续公布了第二批到第六批全国重点文物保护单位名单，各省区市也不断公布多批省区市、市县级文物保护单位名单，我国的古代建筑更多地被纳入文物保护范围，也称为不可移动文物。古代建筑的防雷设施建设扩大了范围、规模，但这一阶段，防雷技术相比第一阶段也基本上没有很大的提高。

第三阶段从21世纪初到现在。古代建筑，作为文物建筑的主要组成部分之一，其防雷事业得到质的转变、整体的提高、长足的发展。主要原因是我国经历改革开放，国民经济实力提升，文物保护经费显著增多，面对这种形势，文物管理部门，从国家文物局开始，将文物建筑，包括古代建筑防雷，纳入规范化管理体系。经过几年的总结，2010年，国家文物局公布了《文物建筑防雷工程勘察设计和施工技术规范（试行）》。这是我国第一个专门针对文物建筑，包括古代建筑防雷规定的技术性文件。其不但是第一个防雷文件，还在技术上有了又一次标志性的变革、提升，主要是将古代建筑由单一的避雷针防雷形式，提升为针形接闪、带状接闪、网格状接闪三种形式或互补组合。现在，基本为带状接闪、网格状接闪；接地极均采用电解离子接地极。更为重要的是，引导避雷针采用高效针或新型针，延长寿命、提高稳定性、扩大保护范围。全国重点文物保护单位中，接闪带均可采用铜棒，从而大大提高接闪效果；所有接地极，都采用电解离子接地极。

高效接闪针或新型避雷针，于20世纪80年代末引入我国，陆续有合资企业和国内企业生产。进入21世纪之后，尤其是公布了《文物建筑防雷工程勘察设计和施工技术规范（试行）》以来，迅速在文物保护领域推广使用。该接闪针，能放电14m，大大拓展了接闪保护范围，只是由于种种限制，还在以放电3m进行计算和使用；独立接地体，也称为B型接地体。电解离子接地极为独立接地体创造了条件，主要是电解离子接地体为棒形，地下竖向孔状放置，不需要串联，独立放电。这种方式的采用，取消了闭环建筑挖沟埋设人工接地的做法，极为明显地减少了对古代建筑基础的损伤。如此，可以说，以上是古代建筑防雷技术的一次变革。

当前，所有古代建筑，尤其全国重点文物保护单位，新安装的防雷设施，都基本采用了上述措施。

2013年，国家文物局与中国气象局联合发布行业标准《文物建筑防雷技术规范》（QX 189—2013），这也是第一个涉及古代建筑防雷的行业标准。随之，2014年，国家建设管理部门发布国家标准《古建筑防雷工程技术规范》（GB 51017—2014）。这些使古代建筑防雷技术逐步走向正常化、标准化、规范化。

随着现代科学技术的发展，更为先进的雷电防护技术一定会出现，尤其是有利于文物建筑保护，包括在古代建筑的保护中更为适用、实用、可用的技术产品，也一定会出现。近期，一种新的防雷技术产品被推荐。这个技术产品的名称为"抑制雷电装置"。根据北京市文物建筑学会发布的团体标准《抑制雷电装置技术要求》（T/CMSA 0034—2022）的规定，抑制雷电装置是防御云地之间直击雷的专用装置。该装置同现行古代建筑防直击雷普遍使用的接闪器、接闪带、接地极有着本质的区别。现行接闪器、接闪带、接地极的基本原理是将云层中的电团接收后，通过上述系统装置将雷电引至地下，到大地中释放，避免雷电直击建筑或人员，造成火灾隐患或人员伤亡。而抑制雷电装置是利用雷电发生前空间强电的电能阻断雷电先导贯通，实现保护区内不发生直击雷。

第一，该抑制雷电装置的技术机理。在雷电发生前，该装置通过分别引聚雷云底部电荷，包括负或正极性电荷和地面感应产生的异性电荷。主机利用不同极性电荷之间产生的电能对空气原子进行电离。经电离后质子带正电荷，自由电子带负电荷，从而产生带电正负离子。在雷电发生前强电场力作用下，新产生的带电离子遵照异性相吸原理，分别向雷云底部的极性电荷和地面感应产生的异性电荷强聚集区快速移动并与之中和，还原成为中性空气原子。从而减弱保护区内的空间电场强度，阻断雷电先导贯通，避免保护区内产生直击雷。

第二，与现行避雷装置系统相比的优势。

（1）保护半径大。现行避雷装置保护角度，一、二类防雷文物建筑为滚雷 $45°\sim60°$，水平保护半径一般为安装高度的 1.27 倍；抑制雷装置保护角最小为 $85°$，最大保护半径可达到安装高度的 10 倍以上。

（2）接地电阻值宽。现行避雷系统的独立接地电阻值，一类防雷文物建筑必须小于 10Ω，二、三类防雷文物建筑必须小于 30Ω。抑制雷电装置因只有残余弱电流泄放入地，故接地电阻值可放宽至 500Ω，几乎不用计算，由此可以大幅降低各种复杂地质条件下防雷接地装置的施工成本和常年维护成本。

（3）避免次生灾害发生。现行避雷针在接闪的瞬间会产生二次反击和跨步电压，会对金属物体和人、畜产生重大伤害。抑制雷电装置无直击雷发生，避免了以上次生灾害。

（4）对其他电子等弱电系统没有影响。抑制雷电装置同时大幅度减少了避雷针在接闪瞬间产生的强电磁脉冲对弱电、电子系统的感应雷击。

（5）使用年限长。常规环境下使用寿命可达 30 年以上。外设为不锈钢材质，无须日常维护，也无须电源供给。

第三，安装施工简便。

（1）根据不同型号产品质量，安装在防雷保护区内最高位置的金属柱体或塔体顶端，且越高越好。

（2）柱、塔、杆顶端，连接法兰盘为圆形。按相应孔距和孔径制作连接法兰盘，以配套螺栓固牢即可。

笔者认为，该装置最大特点如下。

第一，最适用于古代建筑使用，延伸至文物建筑使用，也适用所有形制的文物建筑。

第二，在建筑群内，只在一两个高点上安装，就能发挥全覆盖保护性能，一般建筑或建筑群，只有一处即可。

第三，在大部分有条件的古代建筑或古代建筑群中，可不直接安装，而在文物本体之外树杆、立塔上安装一处，即可大范围保护古代建筑。

第四，也可利用建筑周围有高大古树的条件，安装该装置，达到建筑、古树双保护的效果。

第五，接地线简单，入地即可，不需要专门设置接地极。

所以，如果该装置得以检验、示范、推广，会有划时代的意义。

现有的古代建筑防雷措施，有进步、飞跃，但仍有不尽如人意之处，我们相信，随着科学技术水平的提高，古代建筑防雷技术一定能够做到既达到防止雷击效果，又不伤及古建筑，还与古代建筑风貌协调发展。

中国古建筑防雷的重要性及防雷工程管理经验探讨

王丹毅[*]

摘　要：文物建筑防雷设施设置是保护古建筑防止雷击破坏的主要措施。本文对中国传统古建筑防雷的重要性及必要性做出阐释，并在故宫长春宫一区古建筑修缮工程与该区文物建筑防雷工程管理工作中发现问题、解决问题，总结出宝贵的经验与教训，对于文物建筑本体保护修缮与防雷工程之间的协作与融合，做出对文物建筑保护修缮更加有利的阐释与经验总结。

关键词：古建筑；文物建筑防雷；防雷工程；工程管理经验；协作；融合

一、前言

雷击伤害对于我国传统古建筑而言是低概率事件，但故宫这座有着六百多年历史的明清古建筑群是全人类共同的文化遗产，因此避免雷击伤害对于保护故宫古建筑可谓至关重要。中国传统古建筑大多为砖木结构，其材料性质决定防火是第一要务，因为雷击引起的建筑火灾对于我国传统古建筑极具破坏性。

---

[*] 故宫博物院正高级工程师。

在中国古代，防火在日常生活中非常重要，在以木构建筑为主的紫禁城更为重中之重。故宫内每个院落均放置用于储水灭火的铜缸，以日常起居为主的院落会设置水井，一年四季缸内储存足量的水可随时取用，并且紫禁城设内外金水河为重要的水源地。极其重要的建筑会设置防火墙，分室内、室外两种，用以阻断火势发展。这是明清时期宫廷内的主要防火措施。假设是由雷击引发的古建筑火灾，那很显然以上方式均为事后的应对之策，是无法避免雷击这种自然灾害的。对于这种灾害带给古建筑的伤害，我们应该以预防性避雷防护措施为主，因此文物建筑防雷保护工程应运而生。

文物建筑防雷保护工程实际施工时，会对文物建筑保护产生一定影响。无论文物建筑处于日常使用保养状态还是修缮状态，防雷施工都务必要保障文物建筑安全，不能顾此失彼。当文物建筑处于修缮状态时，根据建筑本体修缮进度开展防雷施工作业是最理想的施工安排，但现实中施工进度需要根据实际情况进行调整。本文旨在论述文物建筑防雷施工与修缮工程管理中的经验。合理安排防雷与修缮工程中不同专业间的协作与配合，加强监督管理，既利于保护建筑本体，又可节约建造成本，缩短工期，保质保量完成文物建筑保护工程。

二、古建筑防雷现状及必要性

古代天然的绝缘避雷技术正是古建筑罕见遭受雷击的主要原因。现今保存情况良好的古建筑通常位于气候常年干燥地区，地基材料一般为夯土、石材，均为不良导体，也即绝缘体；地基的胶凝材料灰浆也是绝缘体，且有防潮、防腐的作用；据《中国古建筑避雷措施探讨》一文的作者在走访古建筑行业的老建筑师和老匠人时，听说"很多古建筑地下都铺有厚约一尺的煤（焦炭），是为了防止'天电'和'地电'相互接触，破坏古建筑"。以上内容均证明前人早已认识到雷击对于建筑的伤害，并且在积极地采用天然绝缘技术防雷。这些也正是我国山西地区还完好保存多处唐代及辽金时期文物建筑的主因。

塔式建筑是外来建筑本土化的产物，在我国古建筑中属于超高层建筑，属于更易遭受雷击的文物建筑类型。塔式建筑的高远大于其任一建筑平面的边长，塔形细高，顶部结构为塔刹，位于塔顶的最高处，一般由金属或砖构成，观表全塔。塔刹的结构除其象征与装饰作用之外，还可降低雷击对于塔身本体的破坏程度。众所周知，如山西省应县佛宫寺释迦塔（图1），塔刹顶部刹杆与八个翼角用铁链相连，刹杆深入塔顶内部，在塔顶做了一层防护网，保护塔身，从而减小雷击对于塔身的破坏。至今为止，我国的塔式建筑凭借着天然的绝缘防雷技术仍保存完好。

图1　山西省应县佛宫寺释迦塔塔刹（2024年摄）

故宫是明清两朝皇家宫殿，现今的故宫建筑以清代建筑为主，这也是古建筑在历史长河中自然演化的结果。故宫的主要建筑一般为等级高且体量大的木结构建筑，四周空旷又位于高台之上，以凸显建筑的地位。故宫主要建筑屋面瓦通常用四样及四样以上，高大的正脊两端安装脊兽，并采用金属吻锁及吻钩固定，吻锁下端与瓦面上的铜瓦连接固定。建筑屋脊为建筑的制高点，而屋脊上的金属构件又易吸引云电荷。以往故宫雷击损毁情况证明，屋脊吻兽部位最易发生雷击灾害。以上就是故宫重要建筑易遭受雷击的主要原因。下文以太和殿（图2）在历史上几经损毁几经重建的情况来说明，古建筑防雷设施安装的必要性。

图2　太和殿（2005年摄）

太和殿是紫禁城中等级最高的建筑，始建于明永乐十八年（1420年），东西两侧有爬山斜廊与东西群房相连。历史上太和殿曾历经四次大火。明永乐十九年（1421年），因雷击引发火灾，明正统五年（1440年）重建；明嘉靖三十六年（1557年）毁于火灾，于嘉靖四十一年（1562年）重建；万历二十五年（1597年）再罹火灾，再次重建。康熙十八年（1679年）再次因火灾毁，东西连廊同归于"烬"，康熙三十四年（1695年）重建，未恢复斜廊。

由以上史实可见古建筑防火的重要性，本文仅以太和殿为例进行说明。太和殿历史上经历了数次重大火灾后重建，这其中有天灾也有人祸。明永乐十九年（1421年）太和殿在建立之初就经历了重大的雷击，引发火灾，导致太和殿焚毁。明嘉靖三十六年（1557年）也是毁于雷击。这两次事故导致太和殿焚毁重建，此后也有雷击事件，但并未损毁至重建的程度。

太和殿周边设置了不少的铜缸，用于取水灭火，一年四季准备消防用水。故宫周边设有护城河,护城河不仅具有护卫功能,还是重要的消防水源。清康熙十八年(1679年)太和殿火灾由西膳房火灾引发,由相连的建筑导致火势蔓延,因此在康熙三十四年(1695年)重建时并未恢复木质斜廊,而是改成了墙体,做挡火墙使用,起到阻燃作用,这也是我国史上最早的防火墙。

随着人们生活方式与全球气候的变化,古建筑凭借天然的绝缘措施避雷已经不能满足其要求,古建筑绝缘避雷的前提在于保持古建筑环境及建筑物的干燥,因而日常保养对于古建筑防雷至关重要。目前古建筑的应用在我国具有多样性的特征,且古建筑的岁修保养已经不可与过去同日而语,因此随着人们古建筑保护意识的提升,雷击伤害古建筑这种低概率事件也务必考虑在内,所以在古建筑本体建筑上安装避雷设施,以避免这种自然灾害。

为保障故宫文物建筑的安全,故宫内文物建筑一般都安有避雷设施,这是应用现代防雷技术进行的预防性保护。中华人民共和国成立后,故宫在部分高大且重要的建筑上安装了避雷设施,事实证明,这些设施的确起到了一定的作用。根据曹晓丽、孙静《故宫古建筑防雷保护要点分析与实践》一文中表1故宫雷击和统计表的数据记录,1954—2012年间故宫发生雷击21次,避雷针接闪达到7次,仅以这59年间的数据可知,雷击对建筑均造成了不同程度的损毁。以上数据不仅说明防雷设施具有一定的防雷效果,同时也说明了防雷设施亟需改善的必要性。

三、故宫长春宫防雷保护工程说明

故宫长春宫文物建筑防雷工程于2019年6月开工,2019年12月2日通过四方验收,并经北京市气象局验收备案。完工交付使用后,使用单位于2020年6月雨季再次进行避雷遥测,遥测结果合格。本次工程涉及12座单体建筑及其附属建筑的避雷设施安装，工程历时四个半月。本文以长春宫防雷保护工程的整体施工情况来阐释观点。长春宫是紫禁城内廷西六宫之一，位于西二长街以西、太极殿（启祥宫）以北。故宫长春宫分为前后两进院，前院是以长春宫为主殿的第一进院，后院是以长春宫后殿怡情书史为主殿的第二进院。长春宫建筑本体保护修缮工程分两期进行，第一期长春宫前院保护修缮工程于 2017 年 4 月开工，2018 年 10 月竣工。第二期长春宫后殿怡情书史保护修缮工程 2018 年 11 月开工，2019 年 8 月竣工。故宫长春宫防雷工程在上述工程背景下完成竣工验收并最终交付使用（图 3）。

图 3　故宫长春宫防雷工程竣工后（2020 年摄）

四、长春宫防雷保护工程与建筑本体保护修缮管理经验之协作

2019 年 6 月，长春宫前院保护修缮工程处于竣工阶段，而后殿怡情书史保护修缮工程处于施工状态，此时实施防雷保护工程与这两个工程并行，存在大量交叉作业。因而在长春宫防雷保护工程中发生了诸多需要引起注意的问题，而这些问题在工程管理中可以通过专业间的协作解决或者预防，可以有效提高施工效率以及降低工程造价。

（一）已竣工的项目本体保护与建筑防雷施工的协作管理

对于已竣工项目或正常使用中的建筑本体的防雷工程，在长春宫前院保护修缮工程竣工期间实施的防雷工程中，对于工程实际产生的问题，我们要特别注意以下几个方面来保障工程安全顺利完成。

（1）古建筑用瓦均为传统手工烧制，尺寸上存在差异，不可以直接使用成品固定支架。因此长春宫防雷施工，均要求现场制作闪导线的固定支架、卡箍、卡片以及支撑杆等，需要根据建筑屋面瓦的样数与瓦件实际尺寸进行复核后制作，以保证安装时尺寸正确合理。

（2）在安装防雷闪导线时，需有瓦作专业技术人员全程监督，对瓦面及屋脊进行有效的保护（例如用软包铺垫等方法），防止不同工种的操作人员对于瓦面成品的破坏。因屋面瓦为琉璃制品，是非承重构件，其主要作用是防水与保温。这第一道防水线一旦损坏，对古建筑的潜在危害很大。在长春宫防雷保护工程中发生因安装固定支架而导致屋面新作瓦面松动或破损情况，此后施工方需修复瓦面。

（3）防雷引下线要合理安装，避免采用破坏古建筑本体方式安装，需采取无损方式进行固定，且外观要与古建筑协调一致。安装时需对檐头木构、柱身油饰加以保护，在建筑构件上加装，而不破坏建筑本体。

（4）防雷接闪装置材质与外观需要与古建筑融为一体，独立于建筑之上，又不破坏古建筑风貌，因此古建筑防雷接闪装置一般沿着正脊及两端吻兽明敷，与建筑外观协调一致。闪导线的造型需要根据建筑屋顶形式及屋脊样式确定，其制作安装需要有经验的人员在现场监督。

（5）接地装置安装需要请土建修缮的瓦石作专业工人配合进行地面或台基拆除作业，防止非专业人员进行破坏性拆除。长春宫防雷保护工程中，各项工作均由土建作业与防雷作业人员协作完成。

（二）古建筑本体修缮与防雷施工同时进行中的协作管理

在防雷与修缮两项工程并行施工时，不可避免地会存在施工交叉作业现象，加强对建筑施工安全的监督和管理则势在必行，因此统筹安排不同专业协作施工就是工程顺利实施的重要前提。在长春宫后殿怡情书史修缮保护工程与防雷施工同步进行时，我们通过施工中发现的问题总结出以下注意事项。

（1）古建筑防雷设施安装通常可安排在屋面瓦完成后，但防雷设施安装时务必安排施工方在场监督，保障文物建筑安全与实际操作人员安全，保障安全文明施工。在这个施工环节，檐头的施工架木可共用，防雷施工可利用修缮用脚手架，如此既可降低工程造价，也可提高施工效率。

（2）屋面安装防雷设施时，务必保证不破坏建筑本体。在怡情书史修缮保护工程中，所有设施均采取明敷的方式进行安装，屋脊、屋面、檐头木构以及柱子等部位均要在不破坏建筑本体基础上安装。屋面安装防雷设施时需有安全管理人员在现场监督，工人上瓦面操作要轻，注意保护成品。因在故宫博物院的防雷工程中发生过将瓦件踩踏松动甚至损坏，以及屋面防水被踩烂的情况，故本次施工在安装设施时严格执行本条规定，有效去除了以往防雷施工的弊端。

（3）合理安排防雷施工与土建修缮工程的工序。本次防雷接地工程发生在怡情书史地面修复前，因此安排防雷施工方在台基、地面施工之前即将引下线埋设好，避免重复施工。

（4）防雷工程如遇土方作业，需要与甲方、监理方以及土建修缮施工方协同配合施工。本次防雷工程引下线接地施工经由监理方确认，统筹安排瓦石作修缮工人与防雷施工工人协作配合完成引下线接地工程，后由土建施工方回填及铺墁地面，由防雷方安装接地标识。

（5）故宫防雷采用深埋法安装离子棒，但由于在古建筑周边埋设要受建筑布局及建筑基础的影响，因此，在施工前期就要考虑到接地点的预设位置与数量。埋设点要求与建筑物保持一定安全距离,且不影响建筑基础。施工中钻孔打洞这一操作一定要甲方、施工方、监理方一致通过后方可进行,以免作业期间出现问题。埋设后地面恢复也是一项很重要的工作,需要由土建专业的工人按原状恢复。地面复原后需加装防雷接地标识(图4),指示防雷接地设施埋设点。

图4　防雷接地标识

长春宫防雷保护工程中,在监理方全程跟踪的条件下,由修缮施工方与防雷施工方双方互相配合进行施工。离子棒埋设点深4.2m,至少距离散水外缘1m,以上数据是根据长春宫院落建筑群的建筑尺寸确定的,既要保证建筑防雷安全,也要保证文物建筑安全,离子棒埋好后由土建专业人员施工恢复地面,由防雷施工方安装防雷接地标识。

(6)防雷设施因为其明敷的装设方式,要安装安全及警示标识,以提醒人们注意安全。标识要醒目,起到警示作用。不仅在施工期间提醒工作人员注意,还要在今后长春宫开放时,起到提醒观众注意安全的作用。长春宫防雷工程完成后,统一在人们容易脚踢或手触之处安装安全警示标识,起到预警的作用(图5、图6)。

图5　安全警示标识（一）　　　　　图6　安全警示标识（二）

五、古建筑防雷措施与古建筑本体的"融合"

在符合防雷设计施工规范的前提下，以尽最大可能不破坏建筑本体为原则，布置安装防雷设施。因为古建筑的文物属性，要以最小干预原则来指导防雷施工。故宫内防雷设施通常采取明敷的施工方法，因此我们现在看到的古建筑防雷设施，是目前防雷设施与古建筑外观相"融合"的最优施工方案。下文将说明长春宫防雷设施的安装细节，其既可以保护建筑本体，又使防雷设施与古建筑外观相"融合"。

故宫的防雷设施随着科技进步，也在不断发展，从最开始只在重要建筑屋脊的吻兽两端安装单支避雷针，面宽较大、脊部较长，避雷针无法保护整个屋脊时，才加装脊部避雷带，直至目前广泛使用架空接闪带，极大程度地提高了古建筑的防雷等级。随着我国防雷技术水平的提高，我们更加重视防雷设施与建筑外观的"融合"，以顺应我国当代文物建筑的保护发展理念。

目前故宫文物建筑防雷的主要方法包括安装防雷装置、设置引下线和建设接地系统。一般在文物建筑的屋脊、檐口、宝顶等易遭雷击的部位安装避雷针、避雷带。引下线沿建筑外立面敷设，尽量隐蔽且与建筑物结构紧密连接，确保雷电流顺畅引入地下。接地系统则通过采用深埋法埋设接地极，降低接地电阻，确保接地效果。

避雷带：对古建筑屋脊的通长进行保护，不再区分面阔的大小，加大保护力度，避雷针与避雷带均通长设置，沿着屋脊的曲线架空布置，颜色宜选择金色，与琉璃瓦和吻兽饰带的配色一致（图7）。

图7　故宫长春宫正脊、垂脊及岔脊部位防雷设施

避雷针：一般设置在吻兽的剑把外侧，与吻兽两侧剑把形成冲天之势，颜色与吻兽饰带的配色一致。

防雷引下线：防雷接地引下线沿着房屋的垂脊下来，至檐头，固定在檐椽或飞椽上，沿着房屋建筑立面布置，沿柱子走线接地。引下线与古建筑柱子的结合部位直接以铁箍固定防雷引下线，沿柱子外皮，贴着柱子架空设置直至柱础接地，鼓镜部位做随形处理（图8）。

图8　体元殿抱厦东侧防雷引下线

引下线一般从柱础外缘深入基础暗敷，保护柱础，在柱础与地面砖的缝隙埋入，不破坏建筑台基或台阶。继而沿着布线开挖地面进行暗敷直至离子棒埋设点。引下线线槽与古建筑墙体上身及下碱随色处理，尽可能与古建筑色彩融为一体（图9）。

图9　故宫长春宫东山墙北侧防雷引下线

六、文物建筑防雷保护工程对于古建筑的影响

文物建筑防雷至关重要，古人关于环境对建筑的影响考虑得很周到，但受限于当时的生产力水平，对于防雷很大程度上寄托在主观意愿所呈现的美好愿景上。明清时期紫禁城内建筑正脊两端安装的龙形正吻，在以前也称鸱吻、鸱尾，据明《怀麓堂集》记载，脊端的正吻是龙的第九子，取其避火消灾之意。太平梁、雷公柱的意义大体都是如此。故宫博物院研究馆员张克贵在《人民日报》2024年7月29日第13版《古建筑如何防雷》一文中阐述了这一观点，本文不再赘述。

我国现代防雷技术逐渐完善，已经进入依法、科学防雷的新阶段。在文物建筑保护方面，防雷减灾效果显著。自 1954 年开始，故宫防雷设施的安装有效地降低了雷击对古建筑的破坏，这一成效是有数据支撑的。随着防雷技术的发展和规范化，相关的法律法规逐步完善，继 2011 年中国气象局发布《防雷减灾管理办法》《防雷工程专业资质管理办法》《防雷装置设计审核和竣工验收规定》后，2013 年国家文物局与中国气象局联合发布《文物建筑防雷技术规范》（QX 189—2013），随后《古建筑防雷工程技术规范》（GB 51017—2014）等相继发行，故宫博物院的防雷施工也严格遵守相关法律法规，文物建筑防雷施工步入规范化道路。

文物建筑防雷工程虽然对建筑本体有影响，但笔者认为应以保护古建筑为第一要务，相较于防雷系统的保护功能，其对文物建筑的影响可谓瑕不掩瑜。防雷设施的安装势必会影响文物建筑的外观，但可以在安装防雷设施时尽量做到隐蔽，并与文物建筑风格相融合并统一，这样的处置在一定程度上降低了防雷设施对于古建筑外观的影响。另外，屋面上设置的闪导线等设施容易成为鸟雀的停歇点，这一现象会造成瓦件松动，或形成瓦面鸟粪污染，无论防雷系统存在与否，这都是文物建筑日常会发生的现象，况且可以通过加强日常维护保养来解决这个问题。

七、总结

本文是对长春宫文物建筑防雷保护工程施工期间管理经验的梳理，对于今后的文物建筑防雷工程的施工与管理具有一定的借鉴与指导意义。防雷施工利于文物建筑保护，在以往的施工中存在破坏文物建筑的现象，这一问题引起了笔者的注意。笔者认为，在保障古建筑安全的情况下，只有科学管理古建筑防雷施工，才能做到最小程度扰动文物建筑，最大限度保护文物建筑。

文物建筑防雷系统可以有效抵御雷击对文物建筑本体的伤害，基于防雷系统的保护功能，我们还可以通过加强雷暴天气预警以及雷电监测手段等，来大幅减少雷击事故，建立高效的文物建筑雷电保护体系，将在很大程度上提高古建筑的防火安全等级。

参考文献

[1] 高策. 中国古建筑避雷措施探讨 [J]. 大自然探索，1990（1）：74-79.

[2] 李京校，霍沛东，符琳，等. 古建筑雷电灾害及防雷技术研究综述 [J]. 气象与环境学报，2021（2）：91-99.

[3] 曹晓丽，孙静. 故宫古建筑防雷保护要点分析与实践 [J]. 古建园林技术，2021（6）：84-88.

[4] 张克贵. 古建筑如何防雷 [N]. 人民日报，2024-7-29（13）.

[5] 王子林. 清代太和殿的两次重建 [J]. 故宫博物院院刊，2020（10）：323-350.

旧城改造中历史文化遗产保护机制

汤华楠*

摘　要：社会经济的高速发展有效推动了城市化建设的进程，尤其是当社会处于新的发展时期时，便会伴随出现大规模的旧城改造项目。例如，在第二次世界大战之后，世界各国的经济和科技得到高速发展，城市旧城改造工作也迎来了新的高峰。可见，经济发展是带动城市发展和旧城改造的前提条件。但在旧城改造过程中，不可避免地会对历史文化遗产保护工作产生一系列影响。为能达成保护历史文化遗产的目标，本文首先分析历史文化遗产保护的重要意义，并梳理我国历史文化遗产保护的发展历程，最后探讨旧城改造中历史文化遗产保护机制的构建策略，以期推动历史文化遗产保护项目的准确落实。

关键词：旧城改造；历史文化遗产；文物古迹

旧城改造的规模普遍偏大，且在旧城改造过程中需要一次性进行大量投资，资金周转时间较长，为此会对城市宏观经济产生较大影响。同时，大规模的旧城改造与开发还可能

---

* 王府（山东）文物保护集团有限公司市场部总经理。

造成经济难以长期稳定增长的问题。此外,旧城改造过程中还面临历史文化遗产保护问题,一旦旧城改造方案设计不合理,不能准确定位历史文化遗产的功能,就会使部分保护性建筑丧失功能,给今后的文化遗产保护工作带来不利影响。为此,迫切需要围绕旧城改造中的历史文化遗产保护机制展开研究。

一、旧城改造中历史文化遗产保护的重要意义

城市建设与发展均属于一种文化现象,因此,城市化建设过程中离不开文化的支持。可以将城市文化视作现代化发展和建设的重要根基,每个时代的发展均会留下痕迹,保护历史文化既是保留城市发展的记忆,也是人类现代文明发展提出的必然要求。从某一层面来讲,城市的魅力源于文化,这主要是由于文化能够赋予城市独有的特色和内涵,是城市个性特征的重要体现。如果一个城市缺乏特色和个性,便会面临发展的危机。为此,保护历史文化遗产对于促进城市发展具有极为现实的意义。可以将文化遗产看作城市的品牌,将城市现代化建设的过程视作继承和发展文化遗产并进行再创造的过程。因此,在今后的城市建设过程中,应着重加强对旧城改造的重视,并且以保护历史文化遗产为前提开展城市建设工作。

二、我国历史文化遗产保护的发展历程

(1) 中华人民共和国成立初期的文化遗产保护

1949 年中华人民共和国成立后,国务院颁布了《文物保护管理暂行条例》,这为文物保护工作的开展奠定了一定的基础,并且明确了重点文物保护单位,实现了对文物保护工作的高效

整合。但受到 1966 年开始的十年浩劫的影响，刚刚起步且具有起色的文物保护制度遭受严重冲击，很多具有传承意义的文物及古迹在"破旧立新"的口号下被严重损毁，失去应有的传承价值。而也是由于此时的政局和社会环境不够稳定，文物保护工作难以有效推进，长时间停滞不前，直至进入 20 世纪 70 年代政局有所稳定后才重新走上正轨。[1]

（2）改革开放后的文化遗产保护

国务院正式颁发了《中华人民共和国文物保护法》，其中就保护对象和保护目的进行了重新定义，并且明确了文物保护制度的基本架构，其中文化行政管理部门为主管单位，各级地方政府均需设置文物保护管理机构，对该行政区域内的文物进行全面保护，同时指出，所有机关组织单位和个人均具备保护国家文物的义务。在《中华人民共和国文物保护法》的最后，还公布了 24 个国家历史文化名城。[2] 该项法规的推行为文化遗产保护工作的开展提供了明确的指导。一方面，为文化遗产加上了双重保险，不仅是对文物本身的保护，还是对历史文化名城的保护；另一方面，有效明确了文物保护职责，帮助中央和地方各级文物保护单位明确了今后的工作方向。

（3）现代文化遗产保护工作

在现代文化遗产保护工作中，提出了历史文化保护区的概念，其指的是为对文物古迹分布相对集中，或者能够呈现某一时期传统风貌和民族特色的街区、建筑群等进行保护而设定的特定区域，可以基于其艺术、科学和文化价值等评定出历史文化保护区的保护等级，并采取针对性较强的保护措施。现如今国务院已经审核并公布了多个国家级历史文化保护区，针对历史文化保护区进行划分与保护，虽然不是最经济有效的方法，但目前来看，具备完整历史风貌的古城为数不多，它们具有极为重要的保护价值。除此之外，以街区为单位进行保护，也符合旧城开发和投资的规模要求。

三、旧城改造中历史文化遗产保护机制的构建

历史文化遗产保护机制的构建，可以对旧城改造过程中文化遗产保护工作的开展做出明确的指导，从而提升文化遗产的保护和利用效果。对于城市中的文化遗产，可以从社会属性、建筑特性等层面入手进行有效区分，并根据文化遗产特征与用途的不同，采取行之有效的保护措施，从根本上提升文化遗产的保护效果，降低旧城改造对文化遗产的破坏作用。

（一）做好前期环境调查与分析工作

做好前期环境调查与分析工作是确保旧城改造中文化遗产保护工作准确落实的重要前提。如未能提前做好环境调查工作，则很难保障文化遗产保护效果，甚至可能对文化古迹和各类古建筑造成不可逆的影响。因此，要想保障文化遗产保护项目的准确实施，须提前进行环境调查与分析，为文化遗产保护项目的开展奠定良好的基础。在文化遗产保护项目中，环境调查的内容主要涉及对保护性建筑所处位置、功能政策、环境基础设施和配套情况、历史文化环境等的调查。

（1）对文化遗产保护性建筑所处位置的调查，主要是对保护性建筑在城市范围内的区位的调查，即中心城区、市区或城市边缘等，针对处于中心城区的保护性建筑所制订的保护计划应该尽量详细，同时要着重考虑如何促进保护性建筑与市中心商业开发环境的协同发展。

（2）对保护性建筑功能分区的调查，主要是对建筑所处环境的社会属性的明确，主要涉及居住区、商业区和新的开发区等。通过对保护性建筑功能分区的调查，可以实现对保护性建筑功能的重新定位。

（3）对基础设施和配套情况的调查，则突出的是对文化遗产周边交通状况和市政配套设施情况的了解，此类信息直接影

响文化遗产保护工作的后期推进。如果周围基础设施和市政配套设施较为成熟，不仅会为施工带来便利，还会在很大程度上节约成本。

（4）对建筑环境的调查，主要指的是对保护性建筑周边建筑物风格和特点的调查。常见的情况分为三种：一是周边建筑物的风格与保护性建筑物风格相近；二是新建筑与古建筑相互混杂；三是保护性建筑周边分布的全市新建建筑。针对上述三种情况，应采取相对应的保护措施，与后面两种情况相比，第一种情况下文化遗产保护难度较低，由于周边建筑风格相近，可以选择适当的材料进行保护，只需保障建筑物的功能定位适宜即可。而第二种情况下文化遗产保护难度偏大，这主要是由于在前期开发中并未认识到文化遗产保护的重要性，而是在完成一系列开发活动后才逐步形成文化遗产保护意识。为此，在策划保护方案时，要重点强调新旧建筑的融合，以便形成独特的建筑景观。第三种情况下文化遗产保护难度最大，如何在功能全面的新建建筑中发挥保护性建筑的作用，成为旧城改造中需要面临的重点问题，通常需要经过十分细致的策划，才能有效进行保护性建筑定位，并使其发挥应有的功能作用。[3]

（二）重新定位保护性建筑的使用功能

在对保护性建筑的环境进行全面调查和分析的基础上，还需对保护性建筑在城市建设中的使用功能进行重新定位，唯有如此，才能使其在现代高速发展的城市化进程中持续发挥作用。从某一层面来讲，文化遗产保护项目功能的定位水平直接影响对文化遗产的保护效果。因此，要将文化遗产保护项目的功能定位工作作为一项重要工作任务来开展。在进行文化遗产保护时，可以先对保护性建筑原有的使用功能进行分类，再就建筑功能定位的可能性进行分析，使文化遗产保护项目的功能能够结合城市发展实际进行有效转换。一些文化传承价值较为突出，具备特殊意义的保护性建筑，可以直接作为旅游参观的景点。而一般性的保护建筑，可以继续沿用其原有的使用功能或进行功能置换，使其发挥更大的功能作用。针对保护性建筑原有的功能进行分析，可以将其分为四大类，即居民类、公用设施类、商业类和文物古迹类。

居民类指的是原先具有居住功能且具有保护价值的建筑，当被归类于保护性建筑后，仍然可以继续保留居住功能。在政府资金介入之前，居住者需要自行承担房屋的日常维护和修缮，原则上不能够破坏原有风貌，在保证实用性需求的同时提供良好的保护；公用设施类则更加侧重于将需要保护的建筑通过适合的方式转变为公共场所，例如能够进行文化传播和具有教育功能的博物馆、艺术馆等场所，从而进一步发挥应有的文化价值和社会价值，通常此类建筑具有一定的公益性质；商业类则是原本用于居住或产业，具有保护性价值的历史建筑，通过有效的升级改造来体现出其商业特色，用于提供更多的服务和进行宣传；至于文物古迹类，特指一些承载着特殊且重大历史意义的建筑，往往是一些重大历史事件的发生地，对于此类建筑应当尽量维持原貌，保留并保护好历史痕迹，通常修缮和维护所需费用来源于旅游或参观收入。[4]

（三）优化文化遗产保护项目的组织结构

文化遗产保护项目实施阶段涉及大量繁杂的产权问题，只有政府牵头成立专门的项目小组，并且聘请专家进行决策咨询，才能进一步保障项目实施方案的可行性。尤其是在旧城改造过程中，部分城市和地区的保护性建筑相对分散，急需建立专门的组织结构保障文化遗产保护项目的准确落实。为能进一步提升文化遗产的保护效果，不仅要进行组织结构优化，还需加强保护工作流程的梳理工作，同时就保护任务进行明确分工，使每个小组均具备相对独立的任务内容，在各个小组的通力配合之下，有效推进文化遗产保护工作。[5]

（四）建立长效维修基金筹集机制

为使文化遗产保护工作有效推进，需要有充足的资金作为支持，尤其是一些文化古迹的修缮工程较为复杂，需要大量的资金提供保障。因此，要在对文化遗产保护项目投资进行有效估算的基础上，制订科学的资金筹措方案并从多个角度入手，建立长效维修基金筹集机制。具体工作内容如下。

首先，要对文化遗产保护性建筑改造工程进行投资预算。文化遗产保护性建筑主要分为两种，一种是公有保护性建筑，另一种是私人保护性建筑。对公有保护性建筑进行改造修缮时，费用体现在项目土建施工以及购置建筑内部各种家具方面，而针对私人使用的保护性建筑进行改造时，费用主要用在安置方面。保护性建筑与新建项目的投资预算方法和方式有所不同，因此，在进行保护性建筑改造项目投资预算过程中，要听取建筑工程师的意见科学合理地编制预算方案，保证建筑改造过程中的施工费用在预算范围内。其次，扩大保护性建筑改造项目的资金筹集范围。结合目前的情况来看，除少数的保护性建筑归个人所有，如果要对建筑进行修缮改造，需要个人筹集资金以外，大部分公有保护性建筑改造项目的经费都是以财政补贴为主。针对这一情况，部分地区建立了保护性建筑改造项目基金，通过多种渠道筹集资金，为保护性建筑的修缮改造提供充足的资金支持。最后，构建完善且固定的保护性建筑修缮资金筹集机制。结合不同保护性建筑的特点和修缮改造要求，建立相应的资金筹集方式。比如，对于利用价值比较高的保护性建筑，可以从利用的收益中抽取部分资金作为建筑的修缮改造资金，而公有性的保护性建筑，需要依靠财政补贴或者多渠道筹资方式的支持。

四、结语

在城市化建设过程中，旧城改造属于重要组成部分，要想充分彰显城市文化的特殊性，需做好历史文化遗产保护工作，使旧城改造与历史文化遗产保护形成互惠互利的关系。在旧城改造中，遵循保护中发展和发展中保护的原则。除此之外，为能保障对城市土地资源的高效利用，在进行旧城改造时，还需树立全局观念，从长远角度出发制订旧城改造规划方案，使历史文化遗产能够持续发挥应有的功能作用，这也是进一步提升历史文化遗产保护效果的重要前提。

参考文献

[1] 冯骚韵. 广州荔枝湾涌旧城改造中的历史文化遗产保护研究 [D]. 桂林：广西师范大学，2023.

[2] 王雪. 旧城更新背景下基于本土社区的遗产保护研究 [D]. 天津：天津大学，2020.

[3] 田丁. 旧城改造中历史文化遗产保护机制研究 [D]. 武汉：中南财经政法大学，2019.

[4] 郑翔云. 城市旧城改造及文化遗产保护研究——以沈阳市为例 [J]. 住宅与房地产，2018（28）：231.

[5] 郑翔云，朱玲. 城市旧城改造中对文化遗产保护问题的探析 [J]. 住宅与房地产，2018（25）：227.

泰陵祾恩门形制研究及修缮保护方案初探

张秋艳[*]　林满泉[**]

摘　要：本文通过研究泰陵祾恩门的历史沿革，并将其与同时期其他陵寝的祾恩门进行对比，以祾恩门现状勘察数据及保存现状为基础，进行形制研究及修缮保护方案探索。

关键词：泰陵；祾恩门；勘察；修缮保护方案；

一、概况

　　明十三陵是我国古代陵区体系较为完善，建筑、遗址、遗物保存较多的帝王陵墓建筑群，1957年被公布为北京市第一批重点文物保护单位，1961年被公布为第一批全国重点文物保护单位，2003年被列入《世界遗产名录》，具有较高的历史、科学及艺术价值。其中泰陵为明孝宗朱祐樘、孝康敬皇后张氏之墓，占地约2.6万 m²，包括神道、碑亭、祾恩门、祾恩殿等建筑与院落。2005年至2006年，泰陵明楼、方城、宝城、陵墙、神帛炉、祾恩殿、东西配殿完成抢险修缮工程（图1）。

---

[*] 中国文化遗产研究院高级工程师。
[**] 明十三陵管理中心工程师。

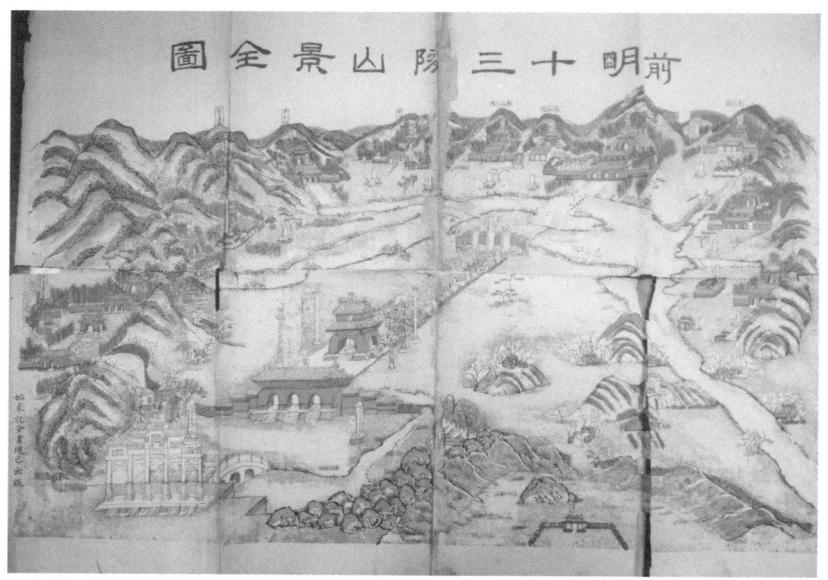

图1　前明十三陵山景全图
资料来源：《前明十三陵始末图说》。

据《昌平山水记》（图2）载："泰陵在史家山，距茂陵西少北二里。自茂陵碑亭前分西为泰陵神路。路有石桥五空，贤庄、灰岭二水径焉。碑亭北有桥三道，皆一空，制如茂陵，榜曰泰陵，碑曰大明孝宗敬皇帝之陵。垣内及冢上树百余株。殿上存御座、御案、御榻各一，承尘皆五色花板，多残缺，而茂陵、泰陵完焉。"其总体布局（图3）：泰陵神道约1km，近陵处建有碑亭，亭南侧为单孔石桥一座（原有三座，其余两座均于1967年修筑公路时拆毁），石桥南侧为两进院落建筑群，第一进院落以祾恩门为陵门，内建祾恩殿、东西配殿及焚帛炉；第二进院落以三座门为门，内建棂星门、五供、方城明楼；方城明楼后为宝城宝顶。祾恩门位于泰陵建筑群中轴线上第一进院落前端，左右与陵墙相接。台明面宽14.33m、进深11.85m，建筑面积115.40m²；月台面宽23.40m，进深17.43m，面积约330m²，月台前有砖砌礓磜。祾恩门现存柱础、门枕石、东西山墙、台基、月台、礓磜。

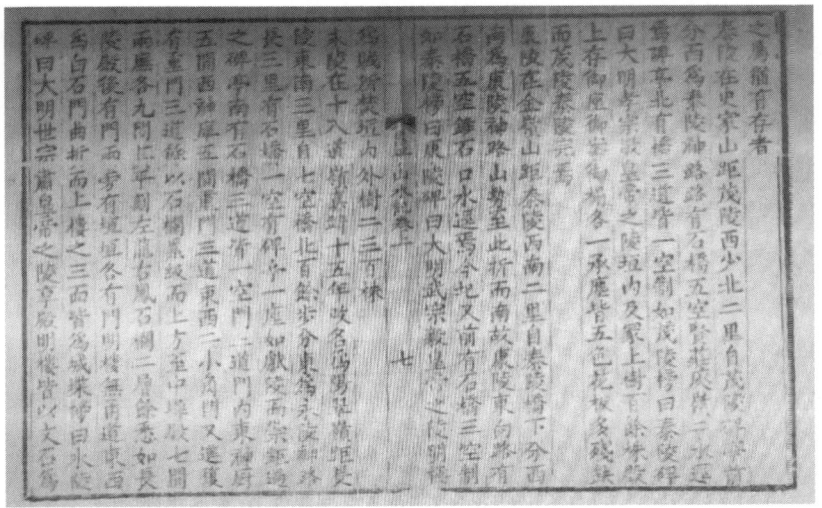

图2 《昌平山水记》

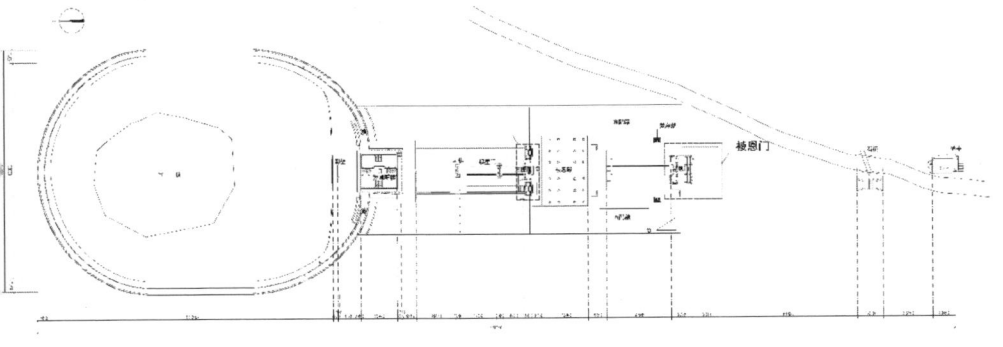

图3 泰陵总平面图

二、历史沿革

据史料记载，泰陵先后历经两次修缮、三次破坏。

据《明穆宗实录》卷六九、卷三八记载，两次修缮分别是1567—1569年第一次修缮及1785—1787年第二次修缮。《明穆宗实录》卷六九："隆庆元年六月己亥，修理泰陵门殿、廊庑、桥梁暂停。"《明穆宗实录》卷三八："隆庆三年十月乙卯，修理泰陵祾恩殿等完工，奉安帝后神位。"《清高宗实录》卷一二二六、《光绪昌平州志》卷一："乾隆五十年三月甲寅，清高宗弘历至明陵奠酒。命修葺十三陵，恢复定陵祭祀。"《清高宗实录》卷一二七六："乾隆五十二年三月丙子，修葺明十三陵告成。命交直隶总督责成霸昌道就近专管稽查。每年十月，工部派堂官一员前往查勘。"第二次修缮虽每陵均有岁修款，但款额不多，据清乌珍《查勘明陵记》记载，清中末叶后，十三陵的修缮"岁修之款向由直隶藩库每年发给实银一百五十两零、按十三陵计算，每陵只合银十一两有余。虽系年年修理，亦止涂抹灰料，略饰外观，而于实在工程毫无补益"，此后，未找到较大规模修缮记载记录。

三次破坏共包括两次人为破坏、一次自然破坏。人为破坏为李自成农民起义时期（明末清初）及中华民国二十六年至三十七年（1937—1948年）战乱期间的人为破坏。据《明长陵修缮工程纪要·附录》记载，泰陵损坏形式与献陵相仿，"祾恩殿上顶，全部无存，石栏残缺，垣壁倾颓，殿周杂草丛生，瓦砾盈目，令人不胜凄凉"。自然破坏为康熙四十二年（1703年）的自然破坏。据《帝陵图说》记载，康熙四十二年（1703年），十三陵已有不少建筑，因受雷电摧袭或风雨剥蚀而面临或业已破坏，泰陵祾恩门"今左右两门坏，垒石以塞门"。

三、遗存现状

根据祾恩门保存现状进行分析，其建筑形制为四排柱前后廊形式，屋面为硬山顶，前后屋檐置斗拱（图4）。结构形式为传统砖木结构，墙体上身糙砌抹灰、外罩红灰，内墙面包金土罩面，下肩为十字缝砌筑。根据现存实物及《明十三陵研究》进行分析，现有遗存目前残存遗迹为清代乾隆年间"拆大改小"所致。

图 4　祾恩门全貌

祾恩门现存柱础、门枕石、东西山墙、门殿台基、月台、砖砌礓䃰、屋面、木构架及木构件、垂带及象眼全部缺失（图5~图8）。东西山墙顶部局部缺失，断面松散、杂草丛生、有火烧痕迹，墙面抹灰大面积脱落。通过现场勘察发现，遗存所用砖构件尺寸不一：墙体砖 440mm×220mm×110mm、台基地面方砖有 580mm×580mm、420mm×420mm 两种尺寸，月台地面砖有 465mm×465mm、440mm×220mm、415mm×170mm 三种尺寸，礓䃰砖 415mm×170mm。

图 5　东山墙内墙面

图 6　残存柱础及门枕石

图7　局部清理，台基外侧无散水　　　　图8　砖砌单礓磜

四、复原研究

（一）复原依据

1. 祾恩门现存形制

祾恩门现有平面柱网尺寸及形制是复原设计的首要依据。从祾恩门现存实物反映的历史痕迹及信息看，泰陵与景陵、茂陵、康陵祾恩门的面阔、进深尺寸接近，详见表1。

表1　泰陵与景陵、茂陵、康陵祾恩门的面阔、进深尺寸

名称	泰陵	景陵	茂陵	康陵
通面阔	13.05m	13.10m	13.05m	13.02m
通进深	7.83m	7.88m	7.75m	7.76m

2. 文献资料

史料（《光绪昌平州志》《帝陵图说》《昌平山水记》《前明十三陵始末记》）记载中相关信息描述是复原设计的第二个依据。据《光绪昌平州志》卷四记载："泰陵在史家山……制如茂陵，榜曰泰陵。"且乾隆五十年（1785年）之后，十三陵无较大规模修葺的证明，目前保存的泰陵遗存为清代改建后的原物，故泰陵祾恩门形制可参考现存相似规模及时代的其他陵，如康陵祾恩门。

通过现存实物分析可知，目前残存地面以上建筑遗存无

明显明代建筑迹象，遗存是清代乾隆年间的拆改建遗迹（清代"拆大改小"），柱网尺寸清晰。茂陵祾恩门残存遗址可作为参考依据，原台基面宽 20.9m，改建后台基面宽 14.3m，进深 9.7m，高 0.75m，重建时不仅缩小了间量，而且将单檐歇山改建为硬山顶，改建后的茂陵面阔和进深尺寸与泰陵现存遗迹接近。又据清乌珍《查勘明陵记》记载，清中末叶后，十三陵的修缮"岁修之款向由直隶藩库每年发给实银一百五十两零、按十三陵计算，每陵只合银十一两有余。虽系年年修理，亦止涂抹灰料，略饰外观，而于实在工程毫无补益"，可知乾隆五十年（1785 年）之后，清政府未对十三陵进行过较大规模的修葺，目前保存的泰陵遗存为清代改建后的原物。

3. 前文清乌珍《查勘明陵记》的记载证明，虽然清中末叶后，十三陵进行过最后一次修缮，但拨付资金较少，并未进行过大的改建、扩建，故同时期其他陵祾恩门可作为参考依据。

（二）复原过程

通过历史照片（图 9~图 12）可以看出，景陵、庆陵、德陵、康陵祾恩门照片显示，祾恩门重建后均为三开间、硬山顶形式，结合泰陵祾恩门现存平面布局也为三开间、现存墙体位于清代拆建后的枋下位置的事实，依据残存墙体现状及高度可推断出泰陵祾恩门也为三开间、硬山顶形式。

图 9　景陵祾恩门
资料来源：中华民国二十四年十一月《明长陵修缮工程纪要》。

图 10　庆陵祾恩门
资料来源：中华民国二十四年十一月《明长陵修缮工程纪要》。

图 11　德陵祾恩门　　　　　　　图 12　康陵祾恩门
资料来源：中华民国二十四年十一月　资料来源：《明长陵研究》。
《明长陵修缮工程纪要》。

鉴于现存檐柱柱洞清晰，可测量出准确直径，故按照《清式营造则例》可推算出梁架尺寸：檐柱直径390mm、金柱直径440mm、脊檩直径390mm、脊垫板220mm×80mm、脊枋325mm×250mm、脊瓜柱1325mm×390mm、金檩直径390mm、金垫板220mm×80mm、金枋325mm×250mm、檐檩直径390mm、檐垫板250mm×80mm、檐枋390mm×310mm、扶脊木（六边形）边长185mm、三架梁480mm×370mm、随梁枋325mm×280mm、抱头梁540mm×370mm。

对于木门形制，由于泰陵祾恩门尺寸与德陵（图13、图14）、康陵、茂陵祾恩门尺寸接近，且建筑形式均为硬山黄琉璃瓦、砖挑檐，故木门可将其作为参考设计为实榻门形式，由于木构件油饰未找到相关依据，故木门未做油饰设计，保持原木色。

图 13　德陵木门（一）　　　　　图 14　德陵木门（二）

对于斗拱形制，德陵、茂陵斗拱形式均为一斗两升交麻叶，庆陵历史照片显示斗拱形式也为一斗两升交麻叶，故泰陵祾恩门斗拱形式采用一斗两升交麻叶。

泰陵祾恩门屋面形制也参考德陵、康陵、茂陵祾恩门设计，采用硬山六样黄琉璃屋面,垂脊上1个仙人、5个小兽、1个垂兽。

对于柱高及收分,泰陵祾恩门东西山墙残存有三层挑檐砖,德陵、茂陵柱高均在挑檐砖底皮向上5层位置,故泰陵柱高将其作为参考进行设计,梁架高度参考清代七五举及德陵现存实物举架(德陵金柱檐柱柱脚直径340mm、柱头直径310mm、柱高4050mm,收分比例为7.4‰)进行设计(图15~图18)。

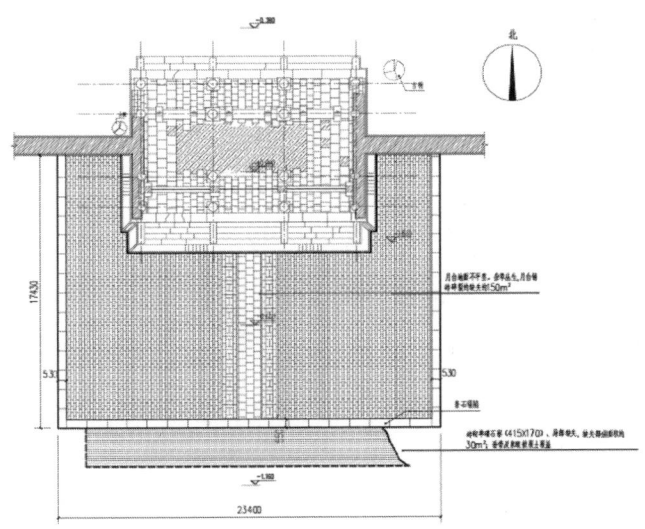

图15 泰陵陵恩门及月台现状平面图

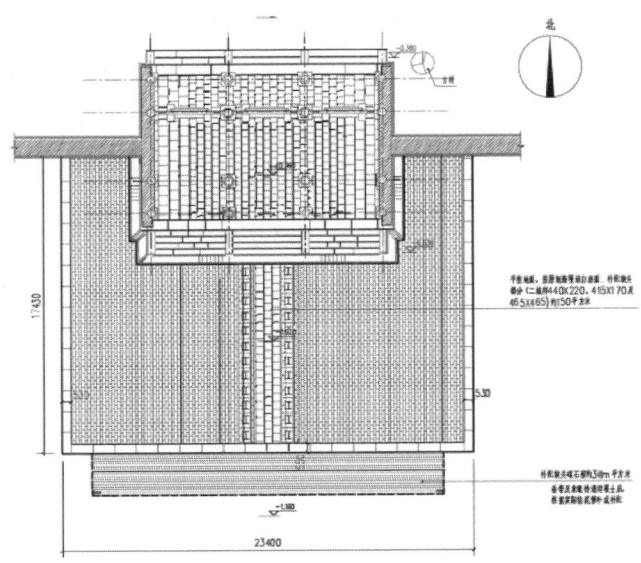

图16 泰陵陵恩门及月台复原设计平面图

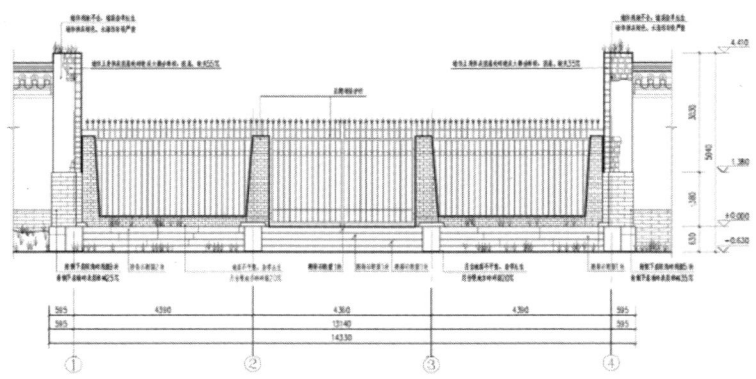

图 17　泰陵陵恩门现状南立面图

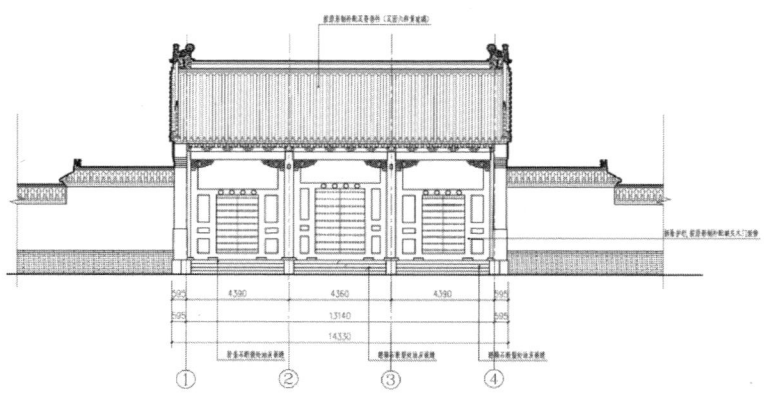

图 18　泰陵陵恩门复原设计南立面图

地面及墙体仍沿用传统修缮方式：对室内地面的渣土、杂草予以清理，平整地面，按原制细墁缺失部分；对月台地面予以平整，清理杂草、渣土，补配缺失方砖；补配缺失礓磜；清理残存墙体顶部植被、杂物及渣土，根据现状，剔补风化、酥碱的下肩砖；清理墙面污渍。

五、现代技术方案

除复原研究外，笔者也以遗存现有构成为主线，在对现有遗存实施保护修缮的基础上，从现代技术角度探索其他方案（方案二、三）并进行对比（表2、图19、图20）。方案二重点保护祾恩门墙体，墙体上覆玻璃罩，在原木装修位置增加两片钢构仿木短墙，中间采用钢构网格架。该方案既可实现对遗存本体的保护，又具有一定的展示效果。方案三除保护祾恩门墙体外，还采用现代材料对原结构形制进行示意展示。

图 19　泰陵陵恩门方案二效果示意图

图 20　泰陵陵恩门方案三效果示意图

表 2　方案对比分析表

	文物保护层面	建筑形制、风格表征层面	视觉展示效果	管理层面
方案一	（1）保护文物本体免受自然破坏；（2）有利于保存历史信息的完整性、传承文化遗产	（1）清晰展示建筑及结构形制、木装修特点等；（2）与泰陵及十三陵整体环境相协调、融合	展示效果较好，有利于提升泰陵及十三陵整体风貌	有利于实现高效管理、提高泰陵安全性

续表

	文物保护层面	建筑形制、风格表征层面	视觉展示效果	管理层面
方案二	（1）注重文物本体保护；（2）本体外零添加，遗存干预最小	仅反映平面布局等表象特点，无法全面反映原形制所蕴含的主要历史信息	展示效果较差，不利于提升泰陵及十三陵整体风貌	不利于实现高效管理、提高泰陵安全性
方案三	（1）注重文物本体保护；（2）本体外添加元素较少，遗存干预最小	仅反映平面布局等表象特点，无法全面反映原形制所蕴含的主要历史信息	展示效果较差，不利于提升泰陵及十三陵整体风貌	具有一定的安全防护效果，无法实现高效管理
方案四	注重对文物本体的保护，添加较多新的建筑元素	能清晰反映平面布局、展示部分历史信息	展示效果一般，不利于提升泰陵及十三陵整体风貌	具有一定的安全防护效果，无法实现高效管理

六、小结

笔者以现状勘察为基础，对泰陵裬恩门的建筑形制进行了详细研究，并对保护方案进行了多方探索，分析了不同方案的优缺点，避免了单一方案的局限性，为最终确定保护方案、更好地保护好文物本体提供参考。

金门县政府旧址之盐兵楼修缮工程浅述

喻 婷* 王 政**

摘 要：盐兵楼位于福建省厦门市翔安区，建于1920年前后，是具有一百多年历史的中西合璧式建筑。它见证了厦门盐业的发展和两岸同胞共同抗日的历史，具有重要的历史、艺术、科学和社会价值。建筑特色包括中轴对称的二层外廊式结构、独特的装饰装修以及坚固的建筑结构。盐兵楼曾是金门县政府保安队办公地，现为省级文物保护单位，盐兵楼是爱国主义教育的实例参观场所，具有丰富的文化内涵和广阔的旅游发展前景。

关键词：盐兵楼；价值；修缮；白蚁防治

一、概述

（一）盐兵楼概况

1. 简介

盐兵楼位于福建省厦门市翔安区大嶝街道办事处田墘社区

---

* 厦门翰林文博建筑设计院院长。
** 厦门翰林文博建筑设计院建筑所所长。

田墘村北里159号（图1），现属福建省第七批省级文物保护单位。该楼始建于中华民国初期，约1920年，距今已有超过一百年历史。盐兵楼为中西合璧的两层外廊式建筑，坐北朝南。面阔三间10.6m，进深7.3m，占地面积260m²，建筑面积154.76m²，外廊式建筑，共两层（图2）。

图1 盐兵楼位置

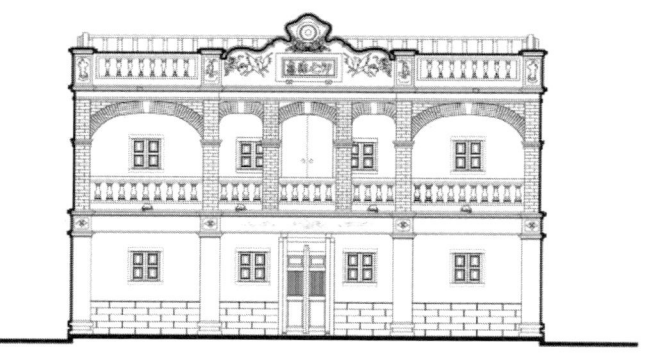

图2 正立面

2. 历史沿革

1937年10月，日本侵略军占领金门岛。1938年初，金门县政府迁移至大嶝岛，借用民宅办公，直至抗战胜利后迁回金门岛。当时的金门县政府旧址包括金门县政府总部、文书房、保安队、会议室、盐兵楼、国民党县党部、县党部书记处共7处12栋建筑，是两岸同胞共同抗日的重要史迹，盐兵楼作为金门县政府保安队办公场地使用。

盐兵楼始建于中华民国初期（约 1920 年），大嶝岛曾是翔安区乃至厦门市重要产盐地区，因盐的重要性，为保证安全防止骚乱，当时的国民政府派兵驻守在盐场旁边，该楼原为盐务人员使用。

1937 年 10 月 26 日，日军占领金门岛，金门县县长邝汉率县府人员及岛上居民共计 2000 余人，渡海撤退至同安澳头。同年 12 月，福建省政府令金门县政府迁往大嶝岛办公，以就近协助国民党军 75 师和 80 师，共谋反攻金门事宜。于是，金门县政府选定田墘村为县政府办公地，并于当年底全面迁驻田墘村。直至 1945 年 10 月，日本侵略军无条件投降后，金门县政府重新迁回金门岛办公。抗日战争期间，盐兵撤离，将该建筑让给县政府保安队使用。

抗战结束后，大嶝岛的盐兵回迁在此居住，直至 1949 年以后，该建筑逐渐无人居住、荒废，建筑残损严重。

（二）盐兵楼价值

1. 历史价值

盐兵楼始建于中华民国初期（约 1920 年），已历经百年风雨，历史悠久。

盐兵楼所处的大嶝岛，自古以来是厦门历史悠久的大型盐场所在地，可追溯至唐代。当时同安（大嶝原属同安）田少海多，产盐成为沿海居民重要的生活来源。厦门的盐文化和金门有着深远的渊源。清代时，厦门曾设立盐大使，主管厦门、金门盐业的专职官员。中华民国初年，曾经在大嶝驻守盐兵，盐兵居住的建筑即盐兵楼。

金门县政府各机关迁到田墘村后，当地村民积极将自家空房无偿提供给政府各部门使用，盐兵楼移交县政府保安队使用。为修建防御工事，村民还纷纷给驻军捐献各种木石材料，有的甚至将自家木门也捐献出来。正是在人民群众的积极支持和帮助下，金门岛虽然沦陷了，但金门县政府仍得以存在并且继续有效行使行政职能，领导金门人民进行顽强抗战。在抗战的十四年时间里，先后有9名金门县县长在大嶝岛上履职。

1938年3月，日军在金门官澳、马山设置军营，安置巨炮，不分昼夜炮击大小嶝岛。日军还多次派遣飞机狂轰滥炸，并以机枪扫射，无辜村民死伤无数，惨不忍睹。同年5月厦门岛沦陷，大嶝岛更为危急。6月，金门县县长韩延爽建议将金门县政府及大小嶝岛居民迁到南安、同安，福建省政府同意金门县政府内迁，但民众宁愿饿死、战死，也要与大嶝共存亡。7月4日，福建省政府任命南安县县长颜德桂兼任金门县县长，同时在田墘村设金门县政府办事处，任命梅鄂为办事处主任。9月，金门县政府大嶝办事处为适应守卫国土、坚持抗日的需要，命令大嶝凡年满18岁以上、45岁以下男子都要参加自卫组织。县政府还发动民众挖防御工事，以避日军的伤害。他们白天隐蔽，晚上耕作，誓死坚持抗战到底。

1939年4月，活动于金门、泉州、厦门沿海地区的抗日青年在田墘村组织起"金门复土救乡团抗日敢死队"，团长和副团长分别由金门的青年许铁坚和陈天伦担任。4月20日，敢死队一行40人夜袭金门，斩杀日寇20多人，缴获日军机枪（2挺）、步枪（16支）等一批战利品，成为轰动一时的新闻。1940—1944年，敢死队又多次从大嶝岛渡海突袭金门沙美伪区公所、琼林伪派出所和金门西园盐场日籍技师等，使驻金日军惶惶不可终日。

盐兵楼建成历史久远，见证了厦门盐业的发展，亦是两岸同胞团结一心、共同抗日的重要历史见证，具有重要的历史价值。

2. 艺术价值

盐兵楼具有独特的中西结合式建筑形式，栏杆、楼牌、山花、窗楣、叠涩线条等装饰细腻、丰富，体现了当时期工匠的水平，亦代表了当时期该地区高超的艺术水准，具有较高的艺术价值。

3. 科学价值

盐兵楼在秉承闽南传统建筑元素的同时，还融合欧式建筑元素，建筑结构坚固，布局合理，具备出色的防风、防水能力，是闽南红砖建筑的典型代表，其中的建筑结构营造体系、工艺和技术具有较高的科学价值。

4. 社会价值

盐兵楼作为福建省省级文物保护单位——金门县政府旧址的其中一栋，作为两岸同胞团结一心、共同抗日的重要见证和抗战文化保存完整的建筑之一，蕴含着丰富的文化内涵。盐兵楼因其具有的抗战历史，成为良好的爱国主义教育的实例参观场所，且在翔安地区知名度较高，具有较好的旅游发展前景，具有较高的社会价值。

二、盐兵楼的建筑特色

（一）平面格局

盐兵楼为中西合璧的二层外廊式风格建筑，中轴对称，建筑由前埕、正厅、东厢房、西厢房和廊道组成，第一、第二层平面布局相同（图3、图4）。

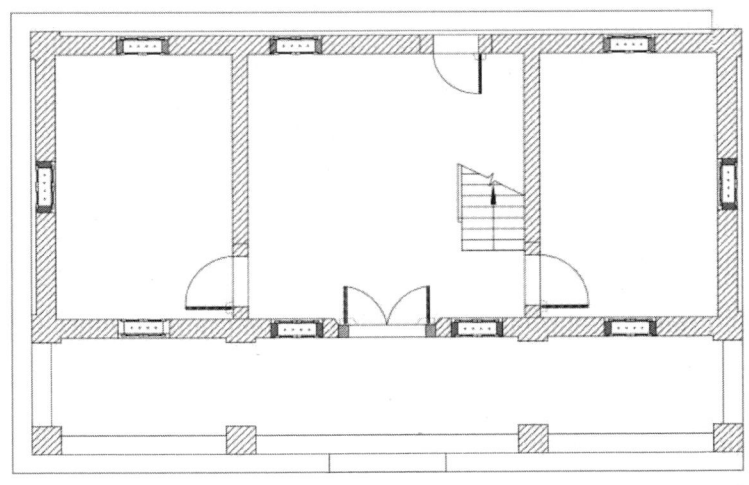

图3　第一层平面图

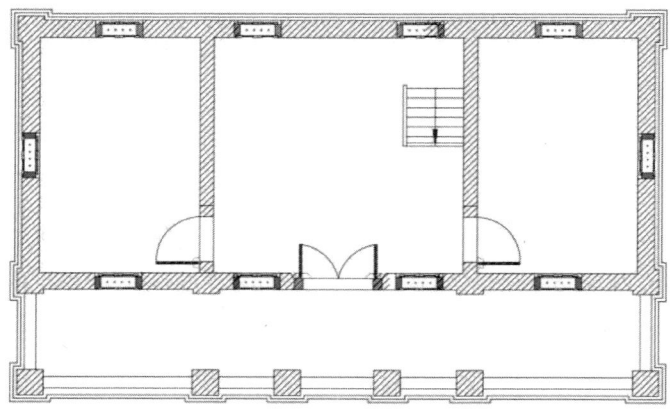

图 4　第二层平面图

（二）地面

前埕：地面采用花岗岩条石铺作，前埕排水由西北向东南方向，经前埕周边暗沟排出。

室内：第一层地面为素土基层，明间为斗底砖（350mm×350mm×30mm）斜铺，左右次间为斗底砖（350mm×350mm×30mm）十字缝铺砌；第二层地面为木楼楞上铺木楼板基层，木楼板上铺 3 ∶ 7 灰土，明间地面为斗底砖（350mm×350mm×30mm）斜铺，左右次间为斗底砖（350mm×350mm×30mm）错缝铺砌。

廊道：第一、第二层地面为斗底砖（350×350×30mm）十字缝铺砌。

（三）墙体

红砖砌筑墙体，下部为花岗岩条石墙裙，墙裙上方为壳灰砂浆墙面装饰，外墙层间线条为砖砌叠涩线条，内墙一层底部有 300mm 高花岗岩踢脚线，其余为壳灰砂浆墙面装饰。

（四）大木构架

主体建筑屋顶构架为搁檩造，即檩条直接放置于墙上，无穿枋及梁架承重，其中脊檩直径最大为 200mm，其余檩条直径较小，为150mm（图5）。

第二层楼面为木楼楞承重，直径为150mm，上部铺设木楼板、斗底砖。

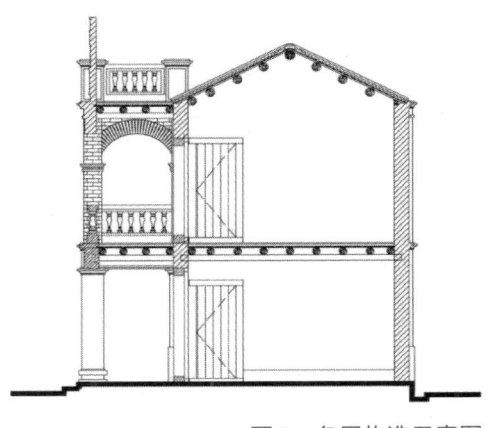

图5　各层构造示意图

（五）屋面

明间及次间屋面为硬山顶屋面，板瓦仰合屋面，檩条上铺椽板，规格100mm×25mm×200mm，椽板上铺望砖235mm×150mm×10mm，望砖上施仰瓦及俯瓦250mm×235mm×8mm，按搭七留三铺设。屋脊为闽南传统砖砌屋脊，上置压顶红砖。

走廊屋面为平屋面，平屋面构造为：木楼楞上铺设30mm厚杉木楼板，木楼板上坐浆铺斗底砖350mm×350mm×30mm。屋顶俯视图如图6所示。

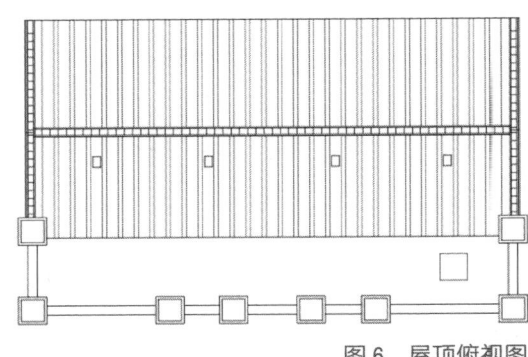

图6　屋顶俯视图

（六）装饰装修

盐兵楼第一层砖柱均为水刷石饰面，第一、第二层墙面间设有红砖叠涩线脚。第二层外廊砖柱为清水烟炙砖柱，外廊设有多个拱券做装饰，砖柱间设有石质栏杆扶手和绿色宝瓶。

门：门扇均为板门，第一层正门为双层门，外层为可通风半通透的六离门，内层为板门。

窗：窗扇均为双层，窗框材质为花岗岩石材，内外窗扇均为杉木板窗，背立面窗扇还设有窗楣线条，砖墙叠涩、壳灰砂浆面层。

山花：两侧山墙顶部均有山花灰塑（花鸟主题）（图7）。

图7　山墙山花灰塑

牌楼：正面平屋顶位置有一砖砌牌楼，壳灰砂浆面层，中部有灰塑材质的"仰之弥高"四字匾额，两侧为飞马主题（图8）。

图8　牌楼

三、金门县政府旧址之盐兵楼修缮工程

（一）文物本体残损现状

因荒废空置多年，盐兵楼存在严重安全隐患，存在外廊坍塌、屋面破损、漏雨等问题，具体残损如下。

平面格局：第二层外廊及屋顶平屋面处坍塌。

地面、楼面：前埕条石地面无存，杂草丛生，堆积大量杂物和垃圾；第一、第二层斗底砖地面破损、碎裂严重；屋顶平屋面坍塌，斗底砖地面无存（图9、图10）。

墙体：第二层正立面墙体外倾；第一、第二层墙体抹灰空鼓、开裂严重；第二层外廊坍塌（图11）；部分门洞封堵；外廊水刷石面层开裂。

柱：第二层外廊砖柱坍塌无存。

结构：大部分檩条因屋面漏雨而严重糟朽；大部分楼楞因漏雨而严重糟朽（图12）；屋顶平屋面坍塌；第一层西侧外廊混凝土梁钢筋锈蚀严重，混凝土强度明显下降（图13）。

屋顶：外廊平屋面坍塌无存；坡屋面瓦件、望砖、椽板均糟朽严重（图14）；正脊、垂脊均有不同程度破损、缺失。

装饰装修：部分门扇缺失、糟朽；部分窗扇缺失、糟朽；平屋顶牌楼和栏杆坍塌、无存；层间红砖叠涩线脚部分破损；室内木楼梯糟朽严重，栏杆扶手糟朽；外廊灰塑造型排水口缺失；窗楣抹灰脱落。

图9　盐兵楼设计人员进场时照片（一）

图 10　盐兵楼设计人员进场时照片（二）

图 11　二层外廊坍塌

图 12　钢筋锈胀，楼楞糟朽，木楼板糟朽、缺失

图 13　外廊梁钢筋裸露、锈蚀严重

图 14　屋面漏雨，椽板、檩条糟朽，望砖酥碱

（二）修缮的必要性和意义

文物建筑是历史和文化的重要载体，是文化遗产的重要组成部分。随着时间的推移，文物建筑往往会因为各种原因而遭受损坏。因此，文物建筑修缮逐渐成为保护文化遗产、传承历史文化的重要手段。

文物建筑的修复和保护逐渐引起国家和社会各界的关心与重视，其体现的文化精髓和历史艺术价值以新的形式被潜移默化地应用到国家发展的各个领域，呈现于广大民众的意识和行为中。修复和保护文物建筑是解决文化问题的有效途径，有助于更好地传承中国文化，弘扬民族精神。

盐兵楼作为厦门盐业发展的历史见证者，以及两岸同胞团结一心、共同抗日的历史见证者，本身具有重大的历史价值和社会价值，修缮工作的开展具有必要性和意义。盐兵楼的修缮工作同时也为文物建筑后期活化利用奠定了一定的基础，让盐兵楼能在未来的历史长河中继续书写属于它的传奇。

（三）修缮的原则

在建设单位和盐兵楼的产权人的大力支持下，设计单位通过对现场的详细勘察，详尽地调取相关历史资料，对产权人及了解此建筑的相关单位和个人进行详细的访谈，辅之盐兵楼结构安全性评估报告以及其他材料，明确盐兵楼修缮工程的工程范围为文物建筑本体及其周边环境，修缮内容包括墙体维修加固工程、正立面外廊复原工程、屋面揭顶维修工程、木构架维修加固工程、地面工程、建筑周边排水疏导工程等，在设计方案中对本工程所采用的工艺、材料以及维修方法做出了详细要求。

1. 不改变文物原状的原则

盐兵楼的修缮工作依据《中华人民共和国文物保护法》"对不可移动文物进行修缮、保养、迁移，必须遵守不改变文物原状"的原则，结合《近现代文物建筑保护工程设计文件编制规范》（WW/T 0078—2017）对建筑进行修缮（图15、图16）。修缮时应保存以下内容。

（1）保存原来的形制，包括原来建筑的平面布局、造型、法式特征和艺术风格等。

（2）保存原来的建筑结构。

（3）保存原来的建筑材料。

（4）保存原来的工艺技术。

图15　外廊未坍塌时拍摄照片（一）

图16 外廊未坍塌时拍摄照片（二）
资料来源：公众号"厦门市翔安区文化馆"。

根据多方收集到的资料，以及现场测绘数据，设计单位对已坍塌的第二层外廊进行复原性设计，复原其正立面（图17~图19）。

图17 盐兵楼立面形制复原说明图

图 18　盐兵楼修缮前

图 19　盐兵楼修缮后

2. 最小干预原则

　　对文物古迹的保护是对其生命过程的干预和存在状况的改变。采取的保护措施，应以延续现状，缓解损伤为主要目标。这种干预应当限制在保护文物安全的程度上，必须避免过度干预对文物古迹价值和历史、文化信息的改变。

　　作为历史、文化遗存，文物古迹需不断保养、保护。任何保护措施都应为以后的保养、保护留有余地（图20）。凡是近期没有重大危险的部分，除日常保养以外，不应进行更多的干预。必须干预时，附加的手段应只用在最必要的部分。

图 20　廊间灰塑采用利旧与局部补接手法

3. 使用恰当的保护技术的原则

应当使用经检验有利于文物古迹保存的成熟技术，文物古迹原有的技术和材料应当保护。原有科学的、利于文物古迹长期保护的传统工艺应当传承。所有新材料和工艺都必须经过前期试验，证明切实有效，对文物古迹长期保存无害、无碍方可使用。所有保护措施不得妨碍在此对文物古迹进行保护，在可能的情况下应当是可逆的。应考虑建筑的地域特征，充分体现建筑外观、建筑艺术和建筑装饰的地方手法特色。新材料、新工艺的使用应做到隐蔽，尽量不破坏、不影响文物建筑的外观。

本文浅谈部分在厦门区域较为特殊的工艺或做法。

（1）墙面面层做法。

盐兵楼采用外壁混合壳灰砂浆勾缝后加涂水刷石饰面，室内纸筋壳灰砂浆抹灰的做法。

壳灰即蛎灰，是闽南古建筑室内常用的面层抹灰材料，具体制作工艺如下。

煅烧：于壳灰煅烧炉内从下至上依次铺设稻糠、贝壳与炭混合物、贝壳、炭层、贝壳、炭层、隔热层。一般将壳灰渣作为隔热层，起保温作用。贝壳煅烧时间大约为24h，温度达到900℃~1000℃。

过滤：煅烧后得到的生石灰混杂有未煅烧的贝壳渣，使用稻臼舂或木人夯过滤使壳灰变成更细的粉末。

熟化：壳灰使用前需将其浸水使之与水反应生成熟石灰。

①壳灰砂浆。

盐兵楼室内墙面采用3层壳灰的工艺做法。操作过程为：底层处理—中层打底灰—面层罩面灰。

底层处理：湿润墙面，墙面填补。

中层打底灰：使用13mm厚壳灰、砂、红土（1∶3∶1）打底灰。

面层罩面灰：室内墙面为2mm厚纸筋壳灰砂浆罩面，纸筋壳灰配合比：壳灰∶纸筋=100∶6（质量比）。

②水刷石。

水刷石修缮做法分为两部分，当水刷石饰面无破损仅对其进行污渍清洗时，沾污清理以生物法为主，辅以物理、化学手法；微生物清洗局部可采用除癣灵和克霉刚等低毒环保药剂。生物清洗使用活性酶，化学清洗采用中性或弱碱性清洗剂，物理法采用毛刷清洗，局部特殊部位可采用泥敷清理。

当水刷石饰面脱落重做、空鼓严重（面积大于或等于50mm×50mm）或水泥涂抹处铲除新做时，修缮做法如下。

a. 铲除空鼓水刷石饰面层或水泥涂抹。

b. 弹线确定施作区域。

c. 清理干净基层并洒水润湿。

d. 12mm厚1∶3水泥砂浆打底，扫毛或刻出纹道。

e. 刷素水泥砂浆1道。

f. 8mm厚砂、水泥、海蛎壳（20∶16∶1）（质量比）面层。

g. 水洗饰面，洗去水泥砂浆，露出牡蛎壳。

（2）灰塑修缮做法。

清除灰塑面层青苔、灰尘等杂物，采用壳灰砂浆修补灰塑局部破损的部位。修复后现状保存。灰塑修复的具体工艺流程：搭设施工工作平台→清除灰塑破损部位面层杂质→调配壳灰砂浆→重塑灰塑破损的部位→效果检验。

灰塑壳灰配比为细砂：壳灰 =1：3，灰塑厚度控制在3~15mm，具体视造型调整。

（3）白蚁防治。

厦门地区文物建筑的木构件常遭白蚁侵蚀，因此白蚁防治尤为重要。因此设计单位要求施工单位确保所有白蚁防治措施按设计要求施工到位，监理单位监督到位，并在项目验收时提供相关证明及施工过程资料形成专册资料。施工单位进场后，需对所有木构件进行检查，有白蚁侵蚀的木构件均须进行更换。白蚁防治措施应至少满足如下要求。

①药物选择。

a. 建筑白蚁预防工程使用的药剂含有联苯菊酯、氯菊酯、氰戊菊酯、氟氯氰菊酯、氯菊酯 + 辛硫磷、毒死蜱中的一种成分（国家另有规定的除外）。

b. 所使用的药物必须标明名称、生产厂家、产品批号、登记证号、有效成分和出厂日期，并附有产品使用说明书和批次检测合格证。

c. 药物使用时需加水稀释的，药物使用量按百分比浓度法计算。

药物使用量（L）= 药剂使用量（L）× 药剂使用浓度（%）（W/V）/ 药物浓度（%）（W/V）。

d. 房屋白蚁预防工程施工时，要充分结合当地的气候、土壤和地下水位等条件，选择合适的药物、使用浓度和剂量。

②新制大木构件处理措施——加压浸注法。

a. 一般在施工前或施工初期的备料阶段进行。

b. 此法用压力把防治白蚁药液压注到木材内部，能取得较好注入深度，并能控制木材对药液的吸收量。

c. 适用于数量大、质量要求高及一些难以浸注木材的处理，可在木材防腐场进行。

d. 压注前，在木构件上选择适当位置钻一小孔（直径 5.8mm），再将压注枪顺螺纹旋入木构件小孔内，调整好压力（根据木材种类不同，其压力也不相同）即开机压注。如密封性能好，1~2min 即可将药液压入木构件内部，使其达到一定含量，药液纵向浸润深度达到 20~50cm。

e. 使用此法可使木构件内纤维组织对白蚁产生抗性，既减少药物对环境的污染，又起到有效预防作用。

③新制小木构件处理措施——浸渍法。

a. 一般在施工初期的备料阶段进行，或者在安装前进行。

b. 适用于处理小木构件，如抱框、枋木、门窗框、木裙板等，可现场砌筑浸渍池进行浸渍，也可在木材防腐场进行浸渍。

c. 把需处理的木构件，先干燥后放入盛有药液的槽中或池中浸渍，让药液充分渗透到木材内部（图 21）。

d. 药剂可采用油质剂、油溶性剂或水溶剂。

图 21　浸泡池

④现状保存的木构件处理措施——喷涂法及压注法。

a. 在木结构油饰前进行。

b. 檩条、斗拱防白蚁应将榫头和埋入墙内的构件端部，用刺孔压注法进行局部处理，隐蔽部位在掩蔽覆盖前必须做防白蚁处理。

c. 木柱与斗拱、穿枋等交接处用高含量水溶性浆膏敷于周边，并围以绷带密封，使药剂向内渗透扩散，而柱头与榫口处处理，可将浓缩的药液用注射法注入柱头和榫口部位，让其自然渗透扩散。

d. 其余现状保存的木板、穿枋及裙板等木构件采用喷涂法，喷涂不少于两遍（图22）。

图22　低压喷涂

⑤场地清理。

a. 项目开工前，应对现场进行蚁害检查和白蚁灭治处理，消除隐患。

b. 在建筑施工过程中，应督促建筑施工单位及时清除建房场地遗留的废旧木质材料，拆除建筑木模板和木桩，防止白蚁孳生。

c. 工程交付前再全面喷白蚁防治药一次。

⑥室内地坪与墙体预防白蚁施工。

a. 房屋建筑室内地坪垫层和墙体都要进行预防白蚁施工。

b. 室内地面施药在垫层夯实后，铺装结合层施工前，用低压喷洒的方法对垫层进行施药处理。要求有效渗透深度在靠墙体四周30cm范围内，不少于20cm，其他部位达10cm，喷洒均匀。

c. 室内墙体施药在抹灰层施工前，用低压喷洒或喷淋的方法对墙体基层的表面进行施药处理。要求施药部位在离地面50cm范围内，对留有门框的门洞易受潮的房间和部位做重点施药处理。

d. 室内地坪预防白蚁药剂的使用量每平方米4L，室内墙体预防白蚁药剂的使用量每平方米3L。施药处理完毕后，应督促建筑施工单位及时进行地坪的结构层和墙体的抹灰层的施工，避免药剂层的药物挥发。

4. 真实性和完整性原则

修缮应建立在对各个时代留在文物古迹上的改动、变化痕迹的价值和对文物古迹本体的影响的评估上，尽可能多保留各个时期有价值的遗存，不必追求风格、式样一致。确定恢复失去的原状、少数完全缺失的构件时，应有充分和准确的依据。实施保护措施前应对建筑现状进行分析判断，确定历史原貌和后期变化，所有判断应以历史文献或现场勘察的原貌线索为依据。

文物建筑经过修补、修复的部分应当可识别；所有修复工程和过程都应有详细的档案记录和永久的年代标志。应关注建筑原有完整形态的恢复，并与建筑或建筑所在的组群形成整体，保持景观上的和谐一致；同时关注建筑各个历史时期发展变化的痕迹，在不影响建筑核心价值展现的前提下尽可能多留存该建筑跨越各个历史阶段的实物见证（图23）。

图23 水刷石面层尽可能利旧

四、文物建筑的活化利用

　　盐兵楼作为金门县政府保安队办公场所,是金门县政府日址的重要组成部分,见证了金门岛沦陷后金门县政府在大嶝岛办公的历史,也见证了两岸同胞团结一心、共同抗日的历史,具有一定的历史价值和社会价值。

　　中华民国初年大嶝岛为厦门盐场之一,盐兵楼为盐兵居住场所,见证了厦门盐业的发展,具有一定的历史价值。

　　综上所述,在各方的通力合作下,盐兵楼重新焕发了光彩,可以在未来的历史长河中继续书写新的传奇。据悉,在遵循最小干预原则的条件下,相关部门拟对盐兵楼进行活化利用,主要为展陈类,展陈内容为两岸同胞共同抗日主题、爱国主义主题教育主题、厦门盐业发展史等。

后　记

　　本论文集是《中国文物建筑研究与保护》的第三辑。在第一辑出版的时候，我就表达了一个愿望，希望这本书不断地编下去，真正成为文物保护领域学者与实践者展示前沿研究成果、深化技术交流的平台。令人欣慰的是，这个愿望正在扎实推进，不仅体现出年轻一代文物保护工作者们主动提高理论、实践水平，更生动诠释了他们投身新时期具有中国特色文物保护事业的热情与担当。

　　相较于前两辑，本辑不仅进一步提高对文物建筑的研究性，而且极大拓宽了研究的领域。书中涵盖智库建设在文物建筑保护中的作用、文物建筑利用的创新路径、数字技术在保护文物建筑中的应用，以及文物建筑保护机制与管理体系的优化等多元议题，充分体现了文物保护守正创新的理念。

　　本辑论文的编排以世界文化遗产名录建筑、官式建筑、传统村落建筑、民式建筑、智库、数字化、管理、利用、文物建筑安全防护、保护方案编制探讨等为序，同类又以综合性、建筑、结构、装修、材料、研究创新等为依。

　　本辑所收论文的作者，大部分已经具有高级专业职称，在学术上取得了不同的成果，具有不同的造诣，在此肯定这些作者们积极的参与意识和砥砺而为的精神。尽管如此，本辑所载论文的论点也不一定十分准确，论述也不一定很充分，文中可能存在不足之处，欢迎业内外同仁指正。

　　本书出版得益于中国建设科技出版社和《筑苑》工作委员会编辑们的助力、关照；姜玲和其他编委做了集稿、校核工作；北京市文物局李粮企同志为本书作序，在此一并表示感谢。

张克贵

2025年5月